高校化学の解き方を
ひとつひとつわかりやすく。
[改訂版]

Gakken

もくじ

この本の使い方

本書では，高校化学の内容を，学習順に並べてあります。

単元名 — 粒子の結合と結晶

項目名 — 1 電子式と構造式

1 問題

化学を学習する上でかかすことのできない，重要問題ばかりです。

2 解くための材料

問題を解くのに使う，化学的な考え方や公式です。
重要な考え方や公式はひと目でわかるようにしてあります。

4 ❗マーク

押さえておいた方がよい公式や用語を，まとめてあります。
しっかり覚えておきましょう。

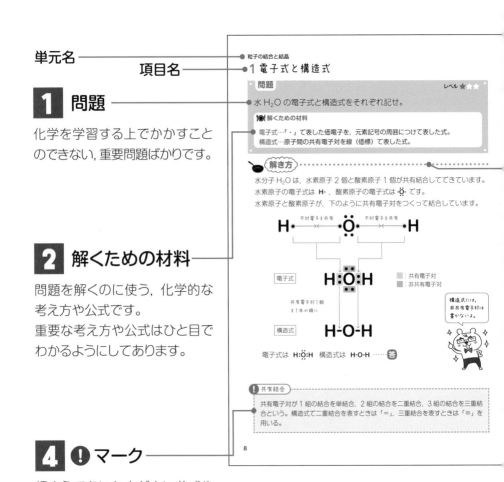

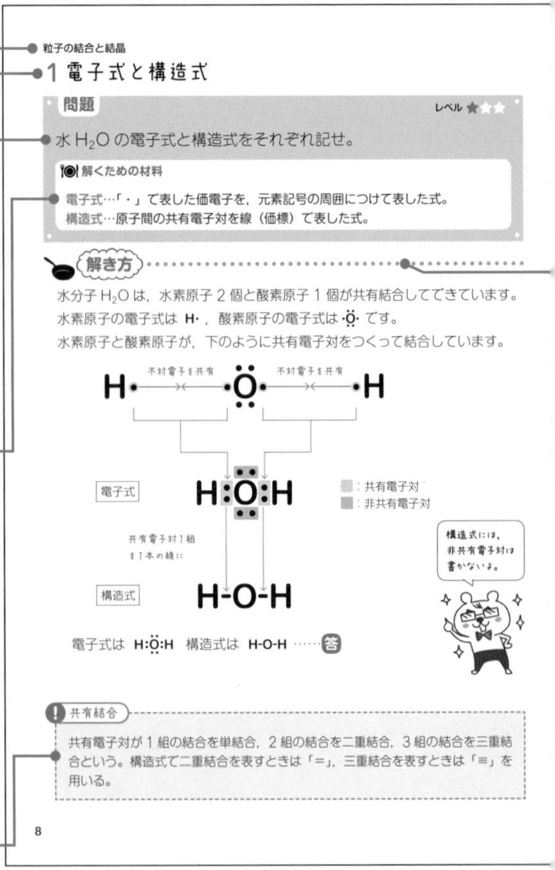

粒子の結合と結晶

1 電子式と構造式

問題 レベル ★☆☆

水 H_2O の電子式と構造式をそれぞれ記せ。

解くための材料

電子式…「・」で表した価電子を，元素記号の周囲につけて表した式。
構造式…原子間の共有電子対を線（価標）で表した式。

解き方

水分子 H_2O は，水素原子 2 個と酸素原子 1 個が共有結合してできています。
水素原子の電子式は H・，酸素原子の電子式は ·Ö· です。
水素原子と酸素原子が，下のように共有電子対をつくって結合しています。

不対電子を共有　不対電子を共有

電子式　H:Ö:H　□：共有電子対　□：非共有電子対

共有電子対1組を1本の線に

構造式　H-O-H

構造式には，非共有電子対は書かないよ。

電子式は H:Ö:H　構造式は H-O-H ……答

❗ 共有結合

共有電子対が 1 組の結合を単結合，2 組の結合を二重結合，3 組の結合を三重結合という。構造式で二重結合を表すときは「=」，三重結合を表すときは「≡」を用いる。

8

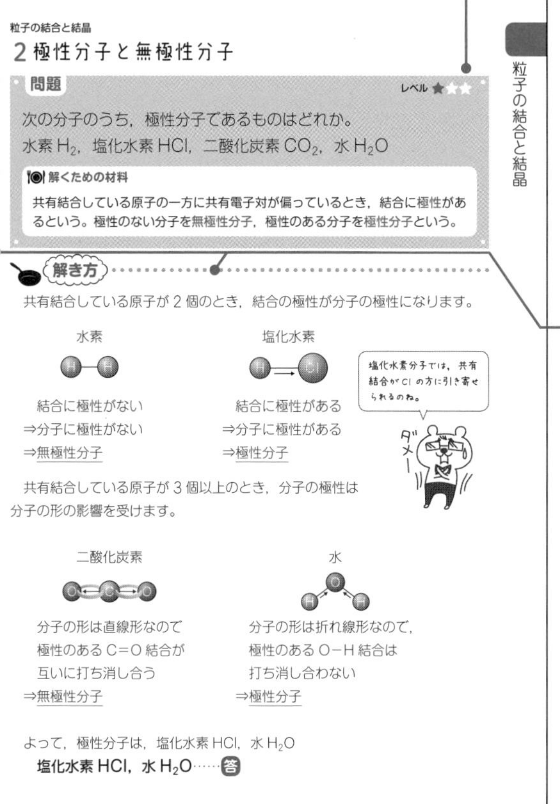
粒子の結合と結晶
2 極性分子と無極性分子
問題
レベル
次の分子のうち，極性分子であるものはどれか。
水素 H2，塩化水素 HCl，二酸化炭素 CO2，水 H2O
解くための材料
共有結合している原子の一方に共有電子対が偏っているとき，結合に極性があるという。極性のない分子を無極性分子，極性のある分子を極性分子という。
解き方
共有結合している原子が 2 個のとき，結合の極性が分子の極性になります。
水素
塩化水素
結合に極性がない
⇒分子に極性がない
⇒無極性分子
結合に極性がある
⇒分子に極性がある
⇒極性分子
塩化水素分子では，共有結合が Cl の方に引き寄せられるのね。
ダメー
共有結合している原子が 3 個以上のとき，分子の極性は分子の形の影響を受けます。
二酸化炭素
水
分子の形は直線形なので
極性のある C=O 結合が
互いに打ち消し合う
⇒無極性分子
分子の形は折れ線形なので，
極性のある O−H 結合は
打ち消し合わない
⇒極性分子
よって，極性分子は，塩化水素 HCl，水 H2O
塩化水素 HCl，水 H2O……答
粒子の結合と結晶
9

問題の難易度

★は基本，★★は標準，
★★★は応用レベルです。
教科書の例題レベルを中心に，重要問題を紹介しています。

3 解き方

問題の解き方をステップをふんでわかりやすく説明しています。図や矢印，赤字でていねいに解説しているのでスイスイ理解できます。
▼では，補足内容や別解を解説しています。

5 P123 リンク

関係が近い内容は，一緒に学習することで理解が深まります。リンクを上手に活用してください。

はじめに

みなさんのなかには、「化学は覚えることが多く計算も複雑で大変だ」「なかなか得点に結びつかない」と感じている人も多いのではないでしょうか？

実は、化学は暗記するだけでは得点につながりません。用語や公式を覚えた後に、演習問題を繰り返し、解き方をしっかり理解することが重要です。

本書は、そんな化学を苦手に思っている人におすすめの本です。

取り組んだ分だけ力がつくように、本書は各単元の重要な問題の解き方を、やさしい言葉でていねいに解説しています。読み進めていくうちに、化学の基本をしっかりと身につけることができます。
また、予習･復習や、定期テストに向けた勉強をするときは、本書を「解き方辞典」のように使うことができます。

「どうやって問題を解くかわからない……」
「なぜ、このような解き方をするんだろう……？」

このような疑問が出てきたときは、本書を開いて関連する問題の解説をしっかり読んでみてください。
基本に立ち返れば、きっと疑問が解決するはずです。

本書がみなさんの手助けとなることを願ってやみません。

学研編集部

物質の状態

1 電子式と構造式

問題 レベル ★☆☆

水 H_2O の電子式と構造式をそれぞれ記せ。

解くための材料

電子式…「・」で表した価電子を，元素記号の周囲につけて表した式。
構造式…原子間の共有電子対を線（価標）で表した式。

解き方

水分子 H_2O は，水素原子 2 個と酸素原子 1 個が共有結合してできています。
水素原子の電子式は H・，酸素原子の電子式は ・Ö・ です。
水素原子と酸素原子が，下のように共有電子対をつくって結合しています。

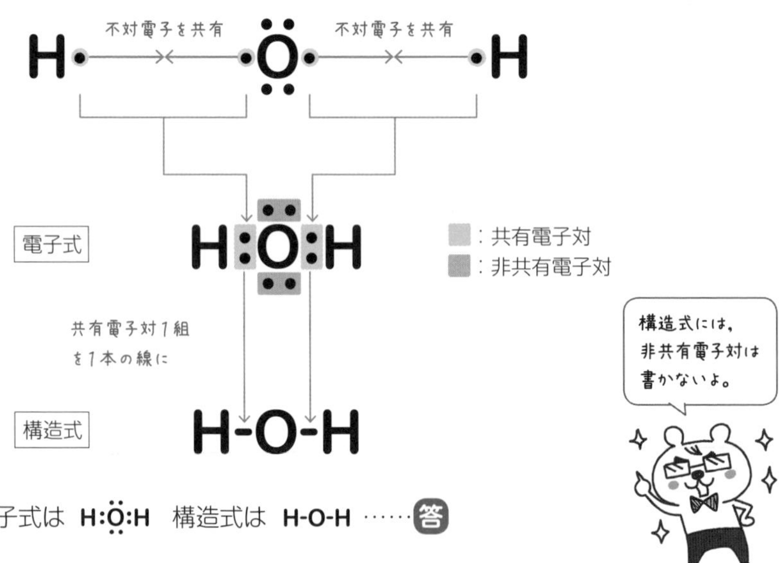

電子式は H:Ö:H　構造式は H-O-H ……答

共有結合

共有電子対が 1 組の結合を単結合，2 組の結合を二重結合，3 組の結合を三重結合という。構造式で二重結合を表すときは「=」，三重結合を表すときは「≡」を用いる。

2 極性分子と無極性分子

問題 レベル ★☆☆

次の分子のうち，極性分子であるものはどれか。
水素 H_2，塩化水素 HCl，二酸化炭素 CO_2，水 H_2O

解くための材料

共有結合している原子の一方に共有電子対が偏っているとき，結合に極性があるという。極性のない分子を無極性分子，極性のある分子を極性分子という。

解き方

共有結合している原子が 2 個のとき，結合の極性が分子の極性になります。

水素

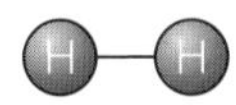

結合に極性がない
⇒分子に極性がない
⇒無極性分子

塩化水素

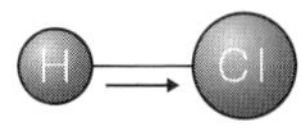

結合に極性がある
⇒分子に極性がある
⇒極性分子

塩化水素分子では，共有結合が Cl の方に引き寄せられるのね。

共有結合している原子が 3 個以上のとき，分子の極性は分子の形の影響を受けます。

二酸化炭素

分子の形は直線形なので
極性のある C=O 結合が
互いに打ち消し合う
⇒無極性分子

水

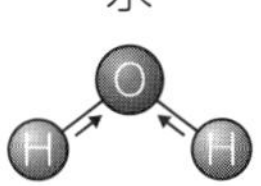

分子の形は折れ線形なので，
極性のある O−H 結合は
打ち消し合わない
⇒極性分子

よって，極性分子は，塩化水素 HCl，水 H_2O

塩化水素 HCl，水 H_2O……**答**

3 分子の極性と構造

問題　　レベル ★☆☆

極性分子である硫化水素 H_2S，無極性分子である二硫化炭素 CS_2 の分子は，それぞれどのような形と推定できるか。次の(ア)～(エ)から選べ。

(ア)　直線形　　　　(イ)　折れ線形

(ウ)　三角錐形　　　(エ)　正四面体形

解くための材料

3つ（以上）の原子からなる分子の極性には，その分子の形が関与している。

解き方

2つの原子からなる分子を**二原子分子**，3つの原子からなる分子を**三原子分子**，多く（3つ以上）の原子からなる分子を**多原子分子**といいます（三原子分子も多原子分子に含まれます）。

二原子分子の場合は，分子の極性は結合の極性と一致します。しかし，多原子分子の場合は，分子の極性は分子の形に影響を受けます。

二原子分子

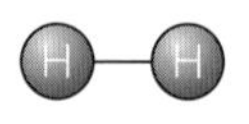

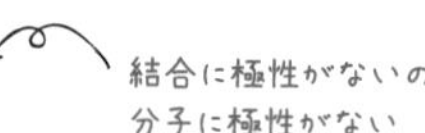

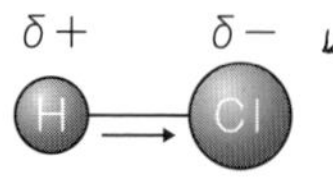

結合に極性があるので，
分子に極性がある

多原子分子

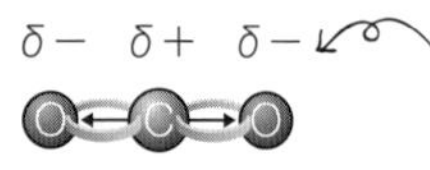

結合に極性はあるが，
形は直線形であり，
互いに打ち消し合う

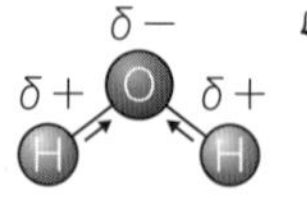

結合に極性があり，
折れ線形で互いに打ち
消し合うことはできない

H_2S も CS_2 も三原子分子なので，直線形か折れ線形のいずれかです。

H_2S は極性分子であることから折れ線形，CS_2 は無極性分子であることから直線形であることがわかります。

H_2S：(イ)，CS_2：(ア)……答

4 イオン結晶の構造

問題 レベル ★☆☆

次の空欄を埋めよ。
イオン結晶では，陽イオンと陰イオンが規則正しく配列している。このように，結晶中の粒子が規則正しく配列している構造を（ ① ）といい，（①）の最小の繰り返しの構造を（ ② ）という。

解くための材料

イオン結晶は，陽イオンと陰イオンがイオン結合により規則正しく配列したものである。

解き方

「最小の構造」というのは，たとえば「1 km^2 あたりの人口」，「1 時間あたりの進んだ距離」などに代表されるような，『～あたり…』と同じです。

また，「1 km^2 あたり」を「単位面積あたり」，「1 時間あたり」を「単位時間あたり」ということもあります。

「(単位面積) = 1 km^2」，
「(単位時間) = 1 時間」
とは限らないよ。
チェック

<単位格子のイメージ>

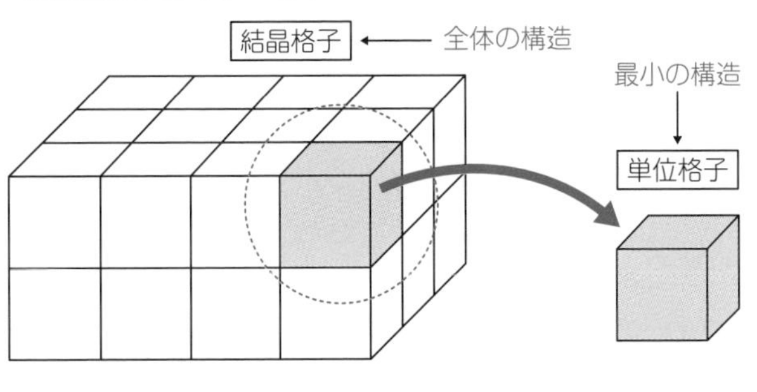

イオン結晶の結晶格子には，NaCl 型，CsCl 型，ZnS 型などがあるよ。

① **結晶格子** ② **単位格子**……**答**

5 イオン結晶の配位数

問題　　レベル ★★☆

塩化ナトリウム NaCl の，Na^+ の配位数を答えよ。

解くための材料

結晶中の 1 つの粒子に着目したとき，この粒子の最も近い位置に存在する他の粒子の数のことを配位数という。

解き方

塩化ナトリウム NaCl の結晶では，図 1 のように多数のナトリウムイオン Na^+ と多数の塩化物イオン Cl^- が規則正しく配列されています（結晶格子）。

図 1 の Na^+ を中心とした単位格子を取り出すと，Na^+ と Cl^- の位置関係は図 2 のように表せます。

ここで，もう一度「配位数」の定義に戻ってみましょう。

『結晶中の 1 つの粒子に着目したとき，
この粒子の最も近い位置に存在する他の粒子の数』

着目した「結晶中の 1 つの粒子」は，赤の点線で囲まれた Na^+ です。

「この粒子の最も近い位置に存在する他の粒子」ですから，Cl^- だけに着目します。すると，各面の中心にある合計 6 個の Cl^-（黒の点線）が最も近い位置に存在していることがわかります。

よって，Na^+ の配位数は 6 となります。

6……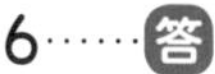

図 1

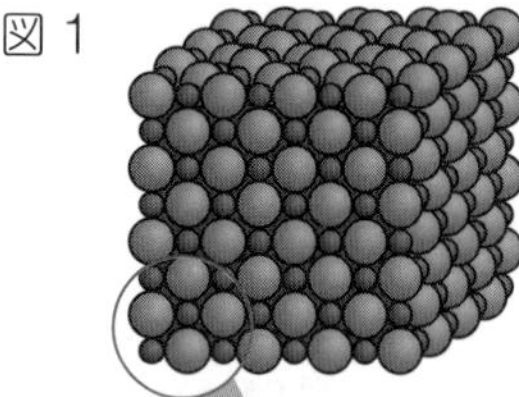

図 2

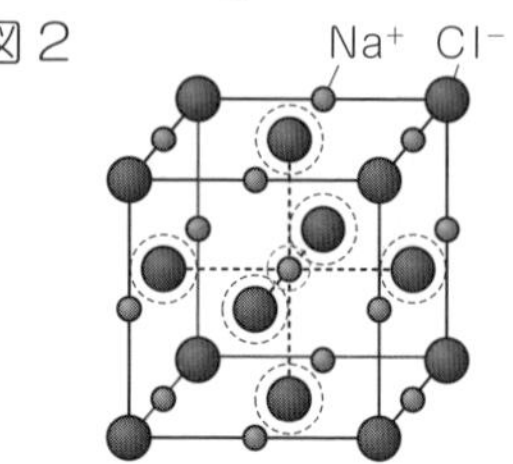

図2は，位置関係が見やすくなるように，粒子を小さくして表しているんだよ！
フム
フム

！ Cl^- の配位数

単位格子の中心を Cl^- にするだけで，考え方は Na^+ のときと同じです。したがって，Cl^- の配位数は 6 となります。

6 単位格子とイオン半径①

問題

レベル ★★★

右図は，塩化ナトリウム NaCl の結晶の単位格子である。単位格子の1辺の長さを 5.6×10^{-8}cm，Na^+のイオン半径を 1.1×10^{-8}cm とすると，Cl^-のイオン半径は何 cm か。

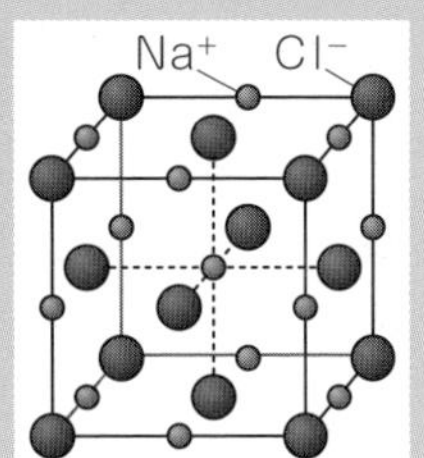

解くための材料

この単位格子をある面で切断し，その切断面を平面図形として考える。
イオン結晶では，陽イオンと陰イオンは接している。

解き方

塩化ナトリウム NaCl の結晶格子を，図1の網かけの面で切断します。

すると，切断面は図2のように正方形になっています。

図2で，切断面の1辺の長さを l〔cm〕，Na^+ の半径を x〔cm〕，Cl^-の半径を y〔cm〕とすると，

$$l=2x+2y$$

が成り立ちます。

したがって，上の式に，$l=5.6\times10^{-8}$ cm，$x=1.1\times10^{-8}$ cm を代入して，

$$5.6\times10^{-8}=2\times(1.1\times10^{-8})+2y$$

これを解いて，

$$y=1.7\times10^{-8}\text{ cm}$$

となります。

1.7×10^{-8} cm……答

図1

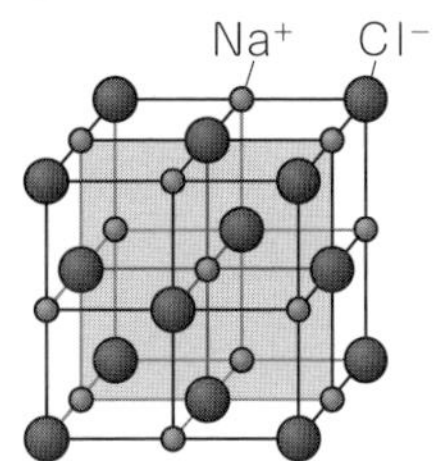

図2

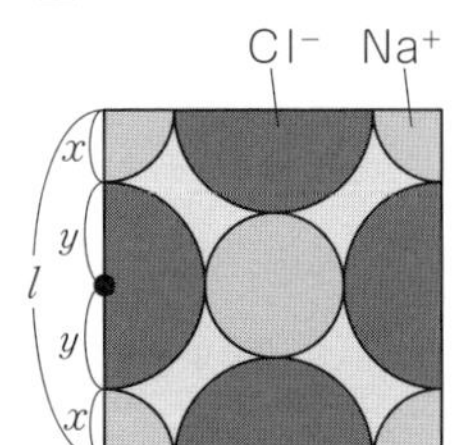

7 単位格子とイオン半径②

問題

レベル ★★★

右図は，塩化セシウム CsCl の結晶の単位格子である。単位格子の 1 辺の長さを l〔cm〕，Cs^+ のイオン半径を a〔cm〕，Cl^- のイオン半径を b〔cm〕とすると，l は a と b を用いてどのように表されるか。

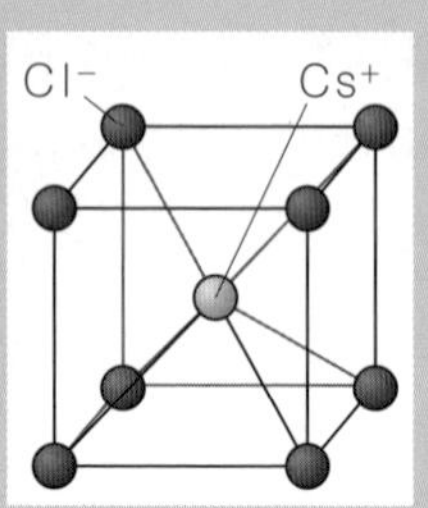

解くための材料

この単位格子をある面で切断し，その切断面を平面図形として考える。
イオン結晶では，陽イオンと陰イオンは接している。

解き方

塩化セシウム CsCl の結晶格子を，図 1 の網かけの面 ABCD で切断します。

すると，切断面は図 2 のようになっています。

BC は直角二等辺三角形 BCE の斜辺ですから，

$$BC=\sqrt{2}BE=\sqrt{2}l$$

ここで，△ ABC で三平方の定理より，

$$AC^2=AB^2+BC^2=l^2+(\sqrt{2}l)^2=3l^2$$

$AC>0$ より，$AC=\sqrt{3}l$……①

となります。また，$AC=2a+2b$……②

①，②より，$\sqrt{3}l=2a+2b$

ですから，

$$l=\frac{2a+2b}{\sqrt{3}}=\frac{2\sqrt{3}(a+b)}{3}$$

と表せます。

$$\boldsymbol{l=\frac{2\sqrt{3}(a+b)}{3}}$$ ……答

図 1

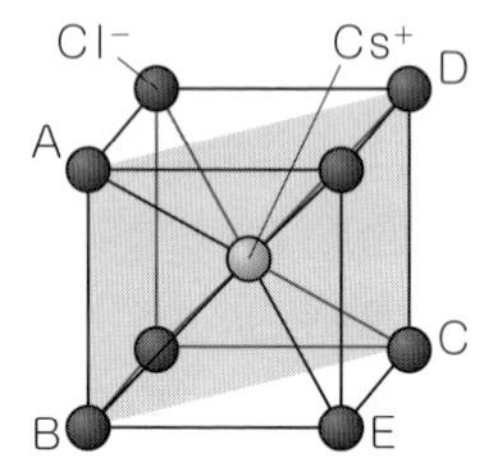

図 2

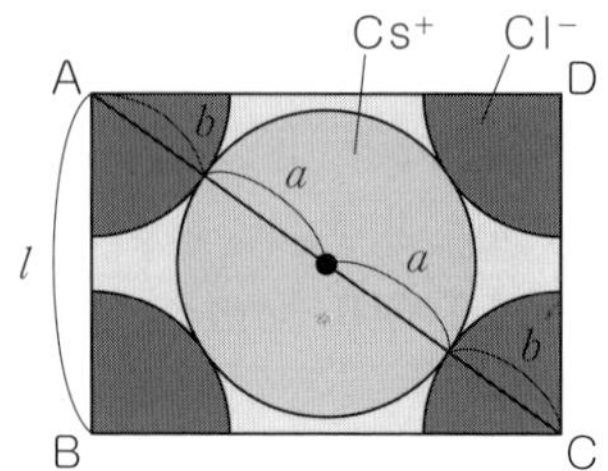

8 水分子の特性

問題

レベル ★☆☆

次の空欄を埋めよ。
水分子を構成する水素原子と酸素原子のうち，電気陰性度が大きいのは（ ① ）原子である。また，水分子では，正に帯電した（ ② ）原子が，隣接する水分子の負に帯電した（ ③ ）原子と強く引き合う。このような分子間の結合を（ ④ ）結合という。氷の結晶では，水分子 1 個と他の水分子（ ⑤ ）個が水素結合によって引き合い，（ ⑥ ）構造を形成する。

解くための材料

原子が共有電子対を引きつける強さを電気陰性度といい，周期表で右上にある元素ほど大きく左下にある元素ほど小さい（貴ガス（希ガス）を除く）。

解き方

水分子では，電気陰性度の大きい酸素原子が共有電子対を引きつけるので，正に帯電した水素原子が，隣接する水分子の酸素原子と強く引き合います。このような分子間の結合を，**水素結合**といいます。水素結合をしている分子には，水分子の他に，フッ化水素分子やアンモニア分子などがあります。

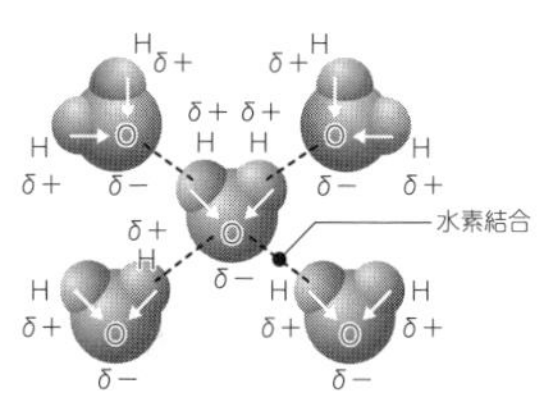

水分子の水素結合

氷は，1 個の水分子と 4 個の他の水分子が水素結合をしています。

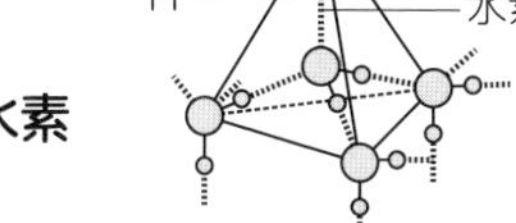

氷の結晶構造

① **酸素**　② **水素**　③ **酸素**　④ **水素**
⑤ **4**　⑥ **正四面体**……**答**

9 充填率

問題

レベル ★★★

右図のように，同じ粒子が立方体の中心と頂点に配列された結晶格子を体心立方格子という。この体心立方格子の充填率を整数で求めよ。ただし，$\sqrt{3}=1.73$，$\pi=3.14$ として計算せよ。

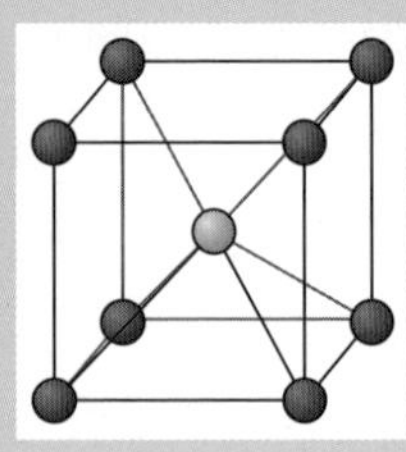

解くための材料

単位格子に含まれる原子の体積の割合を充填率という。

$$(\text{充填率})=\frac{(\text{単位格子に含まれる原子の体積})}{(\text{単位格子の体積})}\times 100$$

解き方

体心立方格子の１辺の長さを l，原子の半径を r とします。この単位格子を，図１の面 ABCD で切断すると，その切断面は図２のようになっています。

図１

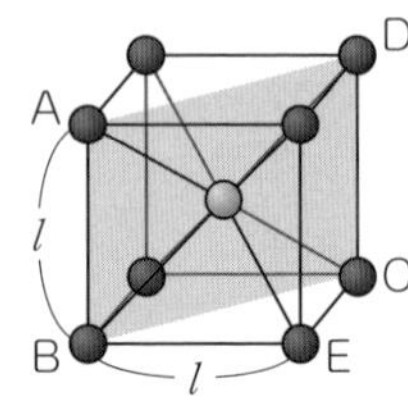

図２

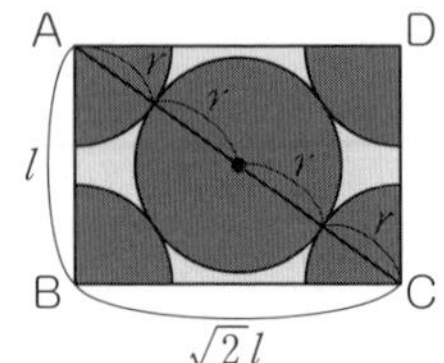

BC は直角二等辺三角形 BCE の斜辺ですから，

$BC=\sqrt{2}BE=\sqrt{2}l$

ここで，△ABC において，三平方の定理より，

$AC^2=AB^2+BC^2=l^2+(\sqrt{2}l)^2=3l^2$

AC＞0 より，$AC=\sqrt{3}l$

したがって，$4r=\sqrt{3}l$ より，$r=\dfrac{\sqrt{3}}{4}l$

単位格子の体積は l^3，単位格子に含まれる原子の体積は

$$\frac{4}{3}\pi r^3\times 2=\frac{4}{3}\pi\times\left(\frac{\sqrt{3}}{4}l\right)^3\times 2=\frac{\sqrt{3}}{8}\pi l^3$$

（← $\times 2$：単位格子中の原子の数は，$\frac{1}{8}\times 8+1=2$〔個〕（P17参照））

ですから，充填率は，$\dfrac{\sqrt{3}}{8}\pi l^3\div l^3\times 100=\dfrac{\sqrt{3}}{8}\times 3.14\times 100\fallingdotseq 68$〔%〕

68%……答

10 結晶格子の密度①

問題 レベル ★☆☆

ある金属の結晶構造は，右図のような体心立方格子である。この金属の密度は何 g/cm^3 か。ただし，単位格子の 1 辺の長さを l〔cm〕，アボガドロ定数を N〔/mol〕，原子量を M とする。

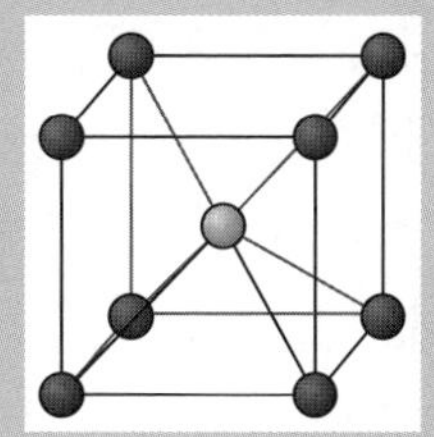

解くための材料

単位格子の単位体積あたりの質量を密度という。

$$(\text{密度})=\frac{(\text{単位格子に含まれる原子の質量})}{(\text{単位格子の体積})}$$

解き方

単位格子の体積は，

$l\times l\times l=l^3$〔cm^3〕

また，この単位格子に含まれる原子は 2 個です。

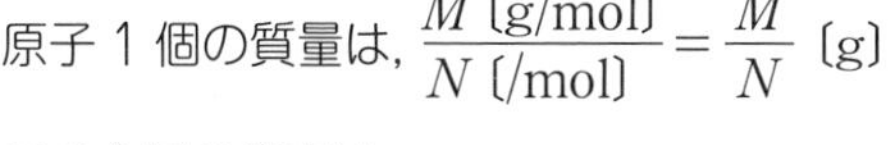

原子 1 個の質量は，$\dfrac{M\,〔\text{g/mol}〕}{N\,〔\text{/mol}〕}=\dfrac{M}{N}$〔g〕なので，

密度の単位が「g/cm^3」だから，『g÷cm^3』，つまり『(質量)÷(体積)』で求められるのね！

この金属の密度は，

$$\frac{M}{N}\times 2\div l^3=\frac{2M}{Nl^3}\,〔\text{g/cm}^3〕$$

$\boldsymbol{\dfrac{2M}{Nl^3}}$ **〔g/cm^3〕**……答

! 原子の数が「2個」の理由

体心立方格子の単位格子は，右図のような構造になっている。したがって，単位格子に含まれる原子の数は，

$$\frac{1}{8}\times 8 \quad + \quad 1 \quad =2\,〔\text{個}〕$$

$\frac{1}{8}\times 8$ ←(各頂点にある原子の数) × (頂点の数)

1 ←中心にある原子の数

となる。

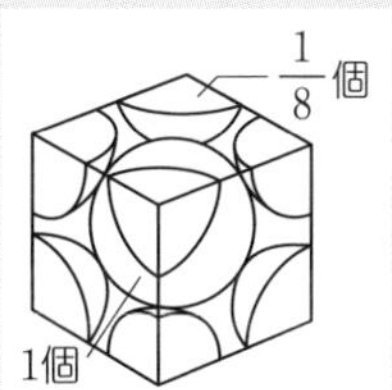

11 結晶格子の密度②

問題

レベル ★☆☆

右図のように，同じ粒子が立方体の面の中心と頂点に配列された結晶格子を面心立方格子という。面心立方格子の結晶構造である金属の密度は何 g/cm^3 か。ただし，単位格子の 1 辺の長さを l〔cm〕，アボガドロ定数を N〔/mol〕，原子量を M とする。

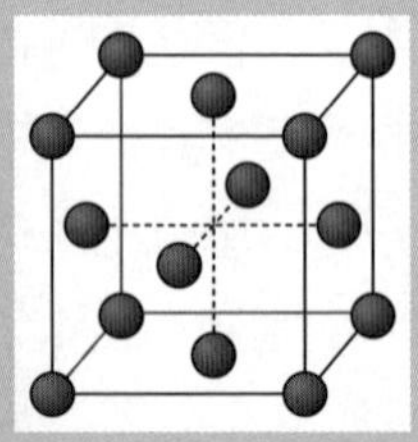

解くための材料

単位体積あたりの質量を密度という。

$$(\text{単位格子の密度}) = \frac{(\text{単位格子に含まれる原子の質量})}{(\text{単位格子の体積})}$$

解き方

単位格子の体積は，$l \times l \times l = l^3$〔cm^3〕

また，この単位格子に含まれる原子は 4 個です（下を参照）。

原子 1 個の質量は，$\dfrac{M\,\text{〔g/mol〕}}{N\,\text{〔/mol〕}} = \dfrac{M}{N}$〔g〕なので，この金属の密度は，

$$\frac{M}{N} \times 4 \div l^3 = \frac{4M}{Nl^3}\ \text{〔g/cm}^3\text{〕}$$

$\boldsymbol{\dfrac{4M}{Nl^3}}$ **〔g/cm^3〕**……答

原子の数が「4 個」の理由

面心立方格子の単位格子は，右図のような構造になっている。したがって，単位格子に含まれる原子の数は，

$$\frac{1}{2} \times 6 + \frac{1}{8} \times 8 = 4\ \text{〔個〕}$$

$\frac{1}{2} \times 6$ ← （各面にある原子の数）×（面の数）

$\frac{1}{8} \times 8$ ← （各頂点にある原子の数）×（頂点の数）

となる。

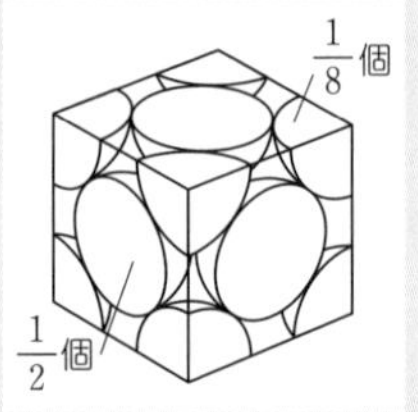

12 銅の結晶格子

問題

レベル ★★☆

右図は，銅の結晶の単位格子である。単位格子の1辺の長さを 3.6×10^{-8}cm，アボガドロ定数を 6.0×10^{23}/mol，銅の密度を 9.0g/cm^3 とし，$(3.6)^3=47$ とする。次のものを求めよ。

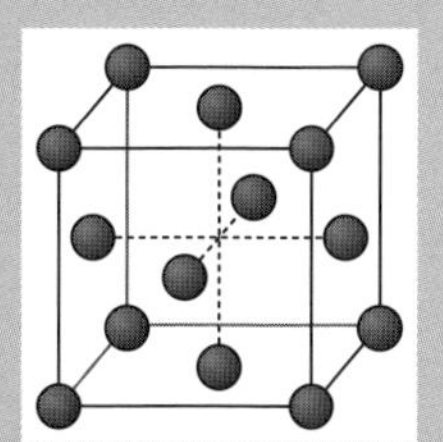

(1) 単位格子に含まれる原子の数

(2) この結晶 1.0cm^3 に含まれる原子の数

(3) 銅原子1個の質量　　(4) 銅の原子量

解くための材料

原子量は，モル質量から単位「g/mol」を削除したものである。

解き方

(1) 単位格子に含まれる原子の数は，4個です（P18参照）。　**4個**……答

(2) 単位格子の体積は，$(3.6\times10^{-8})^3\text{cm}^3$ なので，1.0cm^3 に含まれる原子の数は，

$$\frac{4}{(3.6\times10^{-8})^3}=\frac{4}{47\times10^{-24}}=8.51\cdots\times10^{22}\fallingdotseq8.5\times10^{22}\text{〔個〕}$$

8.5×10^{22} 個……答

(3) 「密度 9.0g/cm^3」は，「1.0cm^3 の質量は 9.0g」ということです。また，(2)で 1.0cm^3 に含まれる原子の数を求めています。

つまり，1.0cm^3 で考えれば，「8.5×10^{22} 個の銅原子の質量が 9.0g」ということですから，銅原子1個の質量は，

$$\frac{9.0}{8.51\times10^{22}}=1.05\cdots\times10^{-22}\fallingdotseq1.1\times10^{-22}\text{〔g〕}$$

1.1×10^{-22} g……答

$(3.6\times10^{-8})^3\text{cm}^3$ の中に原子が4個入っているから，1cm^3 の中に原子は何個入っているか，ということだよ。

(4) モル質量は，$1.05\times10^{-22}\text{g}\times6.0\times10^{23}\text{/mol}=63\text{g/mol}$

よって，原子量は63　　**63**……答

六方最密構造

金属の結晶格子には，体心立方格子や面心立方格子があることを学習しました。

実は，この他にも，「六方最密構造」とよばれるものがあります。

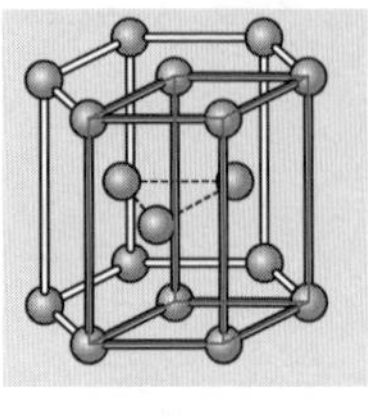

図１

図２

図1，図2の赤線で囲まれた部分が単位格子なんだよ！

では，体心立方格子や面心立方格子と同じように，この単位格子に含まれる原子の数を求めてみましょう。

図２を上から見ると，図３のようになっています。

図３より，ＡとＣは中心角が 60°，ＢとＤは中心角が 120° の半球の一部ですから，球の体積を１とすれば，

図３

$$\text{AとC} \cdots 1 \times \frac{60^\circ}{360^\circ} \times \frac{1}{2} = \frac{1}{12}$$

$$\text{BとD} \cdots 1 \times \frac{120^\circ}{360^\circ} \times \frac{1}{2} = \frac{1}{6}$$

（単位格子の）中心付近には合わせて１個分の原子があるので，

$$\Bigl(\underbrace{\frac{1}{12} \times 2}_{\text{頂点}} + \underbrace{\frac{1}{6} \times 2}_{\text{頂点}}\Bigr) \times 2 + \underbrace{1}_{\text{中心付近}} = 2〔\text{個}〕$$

となります。

1 水の状態変化と熱量

問題

レベル ★☆☆

次の空欄を埋めよ。ただし，同じことばを入れてもよい。

（　①　）熱…固体 1mol が液体になるとき吸収する熱量。

（　②　）熱…液体 1mol が固体になるとき放出する熱量。

（　③　）熱…液体 1mol が気体になるとき吸収する熱量。

（　④　）熱…気体 1mol が液体になるとき放出する熱量。

（　⑤　）熱…固体 1mol が気体になるとき放出する熱量。

液体の表面付近の分子は，常温のときも液体表面から飛び出し，気体になっている。この現象を（　⑥　）という。液体の温度を上げていき，やがて沸点に達すると，表面付近だけでなく内部からも（⑥）が起こる。この現象を（　⑦　）という。

解くための材料

物質の状態変化

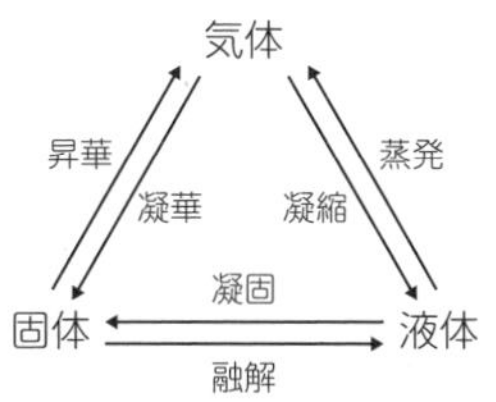

解き方

物質の状態変化は，上図のようになります。この図から，①～⑤は解答することができます。

⑥，⑦は，「蒸発」または「沸騰」のいずれかです。蒸発は「液体の表面（付近）」から起こるのに対して，沸騰は「液体の内部」からも起こります。

① **融解**　② **凝固**　③ **蒸発**　④ **凝縮**
⑤ **昇華**　⑥ **蒸発**　⑦ **沸騰**……答

蒸発熱と凝縮熱の大きさも等しいよ！

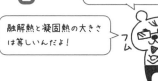

融解熱と凝固熱の大きさは等しいんだよ！

フム　フム

2 三態変化

問題 レベル ★☆☆

下図は，ある純物質 1mol に熱を加えていったときの，加えた熱量と純物質の温度変化を表している。

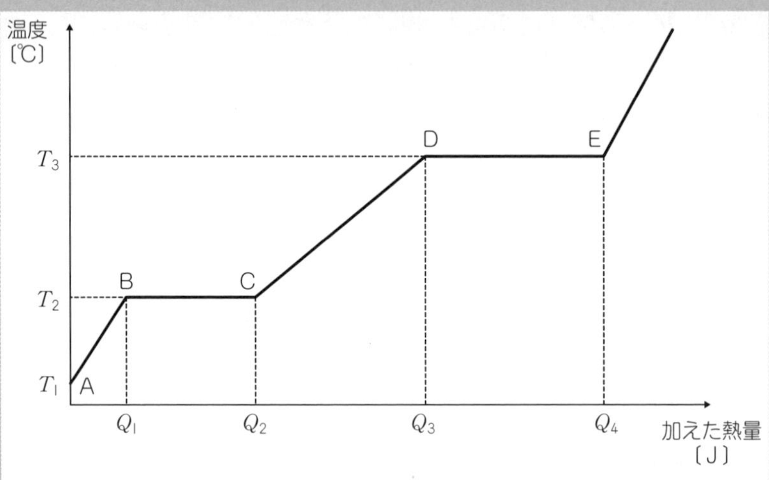

(1) CD 間の物質の状態は何か。

(2) 沸点は何℃か。

(3) 蒸発熱の大きさは何 J か。

解くための材料

蒸発熱は，「液体 1mol が気体になるときに吸収する熱量」。

解き方

物質の状態は，AB 間は固体，BC 間は固体と液体，CD 間は液体，DE 間は液体と気体，E 以降は気体です。蒸発熱は，上図の DE 間ですから，その大きさは，$Q_4 - Q_3$〔J〕となります。

(1) **液体**　(2) T_3〔℃〕　(3) $Q_4 - Q_3$〔J〕……**答**

3 吸収される熱量

問題　レベル ★★☆

0℃の氷 72g を 20℃の水にするときに吸収される熱量は何 kJ か。ただし，水 1g を 1K 上昇させるのに必要な熱量を 4.2J，0℃での氷の融解熱を 6.0kJ/mol とする。原子量は，H＝1.0，O＝16 とする。

解くための材料

状態変化や化学変化などにより，放出または吸収される熱（エネルギー）の量のことを熱量という。また，固体 1mol が液体になるときに吸収する熱量を融解熱という。

解き方

0℃の氷を 20℃の水にするときに吸収される熱量は，

「0℃の氷を 0℃の水に状態変化させる熱量」＋「0℃の水を 20℃の水にする熱量」

で求められます。

まず，「0℃の氷を 0℃の水に状態変化させる熱量」を求めます。

氷の融解熱は 6.0 kJ/mol ですから，このときの熱量は，

6.0×(氷の物質量)

で求められます。氷 72 g の物質量は，H_2O＝18 より，$\dfrac{72\,\mathrm{g}}{18\,\mathrm{g/mol}}=4.0\,\mathrm{mol}$ ですから，

求める熱量は，6.0 kJ/mol×4.0 mol＝24 kJ……①

次に，「0℃の水を 20℃の水にする熱量」を求めると，

$72\times4.2\times(20-0)=6.048\times10^3\,\mathrm{J}\fallingdotseq6.0\,\mathrm{kJ}$……②

よって，①，②より，24＋6.0＝30 kJ

30 kJ……答

4 水銀柱と圧力

問題 レベル ★★★

25℃, 1.0×10^5Pa のもとで，水銀を満たしたガラス管を，右図のように水銀を入れた容器の中で垂直に倒立させると，管内の水銀面は容器の水銀面から 760mm の位置で静止した。いま，ガラス管の下端から少量のエタノールを注入してしばらく放置すると，管内の水銀面は容器の水銀面から何 cm の位置になるか。ただし，管内には微量のエタノール（液体）が残っており，エタノールの 25℃における蒸気圧を 70mmHg とする。

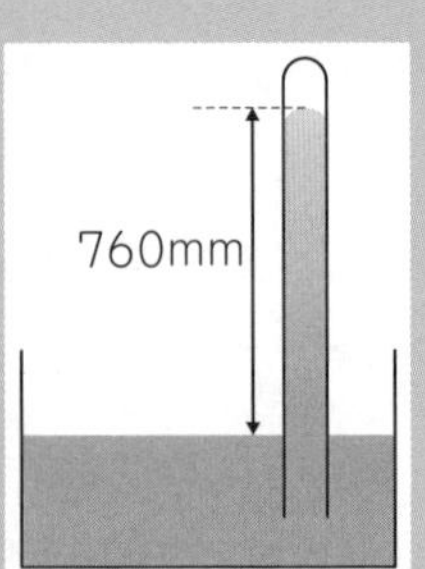

解くための材料

ガラス管内部が水銀のみであるとき，
（大気圧）＝（水銀柱の圧力）
ガラス管内部に入っているエタノールが蒸発しているとき
（大気圧）＝（水銀柱の圧力）＋（エタノールの蒸気圧）

解き方

エタノールをガラス管内部に入れると，エタノールは管の上部で蒸発します。この蒸発した気体のエタノールの圧力（蒸気圧）によって，管内の水銀面は下がります。

25℃における大気圧は 760 mmHg，エタノールの蒸気圧は 70 mmHg ですから，このときの水銀柱の圧力を x〔mmHg〕とすれば，

$760=x+70 \qquad x=760-70=690$ mmHg

よって，管内の水銀面は容器の水銀面から 690 mm＝69 cm の位置になります。

69 cm……**答**

5 蒸気圧曲線

問題 レベル★★☆

右図は，物質 a，b，c の蒸気圧曲線である。

(1) 沸点の最も高い物質はどの物質か。

(2) 外圧が 3.0×10^4Pa のとき，c は何℃で沸騰するか。

(3) 分子間力が最も大きい物質はどれか。

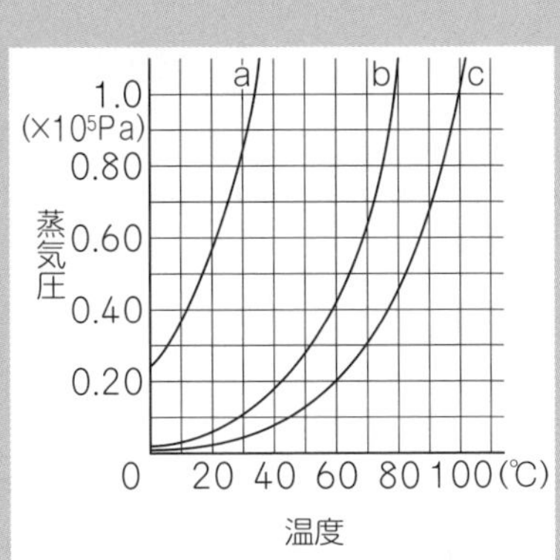

解くための材料

液体の蒸気圧が外圧（液面を押す圧力）と等しくなると，沸騰が起こる。

解き方

(1) 沸点は，沸騰が起こる温度，つまり物質の蒸気圧が外圧と等しくなる温度です。

たとえば，通常の大気圧（1.013×10^5 Pa）の沸点で考えれば，右図より，沸点は a＜b＜c の順に高いことがわかります。

(2) 蒸気圧と外圧が等しくなったときに沸騰が起こるので，沸騰が起こったときの蒸気圧は，$3.0\times10^4(=0.30\times10^5)$ Pa です。よって，右図の赤線で囲んだところの交点の温度を読むと，70℃になります。

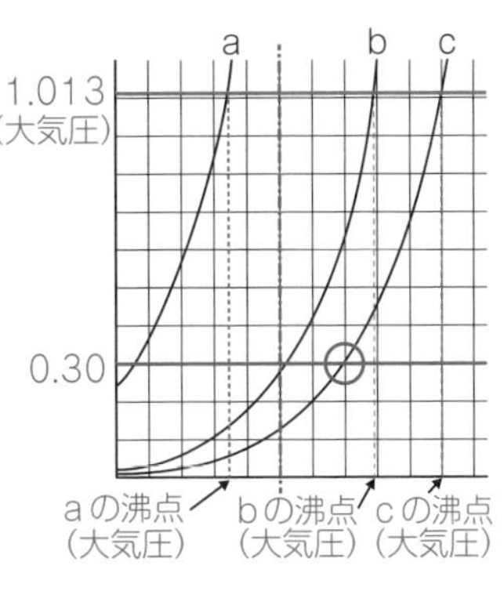

(3) 分子間力が大きい物質ほど蒸発しにくいので，蒸気圧は小さくなります。つまり，同じ温度（たとえば 50℃：赤の 1 点鎖線）における各物質の蒸気圧を比較して，蒸気圧の最も小さい物質が，分子間力が最も大きい物質，ということになります。

(1) **c**　(2) **70℃**　(3) **c**……答

6 二酸化炭素の状態図

問題　　レベル ★★☆

右図は，二酸化炭素の状態図である。

(1)　領域 A の二酸化炭素の状態は，固体・液体・気体のいずれか。

(2)　凝縮を表している矢印は，①～③のいずれか。

(3)　大気圧（1.013×10^5Pa）を表している線は，(あ)～(う)のいずれか。

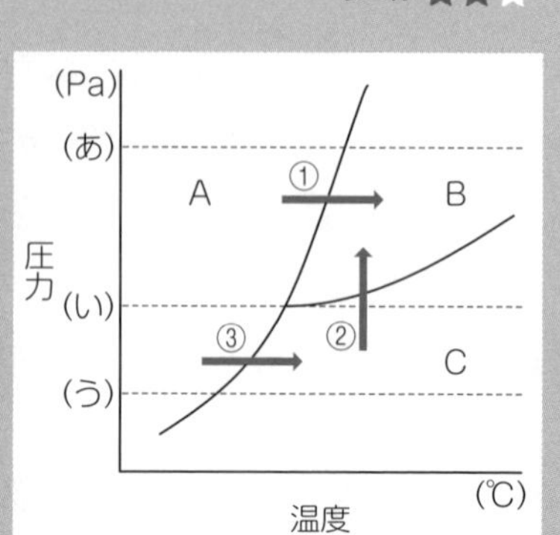

解くための材料

大気圧のもとで，二酸化炭素は固体から気体に変化する（昇華する）。

解き方

(1)　二酸化炭素は，一定の圧力のもとで温度を上げていくと，固体（→液体）→気体へと変化します。

(2)　領域 A は固体，領域 B は液体，領域 C は気体です。凝縮は，気体が液体になる変化なので，領域 C から領域 B に向かう矢印です。

(3)　大気圧のもとで，固体の二酸化炭素（ドライアイス）を加熱すると，気体に変化します。

(1)　**固体**　　(2)　**②**　　(3)　**(う)**……

融解曲線の傾きが正だから，
固体に圧力を加えても液体に
はならないことがわかるね！

7 水の状態図

問題　レベル ★★★

右図は，水の状態図であり，領域 A ～ C は固体・液体・気体のいずれかを表している。

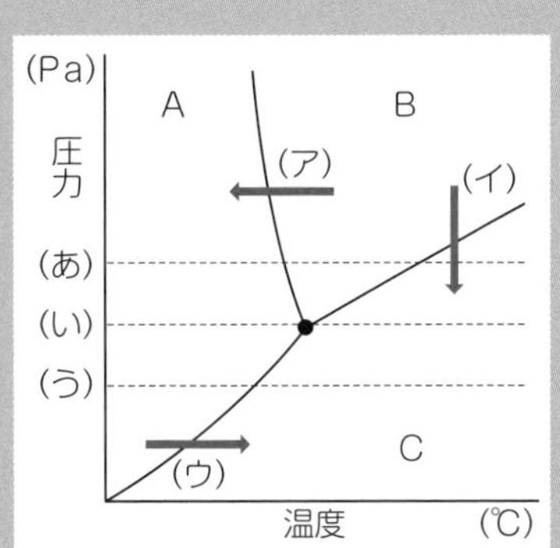

(1)　蒸発を表している矢印は，(ア)～(ウ)のいずれか。

(2)　大気圧（1.013×10^5Pa）を表している線は，(あ)～(う)のいずれか。

(3)　次の空欄を埋めよ。

　氷に圧力を加えると，融点は（　①　）なり，水に圧力を加えると，沸点は（　②　）なる。

解くための材料

大気圧のもとで，水は固体→液体→気体と変化する。

解き方

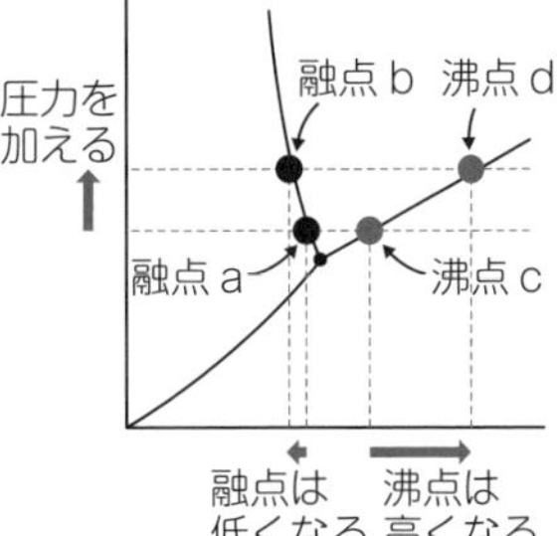

(1)　領域 A は固体（氷），領域 B は液体（水），領域 C は気体（水蒸気）です。蒸発は，液体が気体になる変化なので，領域 B から領域 C に向かう矢印です。

(2)　大気圧のもとで氷を加熱すると，固体→液体→気体に変化します。

(3)　氷に圧力を加えたとき，右図で融点（●）は a → b のように変化するので，融点は低くなります。水に圧力を加えたときも，同様に考えます（●）。

(1)　**(イ)**　(2)　**(あ)**　(3)　①　**低く**　②　**高く**……答

1 ボイルの法則①

問題

レベル ★☆☆

1.0×10^5Pa で 8.0L を占める気体を，温度を一定に保ったまま体積を 4.0L にすると，圧力は何 Pa になるか。

解くための材料

ボイルの法則
温度が一定であるとき，一定量の気体の体積は圧力に反比例する。

$V=\dfrac{k}{p}$ → 両辺に p をかける → $pV=k$
- V〔L〕…気体の体積
- p〔Pa〕…気体の圧力
- k…定数

解き方

温度が一定であるとき，圧力 p_1，体積 V_1 であった気体が，圧力 p_2，体積 V_2 に変化したとします。このとき，$pV=k$ から，

$$p_1V_1=p_2V_2$$

が成り立ちます。

$p_1v_1=k$
$p_2v_2=k$
だから，
$p_1v_1=p_2v_2$
だね！
あーして－
こーして－

手順1 式に代入する量と単位を確認する

体積を変更した後の気体の圧力を求めるので，体積を変更する前の気体の圧力と体積，体積を変更した後の気体の体積が必要です。

体積変更前の気体の圧力　$p_1=1.0\times10^5\,\mathrm{Pa}$

体積変更前の気体の体積　$V_1=8.0\,\mathrm{L}$

体積変更後の気体の体積　$V_2=4.0\,\mathrm{L}$

手順2 式に代入して計算する

体積変更後の気体の圧力を p_2〔Pa〕として，ボイルの法則を用いると，

$$p_1\times V_1=p_2\times V_2$$

$$(1.0\times10^5)\times8.0=p_2\times4.0$$

よって，$p_2=2.0\times10^5\,\mathrm{Pa}$

2.0×10^5 Pa……答

2 ボイルの法則②

問題　レベル ★☆☆

2.0×10^5Pa で 6.0L を占める気体を，温度を一定に保ったまま圧力を 4.0×10^5Pa にすると，体積は何 L になるか。

解くための材料

ボイルの法則

温度が一定であるとき，一定量の気体の体積は圧力に反比例する。

$$V = \frac{k}{p} \xrightarrow{\text{両辺に } p \text{ をかける}} pV = k \begin{cases} V\text{〔L〕} & \cdots\text{気体の体積} \\ p\text{〔Pa〕} & \cdots\text{気体の圧力} \\ k\cdots\text{定数} & \end{cases}$$

解き方

温度が一定であれば，ボイルの法則が成り立ちます。

手順1 式に代入する量と単位を確認する

圧力を変更した後の気体の体積を求めるので，圧力を変更する前の気体の圧力と体積，圧力を変更した後の気体の圧力が必要です。

圧力変更前の気体の圧力　$p_1 = 2.0 \times 10^5\,\text{Pa}$

圧力変更前の気体の体積　$V_1 = 6.0\,\text{L}$

圧力変更後の気体の圧力　$p_2 = 4.0 \times 10^5\,\text{Pa}$

手順2 式に代入して計算する

圧力変更後の気体の体積を V_2〔L〕として，ボイルの法則を用いると，

$$p_1V_1 = p_2V_2$$

$$(2.0 \times 10^5) \times 6.0 = (4.0 \times 10^5) \times V_2$$

よって，$V_2 = 3.0\,\text{L}$

3.0 L……答

▼別解

温度が一定のとき，体積は圧力に反比例する。問題文から，

圧力は $\dfrac{4.0 \times 10^5}{2.0 \times 10^5} = 2$ 倍になっているので，体積は $\dfrac{1}{2}$ 倍になる。

よって，$6.0 \times \dfrac{1}{2} = 3.0\,\text{L}$

3 シャルルの法則①

問題 レベル ★☆☆

27℃で 4.00L を占める気体を，圧力を一定に保ったまま温度を 267℃にすると，体積は何 L になるか。

解くための材料

シャルルの法則

圧力が一定であるとき，一定量の気体の体積は絶対温度に比例する。

$V=k'T$ →（両辺を T で割る）→ $\dfrac{V}{T}=k'$
- V〔L〕…気体の体積
- T〔K〕…絶対温度
- k'…定数

解き方

圧力が一定であるとき，温度 T_1，体積 V_1 であった気体が，温度 T_2，体積 V_2 に変化したとします。このとき，$\dfrac{V}{T}=k'$ から，

$\dfrac{V_1}{T_1}=\dfrac{V_2}{T_2}$ が成り立ちます。

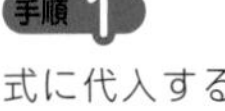

気体の計算では，「温度」と書いてあれば「絶対温度」のことなんだよ！

手順1 式に代入する量と単位を確認する

温度を変更した後の気体の体積を求めるので，温度を変更する前の気体の温度と体積，温度を変更した後の気体の温度が必要です。

温度変更前の気体の温度　$T_1=27+273=300\,\mathrm{K}$

温度変更前の気体の体積　$V_1=4.00\,\mathrm{L}$

温度変更後の気体の温度　$T_2=267+273=540\,\mathrm{K}$

手順2 式に代入して計算する

温度変更後の気体の体積を V_2〔L〕として，シャルルの法則を用いると，

$$\frac{V_1}{T_1}=\frac{V_2}{T_2}$$

$$\frac{4.00}{300}=\frac{V_2}{540} \qquad V_2=7.20\,\mathrm{L}$$

7.20 L……答

! 絶対温度

絶対温度 T〔K〕とセルシウス温度 t〔℃〕の間に成り立つ関係式は，

$T=t+273$

4 シャルルの法則②

問題

レベル ★☆☆

127℃で 8.00L を占める気体を，圧力を一定に保ったまま温度を変え，体積を 6.00L にしたい。温度を何℃にすればよいか。

解くための材料

シャルルの法則

圧力が一定であるとき，一定量の気体の体積は絶対温度に比例する。

$V=k'T$ → 両辺を T で割る → $\dfrac{V}{T}=k'$
- V〔L〕…気体の体積
- T〔K〕…絶対温度
- k'…定数

解き方

圧力が一定であるとき，温度 T_1，体積 V_1 であった気体が，温度 T_2，体積 V_2 に変化したとします。このとき，$\dfrac{V}{T}=k'$ から，$\dfrac{V_1}{T_1}=\dfrac{V_2}{T_2}$ が成り立ちます。

手順1 式に代入する量と単位を確認する

温度を変更した後の気体の温度を求めるので，温度を変更する前の気体の温度と体積，温度を変更した後の気体の体積が必要です。

温度変更前の気体の温度　$T_1=127+273=400\,\mathrm{K}$

温度変更前の気体の体積　$V_1=8.00\,\mathrm{L}$

温度変更後の気体の体積　$V_2=6.00\,\mathrm{L}$

手順2 式に代入して計算する

温度変更後の気体の温度を T_2〔K〕として，シャルルの法則を用いると，

$$\frac{V_1}{T_1}=\frac{V_2}{T_2}$$

$$\frac{8.00}{400}=\frac{6.00}{T_2}\qquad T_2=300\,\mathrm{K}\quad よって，300-273=27℃$$

27℃……答

5 ボイル・シャルルの法則①

問題　レベル ★☆☆

1.0×10^5Pa，77℃で 7.0L を占める気体がある。この気体の温度を 27℃，圧力を 3.0×10^5Pa にすると，体積は何 L になるか。

解くための材料

ボイル・シャルルの法則
一定量の気体の体積は，温度に比例し，圧力に反比例する。

$$\frac{p_1V_1}{T_1}=\frac{p_2V_2}{T_2}$$

p_1…気体の圧力（変化前）　p_2…気体の圧力（変化後）
V_1…気体の体積（変化前）　V_2…気体の体積（変化後）
T_1…気体の温度（変化前）　T_2…気体の温度（変化後）

解き方

圧力 p_1，体積 V_1，温度 T_1 であった気体が，圧力 p_2，体積 V_2，温度 T_2 に変化したとします。このとき，$\frac{p_1V_1}{T_1}=\frac{p_2V_2}{T_2}$ が成り立ちます。

式に代入する量と単位を確認する

変化後の気体の体積を求めるので，変化前の気体の圧力・体積・温度と，変化後の気体の圧力と温度が必要です。

変化前の気体の圧力 p_1，体積 V_1，温度 T_1

$p_1=1.0\times10^5$ Pa，$V_1=7.0$ L，$T_1=77+273=350$ K

変化後の気体の圧力 p_2，温度 T_2

$p_2=3.0\times10^5$ Pa，$T_2=27+273=300$ K

式に代入して計算する

変化後の気体の体積を V_2〔L〕として，ボイル・シャルルの法則を用いると，

$$\frac{p_1V_1}{T_1}=\frac{p_2V_2}{T_2}$$

$$\frac{1.0\times10^5\times7.0}{350}=\frac{3.0\times10^5\times V_2}{300}\qquad V_2=2.0\text{ L}$$

2.0 L……**答**

6 ボイル・シャルルの法則②

問題　レベル ★☆☆

1.0×10⁵Pa，27℃で6.0Lを占める気体がある。この気体の温度を127℃，体積を4.0Lにすると，圧力は何Paになるか。

解くための材料

ボイル・シャルルの法則
一定量の気体の体積は，温度に比例し，圧力に反比例する。

$$\frac{p_1 V_1}{T_1}=\frac{p_2 V_2}{T_2}$$

p_1…気体の圧力（変化前）　p_2…気体の圧力（変化後）
V_1…気体の体積（変化前）　V_2…気体の体積（変化後）
T_1…気体の温度（変化前）　T_2…気体の温度（変化後）

解き方

圧力 p_1，体積 V_1，温度 T_1 であった気体が，圧力 p_2，体積 V_2，温度 T_2 に変化したとします。このとき，$\frac{p_1 V_1}{T_1}=\frac{p_2 V_2}{T_2}$ が成り立ちます。

式に代入する量と単位を確認する

変化後の気体の圧力を求めるので，変化前の気体の圧力・体積・温度と，変化後の気体の体積と温度が必要です。

変化前の気体の圧力 p_1，体積 V_1，温度 T_1

$p_1=1.0\times10^5\,\mathrm{Pa}$，$V_1=6.0\,\mathrm{L}$，$T_1=27+273=300\,\mathrm{K}$

変化後の気体の体積 V_2，温度 T_2

$V_2=4.0\,\mathrm{L}$，$T_2=127+273=400\,\mathrm{K}$

式に代入して計算する

変化後の気体の圧力を p_2〔Pa〕として，ボイル・シャルルの法則を用いると，

$$\frac{p_1 V_1}{T_1}=\frac{p_2 V_2}{T_2}$$

$$\frac{1.0\times10^5\times6.0}{300}=\frac{p_2\times4.0}{400}\qquad p_2=2.0\times10^5\,\mathrm{Pa}$$

2.0×10^5 Pa……答

7 気体の状態方程式①

問題

レベル ★☆☆

2.00×10^5 Pa，127℃で 8.31 L を占める気体がある。この気体の物質量は何 mol か。
ただし，気体定数 R は $R = 8.31 \times 10^3$ Pa・L/(mol・K) とする。

解くための材料

気体の状態方程式

$pV = nRT$
- p〔Pa〕…気体の圧力　　V〔L〕…気体の体積
- n〔mol〕…気体の物質量　　T〔K〕…気体の絶対温度
- R〔Pa・L/(mol・K)〕…気体定数

解き方

気体の状態方程式は，気体の圧力・体積・物質量・温度の間に成り立つ関係式です。この 4 つのうち 3 つがわかっていれば，残りの 1 つを求めることができます。なお，気体定数は「定数」ですから，気体の種類にかかわらず常に一定です。気体定数の値は，通常は問題文中に与えられるので，覚える必要はありません。

式に代入する量と単位を確認する

気体の物質量を求めるので，気体の圧力・体積・温度が必要です。

気体の圧力 p，体積 V，温度 T

$p = 2.00 \times 10^5$ Pa，$V = 8.31$ L，$T = 127 + 273 = 400$ K

式に代入して計算する

気体の物質量を n〔mol〕として，気体の状態方程式を用いると，

$pV = nRT$

$2.00 \times 10^5 \times 8.31 = n \times 8.31 \times 10^3 \times 400$

$n = 0.500$ mol

0.500 mol……答

気体定数の値は，体積や圧力の単位が異なると変わる場合があるよ。また，有効数字の桁数によっては，「8.31」ではなく「8.3」などと表されることもあるんだ。注意しよう！

8 気体の状態方程式②

問題

レベル ★☆☆

77℃で 2.77L を占める，0.200mol の気体がある。この気体の圧力は何 Pa か。
ただし，気体定数 R は $R=8.31\times10^3$Pa·L/(mol·K) とする。

解くための材料

気体の状態方程式

$pV=nRT$
- p〔Pa〕…気体の圧力
- V〔L〕…気体の体積
- n〔mol〕…気体の物質量
- T〔K〕…気体の絶対温度
- R〔Pa·L/(mol·K)〕…気体定数

解き方

気体の状態方程式は，気体の圧力・体積・物質量・温度の間に成り立つ関係式です。この 4 つのうち 3 つがわかっていれば，残りの 1 つを求めることができます。

式に代入する量と単位を確認する

気体の圧力を求めるので，気体の体積・物質量・温度が必要です。

気体の体積 V，物質量 n，温度 T

$V=2.77\,\mathrm{L}$，$n=0.200\,\mathrm{mol}$，$T=77+273=350\,\mathrm{K}$

手順 2

式に代入して計算する

気体の圧力を p〔Pa〕として，気体の状態方程式を用いると，

$pV=nRT$

$p\times2.77=0.200\times8.31\times10^3\times350$

$p=2.10\times10^5\,\mathrm{Pa}$

$2.10\times10^5\,\mathrm{Pa}$……答

「気体の状態方程式」は，厳密にはこの式に従う理想的な気体（理想気体という）でのみ成り立つので，正しくは「理想気体の状態方程式」というんだよ。P40 も見てみよう。

9 分子量の算出

問題 レベル ★★☆

ある気体を 50g 採取し，9.0×10^4Pa，177℃のもとで体積を測ったところ，83L であった。この気体の分子量はいくらか。ただし，気体定数 R は $R=8.3\times10^3$Pa·L/(mol·K)とする。

解くための材料

気体の状態方程式

$$pV=\frac{w}{M}RT$$

- p〔Pa〕…気体の圧力
- V〔L〕…気体の体積
- M〔g/mol〕…気体のモル質量
- w〔g〕…気体の質量
- T〔K〕…気体の絶対温度
- R〔Pa·L/(mol·K)〕…気体定数

解き方

気体の状態方程式には，P34，35 で学習した式のほかに，気体の圧力・体積・モル質量・質量・温度の間に成り立つ関係式があります。この 5 つのうち 4 つがわかっていれば，残りの 1 つを求めることができます。

式に代入する量と単位を確認する

気体の分子量，つまりモル質量を求めればよいので，気体の圧力・体積・質量・温度が必要です。

気体の圧力 p，体積 V，質量 w，温度 T

$p=9.0\times10^4$ Pa，$V=83$ L，$w=50$ g，$T=177+273=450$ K

手順 2 式に代入して計算する

気体のモル質量を M〔g/mol〕として，気体の状態方程式を用いると，

$$9.0\times10^4\times83 = \frac{50}{M}\times8.3\times10^3\times450$$

$M=25$ g/mol

よって，この気体の分子量は 25 である。

25……答

注意しよう

公式の分母と分子を逆にしないようにしましょう。単位の「計算」に着目すれば，

$$\frac{(\mathrm{g})}{(\mathrm{g/mol})}=(\mathrm{mol})$$

ですから，忘れてしまったときには上の式を思い出しましょう。

10 混合気体の分圧

問題　　レベル ★★☆

温度一定のもと，1.5×10^5Pa で 2.0L の酸素と，2.0×10^5Pa で 4.5L の窒素を，6.0L の容器に入れた。このとき，酸素の分圧と窒素の分圧，混合気体の全圧はそれぞれ何 Pa か。

解くための材料

分圧の法則

$p = p_A + p_B$　p〔Pa〕…混合気体の圧力（全圧）　p_A〔Pa〕…気体 A の圧力（分圧）　p_B〔Pa〕…気体 B の圧力（分圧）

ある容器に気体 A と気体 B を混合して入れたとき，この混合気体全体の示す圧力を**全圧**といいます。また，同じ容器に気体 A と気体 B をそれぞれ単独で入れたとき，それぞれの示す圧力を**分圧**といいます。このとき，A，B の混合気体の全圧は，その成分気体 A，B の分圧の和になります。この関係を，ドルトンの**分圧の法則**といいます。

まず，酸素の分圧を求めましょう。

酸素の分圧を p_{O_2}〔Pa〕とすると，ボイルの法則から，（温度一定なので）

ボイルの法則は P28

$p_1V_1 = p_2V_2$

$1.5 \times 10^5 \times 2.0 = p_{O_2} \times 6.0$

$p_{O_2} = 5.0 \times 10^4$ Pa　　**5.0×10^4 Pa**……答

次に，窒素の分圧を p_{N_2}〔Pa〕とすると，ボイルの法則から同様に，（温度一定なので）

$2.0 \times 10^5 \times 4.5 = p_{N_2} \times 6.0$

$p_{N_2} = 1.5 \times 10^5$ Pa　　**1.5×10^5 Pa**……答

よって，全圧 p〔Pa〕は，分圧の法則から，

$p = p_{O_2} + p_{N_2} = 5.0 \times 10^4 + 1.5 \times 10^5 = 0.50 \times 10^5 + 1.5 \times 10^5$

$= 2.0 \times 10^5$ Pa

2.0×10^5 Pa……答

11 平均分子量

問題 レベル ★★☆

水素 7.0g と窒素 42g からなる混合気体の平均分子量はいくらか。ただし，原子量は H=1.0，N=14 とする。

解くための材料

平均分子量（見かけの分子量）

$$\overline{M}=M_A \times \frac{n_A}{n_A+n_B} + M_B \times \frac{n_B}{n_A+n_B}$$

気体 A のモル分率　気体 B のモル分率

$\overline{M}$…平均分子量（見かけの分子量）
M_A…気体 A の分子量　M_B…気体 B の分子量
n_A…気体 A の物質量（の比）　n_B…気体 B の物質量（の比）

解き方

成分気体の物質量の，混合気体の全物質量に対する割合を**モル分率**といいます。混合気体を 1 種類の分子からなる気体と考えたとき，この混合気体の分子量を**平均分子量**といい，成分気体の分子量とそのモル分率をかけて足し合わせることで求められます。

この式を用いるためには，分子量と物質量（の比）が必要です。

まず，分子量を求めると，H_2=2.0，N_2=28 です。

次に，物質量を求めます。

H_2 と N_2 のモル質量はそれぞれ，2.0 g/mol，28 g/mol ですから，

H_2 の物質量…$\dfrac{7.0\,\mathrm{g}}{2.0\,\mathrm{g/mol}}=3.5\,\mathrm{mol}$　N_2 の物質量…$\dfrac{42\,\mathrm{g}}{28\,\mathrm{g/mol}}=1.5\,\mathrm{mol}$

よって，$2.0\times\dfrac{3.5}{3.5+1.5}+28\times\dfrac{1.5}{3.5+1.5}=9.8$ となります。

9.8……答

12 混合気体の水上置換

問題

レベル ★★☆

水素を水上置換で捕集したところ，27℃，1.21×10^5Pa の大気圧のもとで，その体積は 2.77×10^2mL であった。このとき，捕集した水素の物質量は何 mol か。
ただし，気体定数を 8.31×10^3Pa·L/(K·mol)，27℃における水の蒸気圧を 4.00×10^3Pa とする。

解くための材料

捕集した気体の分圧

$p_X = p - p_{H_2O}$　$\begin{cases} p_X \cdots \text{捕集した気体 X の分圧} \\ p_{H_2O} \cdots \text{水の蒸気圧} \end{cases}$　p…大気圧

解き方

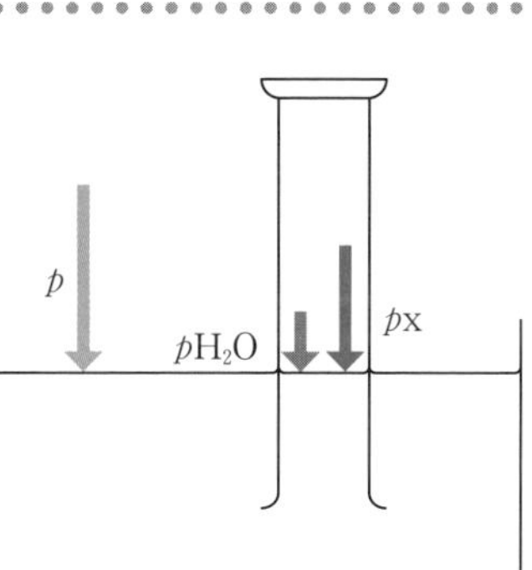

水に溶けにくい気体の捕集方法の 1 つとして，水上置換があります。このときに捕集された気体は，水蒸気との混合気体です。つまり，右図のような状態となっているので，捕集された気体の分圧 p_X は，大気圧 p から水の蒸気圧 p_{H_2O} を引くことで求められます。

これを式で表したものが，上式です。

捕集した水素の分圧 p_{H_2} は，

$$p_{H_2} = 1.21 \times 10^5 - 4.00 \times 10^3 = 1.17 \times 10^5 \text{ Pa}$$

ここで，捕集した水素の物質量を n〔mol〕とすると，気体の状態方程式より，

$$1.17 \times 10^5 \times 2.77 \times 10^2 \times 10^{-3} = n \times 8.31 \times 10^3 \times (27 + 273)$$

$$n = 1.30 \times 10^{-2} \text{mol}$$

となります。

1.30×10^{-2} mol……答

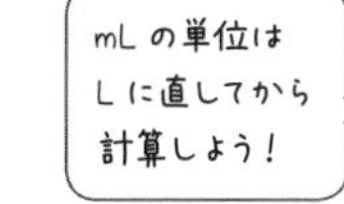

mL の単位は
L に直してから
計算しよう！

13 実在気体と理想気体

問題　レベル★★☆

次の(ア)～(エ)のうち，最も理想気体に近いふるまいをする状態はどれか。

(ア)　100K，1.0×10^5Pa

(イ)　100K，1.0×10^7Pa

(ウ)　200K，1.0×10^5Pa

(エ)　200K，1.0×10^7Pa

解くための材料

実在気体のふるまいを理想気体に近づけるためには，
①　温度を高く　　②　圧力を低く
すればよい。

解き方

実際に存在する気体を**実在気体**といいます。実在気体は，厳密には気体の状態方程式には従いません。

これに対して，気体の状態方程式に従う気体を**理想気体**といいます。つまり，理想気体の場合は，気体の状態方程式 $pV=nRT$ が常に成り立つので，この式から導出された $\dfrac{pV}{nRT}=Z$ において，Z の値は常に1です。

実在気体では，この Z の値が1に近いほど，理想気体に近いことになります。

右の2つの図からも明らかですが，温度が高いほど，また圧力が低いほど，理想気体に近くなります。

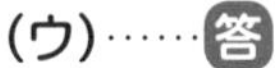

(ウ)……答

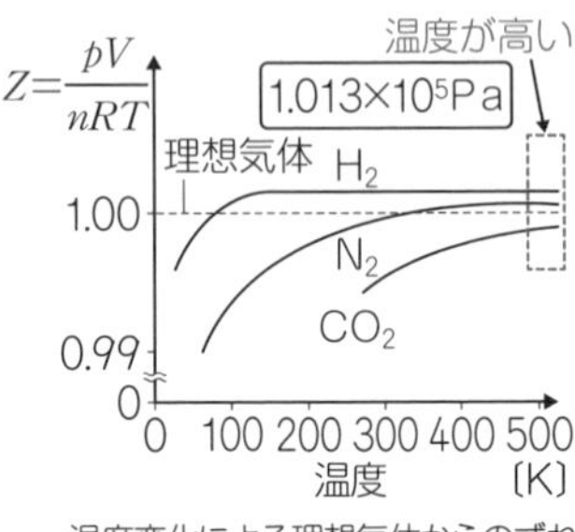

温度変化による理想気体からのずれ

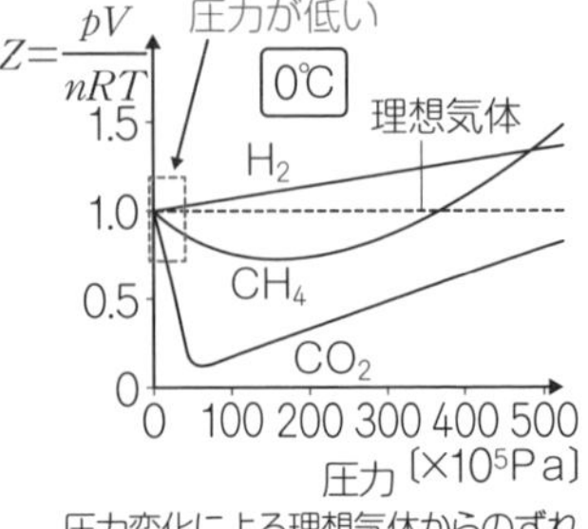

圧力変化による理想気体からのずれ

14 気体のグラフ①

問題　　レベル ★★☆

1 mol の理想気体について，圧力を p，体積を V，絶対温度を T，気体定数を R とする。V が一定であるとき，T と p の関係をグラフに表すと，下図の(ア)～(エ)のうち，どれになるか。

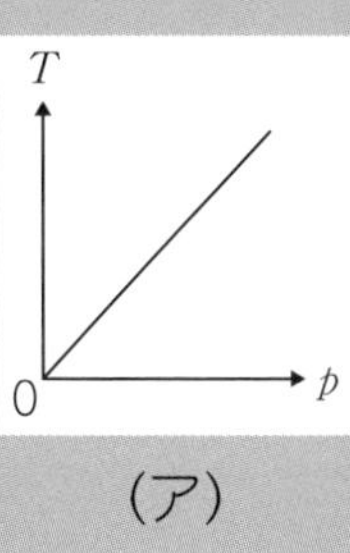

(ア)

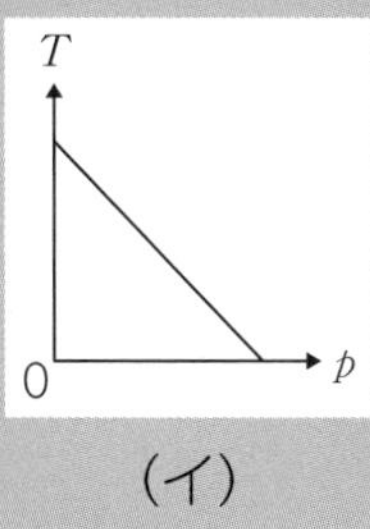

(イ)

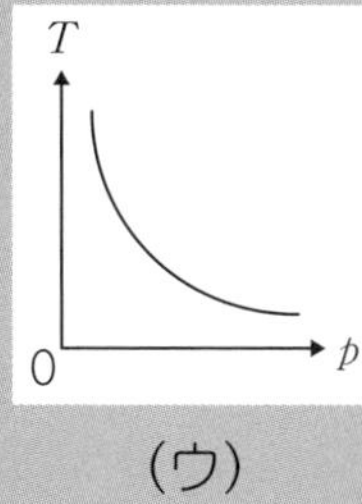

(ウ)

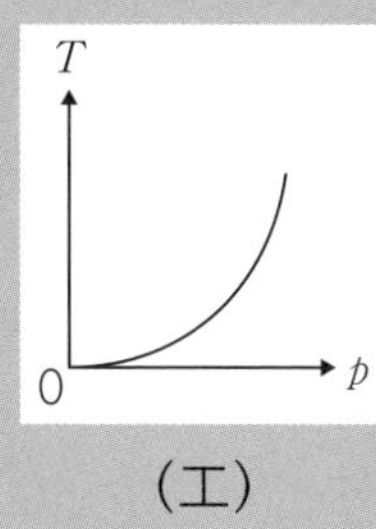

(エ)

解くための材料

気体の状態方程式 $pV=nRT$ を変形して考える。

解き方

T と p の関係について問われているので，気体の状態方程式を「$T=\cdots$」の形にしてみます。

$n=1$ より，$pV=RT$ ですから，

$$T=\frac{V}{R}p$$

となります。

「p ＝…」の形にしてもいいけど，選択肢のグラフの縦軸と横軸を見れば，「T ＝…」にした方がラクなことがわかるね！
中学校で学習した「y ＝ ax」のグラフの座標軸を思い出そう。

V も R も一定ですから，$\frac{V}{R}$ は定数です。つまり，T は p に比例します。

よって，T と p の関係を表しているグラフは(ア)です。

(ア)……答

15 気体のグラフ②

問題　レベル★★★

1 mol の理想気体について，絶対温度が T_1 と T_2 であるとき，体積 V と圧力 p の関係をグラフに表すと，下図の(ア)～(エ)のうち，どのようになるか。ただし，$T_1 > T_2$ とする。

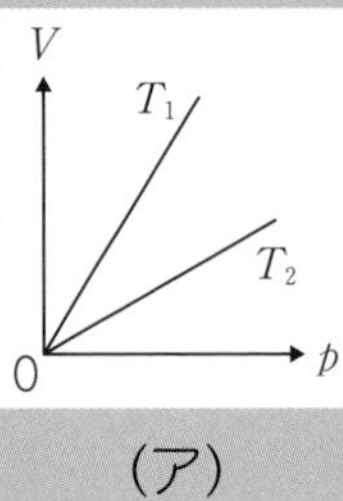

(ア)

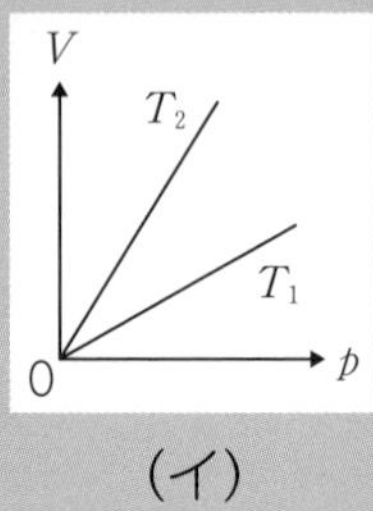

(イ)

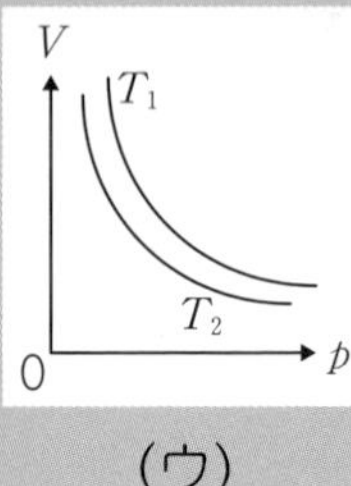

(ウ)

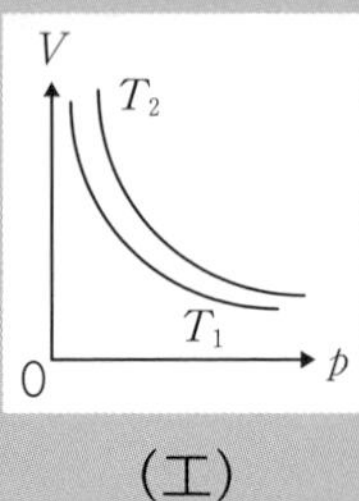

(エ)

解くための材料

気体の状態方程式 $pV=nRT$ を変形して考える。

解き方

$n=1$ より，$pV=RT$ ですから，V と p は反比例の関係にあります。

また，同じ圧力 p' のもとで，絶対温度 T_1, T_2 のときの体積 V_1, V_2 を求めてみます。

$p'V_1=RT_1$ より，$V_1=\dfrac{R}{p'}T_1$

$p'V_2=RT_2$ より，$V_2=\dfrac{R}{p'}T_2$

したがって，$T_1 > T_2$ より，

$V_1 > V_2$

です。よって，グラフは T_1 の方が T_2 よりも上になります。

(ウ)……**答**

下線部分は，右のようにどちらのグラフが上なのかを見極めるための方法なんだよ。

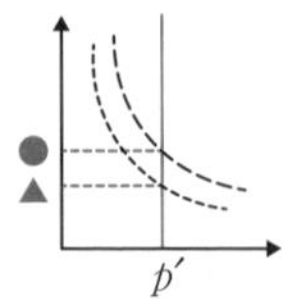

●と▲のどちらが V_1 でどちらが V_2 かを調べるイメージ

16 気体の密度

問題　レベル ★★★

気体の密度に関する次の問いに答えよ。ただし，原子量は，H=1.0，N=14，O=16，S=32とする。

⑴　質量 w〔g〕，体積 V〔L〕の気体の密度 d〔g/L〕を w，V を用いて表せ。

⑵　⑴の気体の圧力を p〔Pa〕，分子量を M，絶対温度を T〔K〕，気体定数を R〔Pa·L/(mol·K)〕とする。気体の状態方程式 $pV=\dfrac{w}{M}RT$ を利用して，d を p，M，T，R を用いて表せ。

⑶　次の(ア)～(ウ)の気体が同温・同圧下にあるとき，密度が最大であるものはどれか。

(ア)　NO_2　　(イ)　H_2S　　(ウ)　SO_2

解くための材料

気体の密度は分子量に比例する。

解き方

⑴　気体の密度は「1Lあたりの質量(g)」ですから，$d\text{〔g/L〕}=\dfrac{w\text{〔g〕}}{V\text{〔L〕}}$ となります。

$$\boldsymbol{d=\frac{w}{V}}$$ ……答

⑵　⑴より，$w=dV$ ですから，これを $pV=\dfrac{w}{M}RT$ に代入して，$pV=\dfrac{dV}{M}RT$

整理して d について解くと，$d=\dfrac{pM}{RT}$ となります。

$$\boldsymbol{d=\frac{pM}{RT}}$$ ……答

⑶　⑵で求めた式から，絶対温度(T)と圧力(p)が一定（同じ）であれば，密度は分子量に比例することがわかります。$NO_2=46$，$H_2S=34$，$SO_2=64$ より，密度が最大の気体は SO_2 です。　**(ウ)**……答

17 気体の分子量

問題 レベル ★☆☆

分子量 30 の気体 X は，2.0×10^5Pa，27℃の下で，8.3L を占めた。X の質量はいくらか。ただし，気体定数を 8.3×10^3Pa·L/(mol·K)とする。

解くための材料

分子量を含んだ気体の状態方程式 $pV=\dfrac{w}{M}RT$ を用いる。

$pV=\dfrac{w}{M}RT$ を利用します。

式に代入する量と単位を確認する

気体の質量を求めるので，気体の圧力，体積，分子量，温度が必要です。

圧力 p	2.0×10^5 Pa
体積 V	8.3 L
分子量 M	30
絶対温度 T	$27+273=300$ K

式に代入して計算する

X の質量を w として，気体の状態方程式に代入します。

$$pV=\frac{w}{M}RT$$

$$2.0\times10^5\times8.3=\frac{w}{30}\times8.3\times10^3\times300$$

$$w=20\text{ g}$$

20 g……答

計算するときは，左辺と右辺をそれぞれ計算するのではなく，約分できるものは約分してから計算するクセをつけておこう！

18 混合気体の圧力

問題

レベル ★★★

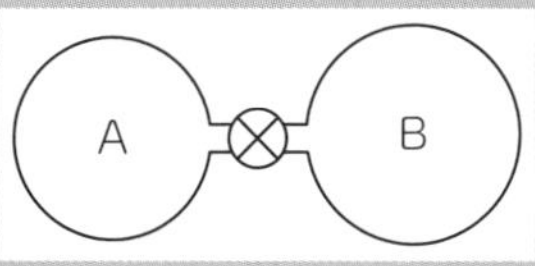

右図のように，2.0L の容器 A に 3.0×10^5Pa の窒素を，3.0L の容器 B に 4.0×10^5Pa の水素を入れ，一定温度に保ったままコックを開き，窒素と水素を混合した。

(1) 混合気体中の窒素と水素の分圧はそれぞれ何 Pa か。

(2) 混合気体の全圧は何 Pa か。

解くための材料

一定温度，一定量であることから，ボイルの法則 $p_1V_1=p_2V_2$ が成り立つ。
混合気体の全圧は，成分気体の分圧の和である。

解き方

(1) 混合気体の体積は，

$$2.0+3.0=5.0\,\mathrm{L}$$

です。混合気体中の窒素の分圧を p_{N_2}〔Pa〕，水素の分圧を p_{H_2}〔Pa〕とすると，ボイルの法則より，

$$3.0\times10^5\times2.0=p_{N_2}\times5.0$$

$$4.0\times10^5\times3.0=p_{H_2}\times5.0$$

よって，

$p_{N_2}=\mathbf{1.2\times10^5\,Pa}$……答

$p_{H_2}=\mathbf{2.4\times10^5\,Pa}$……答

(2) 混合気体の全圧 p〔Pa〕は，

$p=p_{N_2}+p_{H_2}=1.2\times10^5+2.4\times10^5=\mathbf{3.6\times10^5\,Pa}$……答

分圧と物質量の関係

一定温度 T〔K〕のもと，同体積 V〔L〕の 2 つの容器に，物質量 n_A〔mol〕の気体 A と物質量 n_B〔mol〕の気体 B をそれぞれ別々に入れたときの圧力を，それぞれ p_A〔Pa〕，p_B〔Pa〕とします。

このとき，問題 7，問題 8（P34，35）で学習した「気体の状態方程式」は，それぞれ次のようになります。（気体定数を R〔Pa·L/(mol·K)〕とします。）

$$p_AV=n_ART \quad \cdots\cdots①$$

$$p_BV=n_BRT \quad \cdots\cdots②$$

①÷②より，

$$\frac{p_AV}{p_BV}=\frac{n_ART}{n_BRT}$$

左辺どうし，右辺どうしをそれぞれ割って，
$p_AV \div p_BV$，$n_ART \div n_BRT$
を計算しているんだね！
そうか！

つまり，

$$\frac{p_A}{p_B}=\frac{n_A}{n_B}$$ ← 上で定義しているが，体積と温度がそれぞれ一定の場合に成り立つ

ですから，成分気体の体積の比と物質量の比は等しくなります。

じつは，温度と圧力が一定だと，成分気体の
体積の比と物質量の比も等しくなるんだよ！

1 物質の溶解性

問題

レベル ★★☆

次の(ア)～(ウ)のうち，水にはよく溶けるがヘキサンには溶けにくい物質はどれか。

(ア)　塩化ナトリウム NaCl　　(イ)　ヨウ素 I_2

(ウ)　エタノール C_2H_5OH

解くための材料

一般に，水などの極性溶媒には，イオン結晶や極性分子は溶けるが，無極性分子はほとんど溶けない。無極性分子は，ヘキサンなどの無極性溶媒にはよく溶ける。

解き方

水やエタノールは極性分子からなる溶媒（極性溶媒）で，多くのイオン結晶や極性分子をよく溶かします。このとき，溶質粒子と水分子は結合しています。このような現象を，水和といいます。

ヘキサンやベンゼンなどは無極性分子からなる溶媒（無極性溶媒）で，無極性分子をよく溶かします。

溶質		極性分子	無極性分子
イオン結晶		溶ける	溶けない
分子結晶	極性分子	溶ける	溶けない
	無極性分子	溶けない	溶ける

塩化ナトリウム NaCl はイオン結晶なので，極性溶媒の水によく溶けますが，無極性溶媒のヘキサンには溶けにくいです。

ヨウ素は無極性分子なので，水に溶けにくく，ヘキサンによく溶けます。

エタノールは，極性が大きい－OH（ヒドロキシ基）をもつため，水によく溶けます。また，極性が小さい C_2H_5－（エチル基）ももつため，無極性溶媒にもよく溶けます。

(ア)……答

炭酸カルシウム $CaCO_3$ や塩化銀 AgCl はイオン結晶なけど，イオンどうしの結合力が強くて水には溶けないんだよ。

2 水和水をもつ物質の溶解量

問題 レベル ★★☆

60℃の硫酸銅(Ⅱ)$CuSO_4$ 飽和水溶液 100g をつくるためには，硫酸銅(Ⅱ)五水和物 $CuSO_4 \cdot 5H_2O$ は何 g 必要か。有効数字 2 桁で答えよ。ただし，60℃における硫酸銅(Ⅱ)$CuSO_4$ の溶解度は 40 とし，$CuSO_4$ の式量は 160，$CuSO_4 \cdot 5H_2O$ の式量は 250 とする。

解くための材料

飽和水溶液では，溶質の質量と溶液の質量の比は常に一定である。

解き方

溶解度は，一定量の溶媒に溶ける，溶質の最大の質量のことです。

つまり，問題文の「硫酸銅(Ⅱ)の溶解度は 40」というのは，

「溶媒（水）100 g に溶ける，溶質の最大の質量は 40 g」ということです。

溶媒 100g，溶質 40g だから，溶液全体の質量は，100g ではなく 140g だよ！

求める質量を x〔g〕とすると，この飽和水溶液に含まれる溶質（$CuSO_4$）の質量は，

$$x \times \frac{160}{250} = \frac{16}{25}x \text{〔g〕}$$

$CuSO_4$ | $5H_2O$

$\frac{16}{25}x$〔g〕

x〔g〕

飽和水溶液では，溶質の質量と溶液の質量の比は常に一定なので，

$$(\text{溶質の質量}) : (\text{飽和水溶液の質量}) = \frac{16}{25}x : 100 = 40 : (40+100)$$

$$x = 44.6\cdots \fallingdotseq 45\text{ g}$$

となります。

45 g……**答**

3 溶解度曲線①

問題

レベル ★★★

右図は，硝酸カリウム KNO_3 の溶解度曲線である。

(1) 60℃の硝酸カリウム飽和水溶液300gから，水をすべて蒸発させると，析出する結晶は何gか。整数で答えよ。

(2) 60℃の硝酸カリウム飽和水溶液100gを10℃まで冷却すると，析出する結晶は何gか。整数で答えよ。

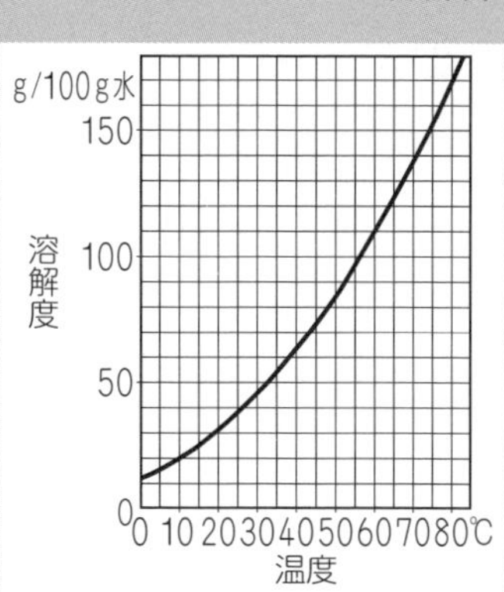

解くための材料

飽和水溶液では，溶質の質量と溶液の質量の比は常に一定である。

解き方

(1) 60℃における溶解度は，溶解度曲線より110であることがわかります。つまり，60℃の飽和水溶液(100＋110)g中に，KNO_3 が110g含まれている，ということです。

300gの飽和水溶液に含まれている KNO_3 の質量を x〔g〕とすると，

(溶質の質量)：(飽和水溶液の質量) ＝110：(100＋110)＝x：300

x＝157.1…≒157g　**157g**……答

(2) 10℃における溶解度は， 溶解度曲線より20であることがわかります。つまり，水100gのとき（飽和水溶液が100＋110＝210gのとき）に析出する KNO_3 が，110－20＝90gということです。求める質量を y〔g〕とすると，

(析出する結晶の質量)：(飽和水溶液の質量) ＝90：210＝y：100

y＝42.8…≒43g　**43g**……答

4 溶解度曲線②

問題

レベル ★★★

右図は，硝酸カリウム KNO_3 の溶解度曲線である。
いま，硝酸カリウム 40g を 70℃の水 100g に溶かし，ゆっくりと冷やすと，ある温度より下がると結晶が析出しはじめた。ある温度は何℃か。

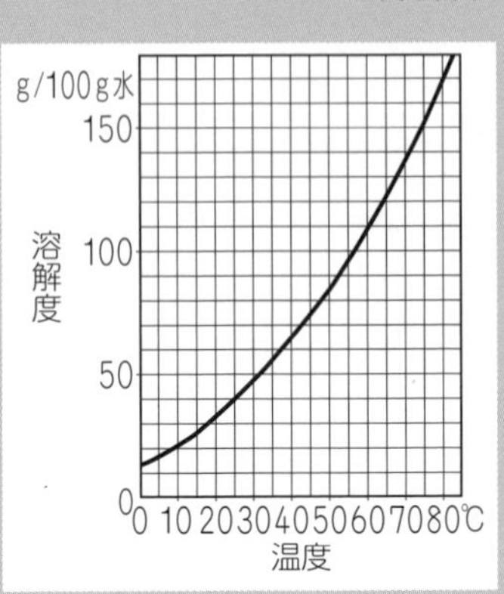

解くための材料

冷やす前に水に溶かした硝酸カリウムが，どのくらい水に溶けているかを確認する。

解き方

硝酸カリウムの 70℃における溶解度は，溶解度曲線よりおよそ 135 ですから，硝酸カリウム 40g は 70℃の水 100g にすべて溶けています。

では，右の○の位置から，曲線に沿って下の方へ（温度が低くなる方向へ）たどっていきましょう。

70℃の水に溶けている硝酸カリウムが析出する温度は，溶解度が 40 になるときの温度，つまり右図の ------ のときの温度です。

よって，そのときの温度は 25℃とわかります。

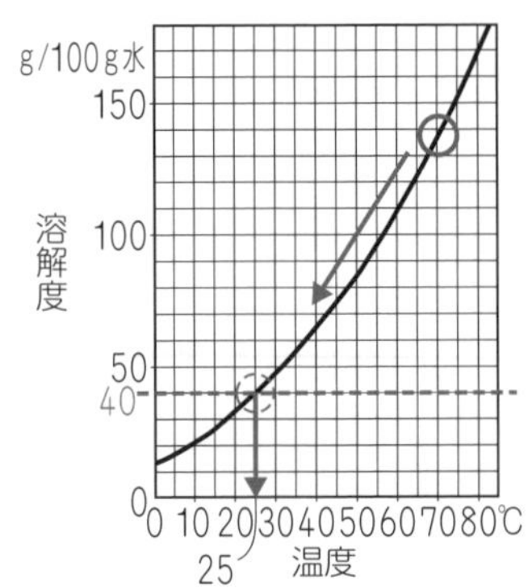

25℃……**答**

5 溶解度曲線③

問題

レベル ★★★

右図は，硝酸カリウム KNO_3 の溶解度曲線である。
60℃の硝酸カリウム飽和水溶液100gを20℃までゆっくりと冷やすと，得られる結晶は何gか。整数で求めよ。

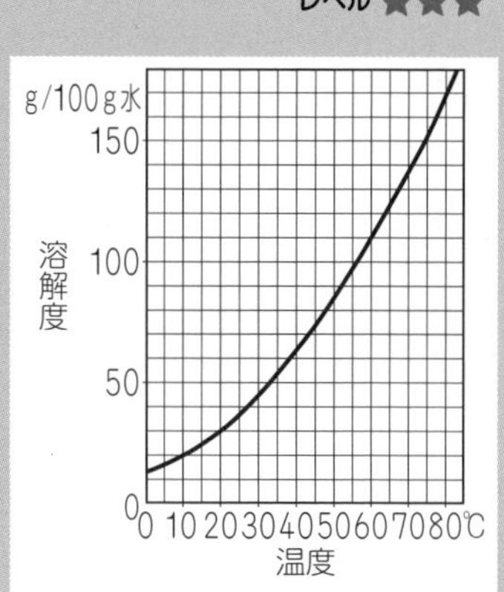

解くための材料

溶解度曲線の，問題文で与えられた温度に対する溶解度に着目する。

解き方

硝酸カリウムの60℃，20℃における溶解度は，それぞれ110と30です。問題文に「飽和水溶液」と書かれているので，はじめは60℃の水100gに硝酸カリウムが110g溶けているのと同じ状態です。

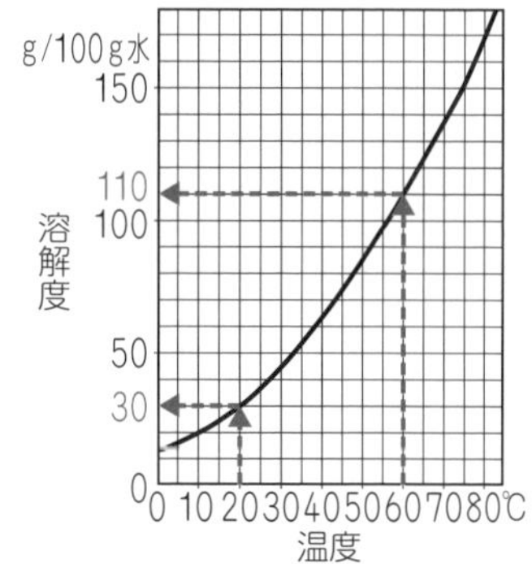

20℃の水には，硝酸カリウムは30gしか溶けないので，この飽和水溶液を20℃まで冷やすと，110−30＝80gが結晶として析出します。

つまり，60℃の飽和水溶液210gを20℃まで冷やすと，結晶として80g析出するので，60℃の飽和水溶液100gを20℃まで冷やすとき，求める結晶の質量を x〔g〕とすれば，

（析出する結晶の質量）:（飽和水溶液の質量）＝80：210＝x：100

x＝38.0…≒38g

38g……答

6 気体の溶解度①

問題　レベル ★★☆

窒素は，60℃，1.00×10^5Pa で，1.00L の水に 4.50×10^{-4}mol 溶ける。いま，60℃，6.00×10^5Pa で，窒素が水 4.00L に接している。この水に溶けている窒素の質量は何 g か。ただし，原子量は N＝14 とする。

解くための材料

ヘンリーの法則
溶解度の小さい N_2 や O_2 などの気体は，温度が一定であれば，一定量の溶媒に溶ける気体の質量（物質量）は，その溶媒に接している気体の圧力（混合気体であれば分圧）に比例する。

解き方

一定量の水（溶媒）に対する気体の溶解度は，ヘンリーの法則より圧力に比例します。これより，60℃，6.00×10^5 Pa で窒素が水 1.00 L に接しているときの窒素の物質量は，

$$4.50\times10^{-4}\times\frac{6.00\times10^5}{1.00\times10^5}=2.70\times10^{-3}\,\text{mol}$$

また，水（溶媒）の量が 1.00 L から 4.00 L へと 4 倍になっています。

溶かす水の量が 4 倍になったということは，水に溶ける窒素の量も 4 倍になります。

したがって，この水に溶けている窒素の物質量は，

$$2.70\times10^{-3}\times4=1.08\times10^{-2}\,\text{mol}$$

よって，N_2＝28 より，窒素の質量は，

$$1.08\times10^{-2}\,\text{mol}\times28\,\text{g/mol}=0.3024\fallingdotseq0.302\,\text{g}$$

0.302 g……答

7 気体の溶解度②

問題 レベル ★★★

酸素は，0℃，1.0×10^5Pa で，1.0L の水に 49mL 溶ける。いま，0℃，1.0×10^5Pa で，空気が水 1.0L に接している。ただし，空気は酸素と窒素の混合気体であり，その体積比は 1：4 であるとする。なお，0℃，1.0×10^5Pa における気体 1mol の体積は 22.4L であるとする。

(1) 酸素の分圧は何 Pa か。

(2) 水 1.0L に溶ける酸素の物質量は何 mol か。

(3) この水に溶けている酸素の体積は，0℃，1.0×10^5Pa で何 mL か。

解くための材料

ヘンリーの法則

溶解度の小さい N_2 や O_2 などの気体は，温度が一定であれば，一定量の溶媒に溶ける気体の質量（物質量）は，その溶媒に接している気体の圧力（混合気体であれば分圧）に比例する。

解き方

(1) 酸素の分圧は，$1.0\times10^5\times\dfrac{1}{1+4}=2.0\times10^4$ Pa　　**2.0×10^4 Pa**……答

(2) 水 1.0 L に溶ける酸素の物質量は，49 mL＝4.9×10^{-2} L より，

$$\frac{4.9\times10^{-2}}{22.4}=0.00218\cdots\fallingdotseq2.2\times10^{-3}\,\text{mol}$$

2.2×10^{-3} mol……答

(3) ヘンリーの法則より，酸素の物質量は，

$$\frac{4.9\times10^{-2}}{22.4}\times\frac{2.0\times10^4}{1.0\times10^5}=\left(\frac{4.9\times10^{-2}}{22.4}\times0.20\right)\text{mol}$$

よって，0℃，1.0×10^5 Pa における酸素の体積は，

$$\left(\frac{4.9\times10^{-2}}{22.4}\times0.20\right)\times22.4=9.8\times10^{-3}\,\text{L}=9.8\,\text{mL}$$

9.8 mL……答

8 質量モル濃度

問題 レベル★☆☆

スクロース（分子量 342）1.71g を水に溶かした溶液 100g の質量パーセント濃度，モル濃度，質量モル濃度をそれぞれ求めよ。ただし，溶液の密度は 1.20g/cm^3 であるとする。

解くための材料

質量モル濃度

溶媒 1kg に溶けている溶質の量を物質量で表した濃度。

$$質量モル濃度\ (mol/kg) = \frac{溶質の物質量(mol)}{溶媒の質量(kg)}$$

解き方

$$質量パーセント濃度(\%) = \frac{溶質の質量(g)}{溶液の質量(g)} \times 100 = \frac{1.71}{100} \times 100$$

$$= \mathbf{1.71\%} \cdots\cdots 答$$

となります。また，

$$モル濃度(mol/L) = \frac{溶質の物質量(mol)}{溶液の体積(L)}$$

です。溶質（スクロース）の物質量は，$\frac{1.71}{342} = 5.00 \times 10^{-3}$ mol，溶液の体積は，

密度が 1.20 g/cm^3 であることより，$\frac{100}{1.20}$ cm$^3 = \frac{1}{12.0}$ L なので，この溶液の

モル濃度は，$5.00 \times 10^{-3} \div \frac{1}{12.0} = \mathbf{6.00 \times 10^{-2}\ mol/L} \cdots\cdots$ 答

となります。ここで，溶媒の質量は，$100 - 1.71 = 98.29$ g $= 9.829 \times 10^{-2}$ kg ですから，質量モル濃度は，

$$\frac{5.00 \times 10^{-3}}{9.829 \times 10^{-2}} = 0.05086 \cdots \fallingdotseq \mathbf{5.09 \times 10^{-2}\ mol/kg} \cdots\cdots 答$$

9 濃度の換算

問題 レベル ★★☆

質量パーセント濃度が19.5%，密度が$1.20g/cm^3$の塩化ナトリウム水溶液の質量モル濃度を求めよ。ただし，NaClの式量は58.5とする。

解くための材料

質量パーセント濃度，質量モル濃度は，次の公式を用いて求められる。

$$質量パーセント濃度（\%）=\frac{溶質の質量(g)}{溶液の質量(g)}\times 100$$

$$質量モル濃度（mol/kg）=\frac{溶質の物質量(mol)}{溶媒の質量(kg)}$$

解き方

質量モル濃度を求めるので，「溶質の物質量」と「溶媒の質量」の値が必要です。

まず，「溶質の物質量」を求めましょう。

この塩化ナトリウム水溶液の体積を1.00 L（$=1000\,cm^3$）と考えます。

すると，この水溶液（全体）の質量は，$1.20\times 1000=1200\,g$ですから，溶質の質量は，$1200\times\frac{19.5}{100}=234\,g$となります。

したがって，溶質の物質量は，$\frac{234}{58.5}=4.00\,mol$です。

次に，「溶媒の質量」を求めましょう。

溶質の質量は234 gですから，溶媒の質量は，

$1200-234=966\,g=0.966\,kg$

です。よって，質量モル濃度は，$\frac{4.00}{0.966}=4.140\cdots\fallingdotseq 4.14\,mol/kg$となります。

4.14 mol/kg……答

10 蒸気圧降下

問題 レベル ★★☆

右図は純粋な水の蒸気圧曲線を示したものである。次の問いに答えよ。

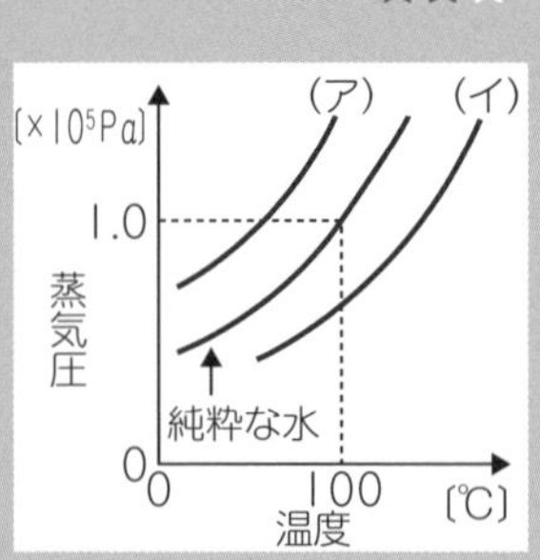

(1) 純粋な水に少量のグルコースを加えたグラフは(ア)と(イ)のいずれか。

(2) 蒸気圧が(1)のように変化する現象を何というか。

(3) (1)のような現象が起こるのは，グルコースのどのような性質によるものか。

解くための材料

純粋な溶媒を純溶媒，常温で気体にならない物質を不揮発性物質という。

解き方

(1) 溶媒（本問では水）に少量のグルコースやスクロースのような不揮発性物質を加えた希薄溶液の蒸気圧は，純粋な溶媒（純溶媒）の蒸気圧よりも低くなります。

(2) (1)のような現象を蒸気圧降下といいます。

(3) グルコースのような不揮発性物質は，蒸発しにくく，蒸気圧が無視できるほど小さいです。このような性質をもつ不揮発性物質を加えた溶液は，表面から蒸発する溶媒分子の数が純溶媒よりも減少するため，蒸気圧降下が起こります。

○ 溶媒分子
● 不揮発性の溶質粒子

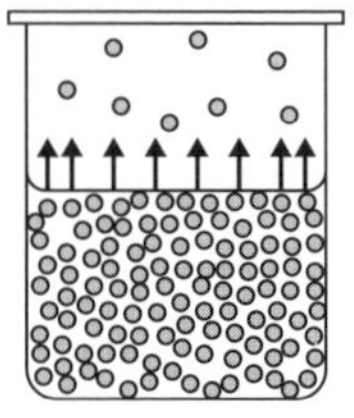
純溶媒の蒸気圧

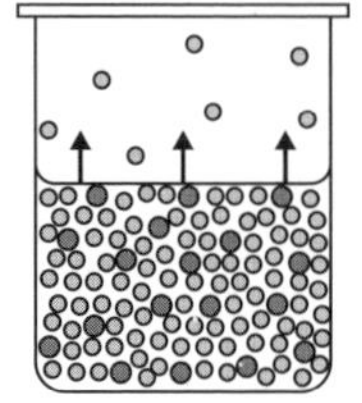
溶液の蒸気圧

(1) **(イ)**　(2) **蒸気圧降下**

(3) **蒸発しにくく，蒸気圧が無視できるほど小さい**……

11 沸点上昇

問題　　レベル ★☆☆

4.5g のグルコース（分子量 180）を水 50g に溶かしたとき，この水溶液の沸点は何℃になるか。ただし，水のモル沸点上昇を 0.52K·kg/mol とする。

解くための材料

希薄溶液の沸点上昇（溶液の沸点と純溶媒の沸点の差）Δt〔K〕は，溶液の質量モル濃度 m〔mol/kg〕に比例する。この関係を式で表すと，

$$\Delta t = K_b m$$

なお，K_b〔K·kg/mol〕は溶媒ごとに決まっている比例定数であり，モル沸点上昇という。

解き方

方針としては，いきなり「沸点」を求めるのではなく，まずは「沸点がどれくらい上昇したか」，つまり「沸点上昇」を求めます。

そのためには，この水溶液の「質量モル濃度」を求める必要があります。

溶質の物質量は，$\dfrac{4.5}{180} = 2.5 \times 10^{-2}\,\mathrm{mol}$

溶媒の質量は，$\dfrac{50}{1000} = 5.0 \times 10^{-2}\,\mathrm{kg}$

これより，質量モル濃度は，$\dfrac{2.5 \times 10^{-2}}{5.0 \times 10^{-2}} = 0.50\,\mathrm{mol/kg}$

質量モル濃度は

したがって，沸点上昇 Δt〔K〕は，$\Delta t = 0.52 \times 0.50 = 0.26\,\mathrm{K}$

ですから，純溶媒（水）の沸点（100℃）よりも，0.26 K つまり 0.26℃だけ高くなることがわかります。

よって，この水溶液の沸点は，100＋0.26＝100.26℃となります。

100.26℃……答

12 凝固点降下①

問題

レベル ★☆☆

次の(ア)～(エ)のうち，凝固点降下を利用した例をすべて選べ。

(ア) 海水でぬれた服は乾きにくいので，そのまま乾かさずに水道水で洗ってから乾かす。

(イ) 道路に塩化カルシウム $CaCl_2$ を散布することで，道路の凍結を防いでいる。

(ウ) 沸騰したみそ汁の温度を測ってみると，水の沸点である100℃よりも高かった。

(エ) 自動車のエンジンの冷却水にはエチレングリコールなどが溶解されており，冬でも冷却水のトラブルが起こりにくい。

解くための材料

溶媒が凝固しはじめる温度を，溶液の**凝固点**という。溶液の凝固点は，一般には純溶媒の凝固点よりも低くなる。このことを**凝固点降下**という。

解き方

純粋な水（純水）は，ふつうは0℃で凝固しはじめます。しかし，水溶液は0℃では凝固せず，0℃より低くすると，溶媒（水）が先に凝固しはじめます。

これは，溶質粒子を加えることで，水溶液中に存在する水分子の割合が，純水と比較して減少し，凝固する水分子が減少するからです。(イ)と(エ)はこのような現象を利用した例となります。

(ア) 海水には不揮発性物質である塩化ナトリウム（塩）が含まれているため，溶媒である水が蒸発しにくくなります。これは，蒸気圧降下に関係します。

(ウ) みそが含まれているため蒸気圧降下が起こり，沸騰するのは純溶媒よりも高い温度になります。これは沸点上昇に関係します。

(イ)，(エ)……**答**

蒸気圧降下は P56　沸点上昇は P57

13 凝固点降下②

問題

レベル ★☆☆

7.2g の尿素（分子量 60）を水 300g に溶かしたとき，この水溶液の凝固点は何℃になるか。ただし，水のモル凝固点降下を 1.85K·kg/mol とする。

解くための材料

希薄溶液の凝固点降下（純溶媒の凝固点と溶液の凝固点の差）Δt〔K〕は，溶液の質量モル濃度 m〔mol/kg〕に比例する。この関係を式で表すと，

$$\Delta t = K_f m$$

なお，K_f〔K·kg/mol〕は溶媒ごとに決まっている比例定数であり，モル凝固点降下という。

解き方

方針としては，いきなり「凝固点」を求めるのではなく，まずは「凝固点がどれくらい降下したか」，つまり「凝固点降下」を求めます。

そのためには，この水溶液の「質量モル濃度」を求める必要があります。

溶質の物質量は，$\dfrac{7.2}{60} = 0.120\ \text{mol}$

溶媒の質量は，$\dfrac{300}{1000} = 0.300\ \text{kg}$

これより，質量モル濃度は，$\dfrac{0.120}{0.300} = 0.40\ \text{mol/kg}$

質量モル濃度は P54

したがって，沸点上昇 Δt〔K〕は，$\Delta t = 1.85 \times 0.40 = 0.74\ \text{K}$

ですから，純溶媒（水）の凝固点（0℃）よりも，0.74 K つまり 0.74℃だけ低くなることがわかります。

よって，この水溶液の凝固点は，$0 - 0.74 = -0.74$℃となります。

−0.74℃ …… 答

14 凝固点降下③

問題

レベル ★☆☆

右図は，ある希薄水溶液を冷却したときの，温度と冷却時間の関係を表した冷却曲線である。

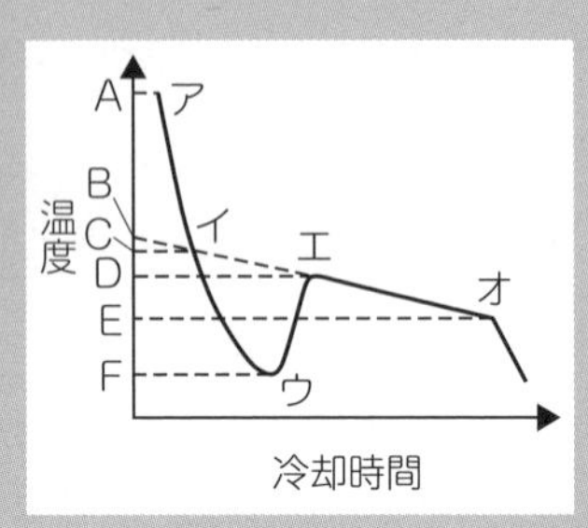

(1) 凝固点は，A～Fのうちどれか。

(2) 凝固が始まるのは，ア～オのうちどれか。

解くための材料

液体を冷却していったとき，温度が凝固点より下がってもすぐには凝固しない。この状態のことを**過冷却**という。溶液では，過冷却から凝固が始まると，温度が一時的に上昇し，その後少しずつ下がっていく。

解き方

溶液を冷却していくと，次のように変化します。

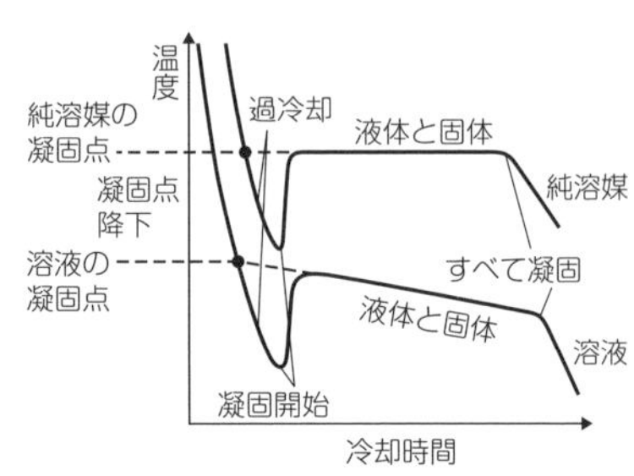

純溶媒と溶液の冷却曲線

① 上図のアから温度が下がり始め，凝固点を過ぎた後も液体のまま凝固せずに温度が下がっていきます（過冷却：イ→ウ）。

② 上図のウで凝固が始まると，固体が析出し始め，凝固熱が発生することで温度が上昇します（エ）。

③ ②の後，温度は少しずつ下がっていきます。これは，溶媒が先に凝固を始めることで，残りの溶液の濃度が高くなり，凝固点降下が大きくなるからです。

④ 上図のオで，すべて凝固します。

(1) C　(2) ウ……答

15 凝固点降下④

問題

レベル ★★☆

ある非電解質の有機化合物 7.2g を水 100g に溶かした溶液の凝固点は，－0.74℃であった。この有機化合物の分子量 M を，次の手順(1)～(3)に従って求めよ。ただし，水のモル凝固点降下を 1.85K·kg/mol とする。

(1) 質量モル濃度 m〔mol/kg〕を，M を用いて表せ。

(2) 凝固点降下 Δt〔K〕を，M を用いて表せ。

(3) M を求めよ。

解くための材料

質量モル濃度（mol/kg）＝$\dfrac{溶質の物質量(\mathrm{mol})}{溶媒の質量(\mathrm{kg})}$

凝固点降下＝モル凝固点降下×質量モル濃度（$\Delta t = K_f m$）

解き方

(1) 溶質の物質量は $\dfrac{7.2}{M}$ mol，溶媒の質量は $\dfrac{100}{1000}$ kg ですから，質量モル濃度 m〔mol/kg〕は，

$$m = \frac{7.2}{M} \div \frac{100}{1000} = \frac{72}{M} \text{〔mol/kg〕}$$

(2) 凝固点降下 Δt〔K〕は，(1)より，

$$\Delta t = 1.85 \times \frac{72}{M} = \frac{133.2}{M} \text{〔K〕}$$

(3) (2)より，

$$0.74 = \frac{133.2}{M}$$

よって，$M=180$ となります。

沸点上昇の場合も，同じようにして
分子量を求めることができるよ！

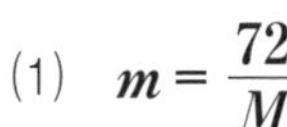

(1) $\boldsymbol{m = \dfrac{72}{M}}$　(2) $\boldsymbol{\Delta t = \dfrac{133.2}{M}}$　(3) **180**……答

16 浸透圧

問題

レベル ★☆☆

27℃において，5.70g のスクロース（分子量 342）を水に溶かし，300mL の水溶液をつくった。この水溶液の浸透圧は何 Pa か。ただし，気体定数を 8.31×10^3Pa·L/(mol·K)とする。

解くための材料

ファントホッフの法則

$\Pi V=nRT$　または　$\Pi V=\dfrac{w}{M}RT$

Π〔Pa〕：浸透圧　V〔L〕：溶液の体積　n〔mol〕：溶質の物質量
R〔Pa·L/(mol·K)〕：気体定数　T〔K〕：温度
M〔g/mol〕：溶質のモル質量（または M：分子量）　w〔g〕：溶質の質量

ファントホッフの法則$\Pi V=\dfrac{w}{M}RT$ を利用します。

手順1 式に代入する量と単位を確認する

浸透圧を求めるので，溶液の体積，溶質のモル質量，溶質の質量，温度が必要です。

溶液の体積　$V=300\,\text{mL}=\dfrac{300}{1000}\,\text{L}$

溶質のモル質量　$M=342\,\text{g/mol}$

溶質の質量　$w=5.70\,\text{g}$

温度　$T=27+273=300\,\text{K}$

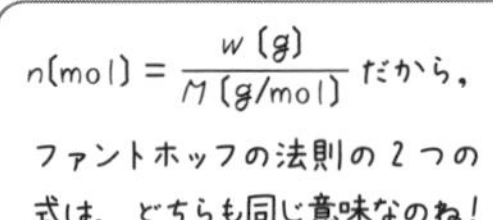

n(mol) = w(g) / M(g/mol) だから，
ファントホッフの法則の 2 つの式は，どちらも同じ意味なのね！

式に代入して計算する

この水溶液の浸透圧をΠ〔Pa〕とすると，

$$\Pi\times\frac{300}{1000}=\frac{5.70}{342}\times8.31\times10^3\times300$$

$$\Pi=1.385\times10^5\fallingdotseq1.39\times10^5\,\text{Pa}$$

1.39×10^5 Pa……答

17 浸透圧の測定

問題

レベル ★★★

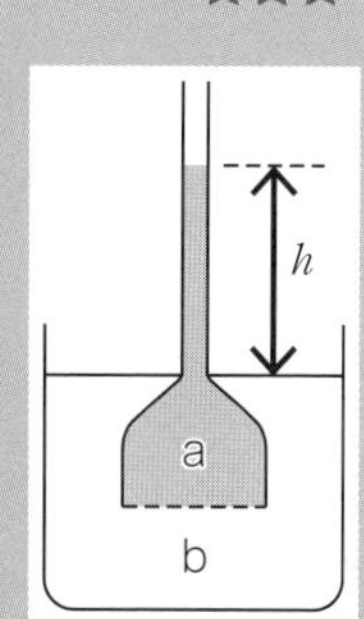

27℃において，7.20mgのグルコース（分子量180）を水に溶かし，100mLのグルコース水溶液をつくって浸透圧を測定した。次の問いに答えよ。ただし，水溶液の密度を1.00g/cm^3，水銀の密度を13.6g/cm^3，大気圧を1.00×10^5Pa＝760mmHgとし，気体定数は8.31×10^3Pa·L/(mol·K)とする。

(1) グルコース水溶液は，a，bのどちらか。

(2) グルコース水溶液の浸透圧は何Paか。

(3) 液柱の高さhは何cmか。

解くための材料

ファントホッフの法則　$\Pi V=\frac{w}{M}RT$　を用いる。

解き方

(1) 半透膜を通ることのできる水がグルコース水溶液に浸透することで，管の液面が上昇します。つまり，bに入っている水が，aに入っているグルコース水溶液に浸透したことになります。よって，グルコース水溶液は **a**……答

(2) ファントホッフの法則より，$\Pi\times\frac{100}{1000}=\frac{7.20\times10^{-3}}{180}\times8.31\times10^3\times300$

$\Pi=9.972\times10^2\fallingdotseq\mathbf{9.97\times10^2\,Pa}$……答

(3) 1.01×10^5 Paは，水銀柱では760 mm＝76.0 cmにあたります。これより，

$$\underbrace{13.6\,\mathrm{g/cm^3}\times76.0\,\mathrm{cm}}_{\text{水銀の単位面積あたりの質量}}:\underbrace{1.00\,\mathrm{g/cm^3}\times h}_{\text{グルコース水溶液の単位面積あたりの質量}}=\underbrace{1.00\times10^5\,\mathrm{Pa}}_{\text{大気圧}}:\underbrace{9.972\times10^2\,\mathrm{Pa}}_{\text{浸透圧}}$$

$\mathbf{h=10.2\,cm}$……答

18 コロイド

問題

レベル ★★☆

水酸化鉄(Ⅲ)のコロイド溶液をセロハンの袋に入れて透析を行うと，より純度の高い溶液が得られる。この溶液を少量とり，少量の電解質を加えると，粒子が集まって沈殿が生じた。次の(ア)～(エ)の電解質のうち，最も少量で沈殿を生じさせるものはどれか。ただし，(ア)～(エ)のいずれも同じモル濃度の水溶液であるとする。

(ア) Na_2SO_4　(イ) KCl　(ウ) $AlCl_3$　(エ) Na_3PO_4

解くための材料

コロイド粒子がもつ電荷と符号が逆で大きい電荷のイオンほど，沈殿させる効果が大きい。

解き方

水酸化鉄(Ⅲ)のコロイド粒子は，正に帯電している疎水コロイドです。したがって，逆の符号（マイナス）の電荷をもつイオンのうち，価数が大きいイオンであるほど，沈殿は生じやすくなります。

上の 4 つのうち，価数の最も大きい陰イオンをもつものを考えてみましょう。

(ア)…SO_4^{2-} → 2 価

(イ)…Cl^- → 1 価

(ウ)…Cl^- → 1 価

(エ)…PO_4^{3-} → 3 価

よって，Na_3PO_4 が最も少量で沈殿を生じさせる電解質です。

(エ)……答

この現象のことを，
凝析というんだよ！

物質の変化

1 反応エンタルピーの種類

問題

レベル ★☆☆

次の空欄を埋めよ。
反応エンタルピーには，反応の種類によりさまざまな名称がある。物質 1mol が完全燃焼するときの熱量は（　①　），化合物 1mol が成分元素の単体から生成するときの熱量は（　②　），溶質 1mol が多量の溶媒に溶解するときの熱量は（　③　），酸と塩基が中和して水 1mol が生成するときの熱量は（　④　）とよばれる。

解くための材料

「反応の種類」に着目する。

解き方

「反応の種類」に着目します。完全「燃焼」するときの熱量は『**燃焼エンタルピー**』，単体から「生成」するときの熱量は『**生成エンタルピー**』，「溶解」するときの熱量は『**溶解エンタルピー**』，「中和」するときの熱量は『**中和エンタルピー**』です。なお，反応エンタルピーは「着目する物質 1mol あたりの熱量」であることに注意が必要です。

①　**燃焼エンタルピー**　　②　**生成エンタルピー**
③　**溶解エンタルピー**　　④　**中和エンタルピー**……答

発熱反応・吸熱反応

熱が発生する反応を発熱反応，熱を吸収する反応を吸熱反応という。
（反応物のもつエネルギー）＞（生成物のもつエネルギー）のとき，このエネルギーの差が熱となって放出される。つまり，発熱反応である。
逆に，（反応物のもつエネルギー）＜（生成物のもつエネルギー）のとき，このエネルギーの差は熱として吸収される。つまり，吸熱反応である。

燃焼エンタルピーと中和エンタルピーは「発熱」のみ，生成エンタルピーと溶解エンタルピーは「発熱」と「吸熱」の両方の場合があるよ。

2 反応エンタルピー①

問題

レベル ★☆☆

次の(1)，(2)について，化学反応式に反応エンタルピーを加えた式で示せ。

(1) アセチレン C_2H_2 の燃焼エンタルピーは－1301kJ/mol である。

(2) メタン CH_4 の生成エンタルピーは－75kJ/mol である。

解くための材料

化学変化の反応エンタルピーを表すには，以下の手順に従ってつくる。

① 化学反応式をつくる。

② 着目する物質の係数を 1 にする。他の物質の係数も比例計算して変える。

③ 化学反応式の右辺の後ろに反応エンタルピー ΔH（$=H_{反応後}-H_{反応前}$）を書き加える。（発熱反応なら負の符号「－」を，吸熱反応なら正の符号「＋」になる。）

④ 物質の状態を，各化学式の後ろに書く。
気体の場合は（気），液体の場合は（液），固体の場合は（固）と書く。

解き方

(1) ① $2C_2H_2+5O_2 \longrightarrow 4CO_2+2H_2O$

② 着目する物質は C_2H_2 です。

$1C_2H_2+\frac{5}{2}O_2 \longrightarrow 2CO_2+1H_2O$

（すべての物質の係数を $\frac{1}{2}$ 倍にする）

③ $C_2H_2+\frac{5}{2}O_2 \longrightarrow 2CO_2+H_2O \quad \Delta H=-1301\,kJ$ ← 係数の「1」は省略

（燃焼エンタルピーはすべて発熱なので，符号は「－」）

（単位は「kJ」とする）

④ $C_2H_2(気)+\frac{5}{2}O_2(気) \longrightarrow 2CO_2(気)+H_2O(液)$

$\Delta H=-1301\,kJ$……**答**

(2) ① $C+2H_2 \longrightarrow CH_4$

② 着目する物質は CH_4 です。CH_4 の係数は 1 なので，このままにします。

③ $C+2H_2 \longrightarrow CH_4 \quad \Delta H=-75\,kJ$ ← 生成エンタルピーは「発熱」と「吸熱」の場合があるが，発熱は負，吸熱は正で問題文に表される

④ $C(黒鉛)+2H_2(気) \longrightarrow CH_4(気) \quad \Delta H=-75\,kJ$……**答**

（↑ 同素体が存在する場合には，それらを記す）

3 反応エンタルピー②

問題 レベル★☆☆

次の(1)〜(3)について，化学反応式に反応エンタルピーを加えた式で示せ。

(1) 塩化ナトリウム NaCl の溶解エンタルピーは 3.9kJ/mol である。

(2) 氷 H_2O の融解エンタルピーは 6.0kJ/mol である。

(3) 水 H_2O の凝固エンタルピーは −6.0kJ/mol である。

解くための材料

- 多量の溶媒の水は，「aq」と表す。
- 融解や蒸発は常に吸熱変化である。また，融解エンタルピーと凝固エンタルピーは常に等しく，また蒸発エンタルピーと凝縮エンタルピーも常に等しい（凝固と凝縮は発熱変化）。

解き方

(1) ある物質が水溶液の状態であるとき，「○ aq」（○は物質の化学式）と表します。つまり，塩化ナトリウム水溶液は「NaCl aq」と表します。

NaCl(固)＋aq ⟶ NaCl aq　ΔH＝3.9 kJ……

注　意

化学反応式をつくる際，左辺を「NaCl(固)＋H_2O」としてはいけない。このように書いてしまうと，NaCl(固) と H_2O が 1 mol ずつ反応していることになるため，溶解エンタルピーとはいえなくなってしまう（溶解エンタルピーの定義は，P66 を参照）。

(2) 融解は吸熱変化ですから，反応エンタルピー ΔH の符号は正（＋）になります。

H_2O(固) ⟶ H_2O(液)　ΔH＝6.0 kJ……答

(3) 凝固は発熱変化ですから，反応エンタルピー ΔH の符号は負（−）になります。

H_2O(液) ⟶ H_2O(固)　ΔH＝−6.0 kJ……答

4 反応エンタルピー③

問題 レベル ★★☆

次の(1)，(2)について，化学反応式に反応エンタルピーを加えた式で示せ。

(1) 0.40molの硝酸カリウムKNO_3を水に溶かすと，14kJの熱量が吸収される。

(2) 0℃，1.0×10^5Paで，11.2LのエタンC_2H_6が成分元素の単体から生じるとき，41.9kJの熱量が発生する。ただし，0℃，1.0×10^5Paでの気体1molの体積は22.4Lとする。

解くための材料

(1)は溶解エンタルピー，(2)は生成エンタルピーである。溶解エンタルピー・生成エンタルピーの定義（P66）から，「1molあたり」について考える。

解き方

(1) 溶解エンタルピーの定義は，「溶質1molが多量の溶媒に溶解するときの熱量」です。つまり，問題文で与えられた「0.40molでの熱量」から，「1molでの熱量」を求める必要があります。0.40molのKNO_3が水に溶けて14kJの熱量が吸収されるので，1.0molのKNO_3が水に溶けるときに吸収される熱量は，

$14\times\dfrac{1.0}{0.40}=35$kJです。よって，化学反応式に反応エンタルピーを加えた式は，

KNO_3(固)＋aq ⟶ KNO_3 aq　ΔH＝35kJ……答

(2) 生成エンタルピーの定義は，「化合物1molが成分元素の単体から生成するときの熱量」です。つまり，問題文で与えられた条件から，「1molでの熱量」を求める必要があります。11.2LのC_2H_6の物質量は，$\dfrac{11.2}{22.4}=0.500$molなので，

1molのC_2H_6の生成エンタルピーは，$-41.9\times\dfrac{1}{0.500}=-83.8$kJです。よって，化学反応式に反応エンタルピーを加えた式は，

2C(黒鉛)＋3H_2(気) ⟶ C_2H_6(気)　ΔH＝−83.8kJ……答

5 ヘスの法則①

問題　レベル ★☆☆

次の①，②を利用して，一酸化炭素 CO の生成エンタルピーを求めよ。

$$C(黒鉛) + O_2(気) \longrightarrow CO_2(気) \quad \Delta H_1 = -394\,kJ \quad \cdots\cdots①$$

$$CO(気) + \frac{1}{2}O_2(気) \longrightarrow CO_2(気) \quad \Delta H_2 = -283\,kJ \quad \cdots\cdots②$$

解くための材料

反応エンタルピーは，反応の経路や方法にかかわらず，反応の最初の状態と最後の状態のみで決まる。これを，ヘスの法則（総熱量保存の法則）という。ヘスの法則を用いれば，反応エンタルピーを直接測定することが難しい反応であっても，他の反応の反応エンタルピーから計算することで求めることができる。

解き方

C(黒鉛）と O_2(気）から CO(気)1mol が生成するときのエンタルピー変化を x〔kJ/mol〕とすると，次のように表されます。

$$C(黒鉛) + \frac{1}{2}O_2(気) \longrightarrow CO(気) \quad \Delta H_3 = x〔kJ〕 \quad \cdots\cdots③$$

単体の状態である C(黒鉛）と O_2(気）を基準にして，CO_2(気）が生成されるまでの反応を，２つの経路で表していきます。

経路Ⅰ：C(黒鉛）の燃焼によって CO_2(気）が生成（①）

経路Ⅱ：C(黒鉛）と O_2(気）から CO(気）が生成され（③），その後，CO(気）の燃焼によって CO_2(気）が生成（②）

ヘスの法則より，反応エンタルピーは反応経路にかかわらず，反応の最初の状態と最後の状態で決まるため，経路Ⅰと経路Ⅱのエンタルピー変化の合計は等しくなります。よって，

$$\Delta H_1 = \Delta H_2 + \Delta H_3$$

$$-394\,kJ = -283\,kJ + x$$

$$x = -111\,kJ$$

−111kJ/mol……答

6 ヘスの法則②

問題

レベル ★☆☆

次の①～③を利用して，アセチレン C_2H_2 の燃焼エンタルピーを求めよ。

$C(黒鉛)+O_2(気) \longrightarrow CO_2(気) \quad \Delta H_1=-394kJ$ ……①

$H_2(気)+\frac{1}{2}O_2(気) \longrightarrow H_2O(液) \quad \Delta H_2=-286kJ$ ……②

$2C(黒鉛)+H_2(気) \longrightarrow C_2H_2(気) \quad \Delta H_3=227kJ$ ……③

解くための材料

反応エンタルピーは，反応の経路や方法にかかわらず，反応の最初の状態と最後の状態のみで決まる。これを，ヘスの法則（総熱量保存の法則）という。

解き方

C_2H_2(気)1mol が燃焼するときのエンタルピー変化を x〔kJ/mol〕とすると，次のように表されます。

$C_2H_2(気)+\frac{5}{2}O_2(気) \longrightarrow 2CO_2(気)+H_2O(液) \quad \Delta H_4=x〔kJ〕$ ……④

単体の状態である C(黒鉛)，O_2(気)，H_2(気) を基準にして，CO_2(気) と H_2O(液) が生成されるまでの反応を，2 つの経路で表していきます。

経路Ⅰ：2C(黒鉛) の燃焼によって 2CO_2(気) が生成され（①×2），また，H_2(気) の燃焼によって H_2O(液) が生成（②）

係数をそろえる

係数を 2 倍したので，式も 2 倍にする

経路Ⅱ：2C(黒鉛) と H_2(気) から C_2H_2(気) が生成され（③），その後，C_2H_2(気) の燃焼によって 2CO_2(気) と H_2O(液) が生成（④）

ヘスの法則より，経路Ⅰと経路Ⅱのエンタルピー変化の合計は等しくなります。よって，

$\Delta H_1 \times 2 + \Delta H_2 = \Delta H_3 + \Delta H_4$

$-394kJ \times 2 - 286kJ = 227kJ + x$

$\boldsymbol{x = -1301kJ}$　　**－1301kJ/mol**……答

7 反応エンタルピーと生成エンタルピー

問題 レベル ★☆☆

次の①～③を利用して，アセチレン C_2H_2 の燃焼エンタルピーを求めよ。ただし，反応エンタルピーと生成エンタルピーの間に成り立つ関係式を利用して求めること。

C(黒鉛)＋O_2(気) ⟶ CO_2(気)　$\Delta H_1 = -394$kJ　……①

H_2(気)＋$\frac{1}{2}O_2$(気) ⟶ H_2O(液)　$\Delta H_2 = -286$kJ　……②

2C(黒鉛)＋H_2(気) ⟶ C_2H_2(気)　$\Delta H_3 = 227$kJ　……③

解くための材料

反応エンタルピーと生成エンタルピーの間には，
(反応エンタルピー)
＝(生成物の生成エンタルピーの和)－(反応物の生成エンタルピーの和)
という関係式が成り立つ。

解き方

アセチレン C_2H_2 の燃焼エンタルピーを，P71 と違う方法で求めてみましょう。

①は CO_2 の生成エンタルピー，②は H_2O(液)の生成エンタルピー，③は C_2H_2 の生成エンタルピーを示しています。C_2H_2(気)1mol が燃焼するときのエンタルピー変化を x〔kJ/mol〕とすると，次のように表されます。

$$\underset{\text{反応物}}{\underline{C_2H_2(\text{気})}} + \frac{5}{2}O_2(\text{気}) \longrightarrow \underset{\text{生成物}}{\underline{2CO_2(\text{気})}} + \underset{\text{生成物}}{\underline{H_2O(\text{液})}} \quad \Delta H_4 = x\text{〔kJ〕}$$

と表せます(O_2(気)も反応物ですが，単体であり生成エンタルピーが 0 であることから，ここでは考えていません)。

したがって，

x＝(生成物の生成エンタルピーの和)－(反応物の生成エンタルピーの和)
　＝－394kJ×2＋(－286kJ)－227kJ
　＝－1301 kJ

－1301 kJ/mol……答

8 反応エンタルピーと結合エンタルピー

問題 レベル ★☆☆

窒素 N_2 と水素 H_2 からアンモニア NH_3 が生成する反応の反応エンタルピーを求めよ。ただし，N ≡ N，H − H，N − H の結合エンタルピーを，それぞれ 942kJ/mol，432kJ/mol，386kJ/mol とする。

解くための材料

反応エンタルピーと結合エンタルピーの間には，
（反応エンタルピー）
＝（反応物の結合エネルギーの和）－（生成物の結合エンタルピーの和）
という関係式が成り立つ。ただし，反応物と生成物がともに気体の場合のみ。

解き方

NH_3 が生成されるときのエンタルピー変化を x〔kJ/mol〕とすると，次のように表されます。

$$\underset{\text{反応物}}{\underline{\frac{1}{2}N_2(\text{気})}} + \underset{\text{反応物}}{\underline{\frac{3}{2}H_2(\text{気})}} \longrightarrow \underset{\text{生成物}}{\underline{NH_3(\text{気})}} \quad \Delta H = x\,\text{kJ}$$

反応物の結合エンタルピーの和は，

$$942 \times \frac{1}{2} + 432 \times \frac{3}{2} = 1119\,\text{kJ/mol}$$

生成物の結合エンタルピーの和は，$386 \times 3 = 1158\,\text{kJ/mol}$

よって，反応エンタルピー ΔH は，

x ー $1119 - 1158 = -39\,\text{kJ/mol}$　　**－39 kJ/mol**……答

なお，エネルギー図をかくと次のようになります。

9 イオン結晶の格子エネルギー

問題 レベル ★★★

右図は，塩化ナトリウム NaCl の格子エネルギーについて表したものである。次の問いに答えよ。

(1) 右図中の a～f のうち，Cl(気) の電子親和力を表しているのはどれか。

(2) NaCl の格子エネルギー ΔH〔kJ/mol〕はいくらか。また，熱化学方程式で表せ。

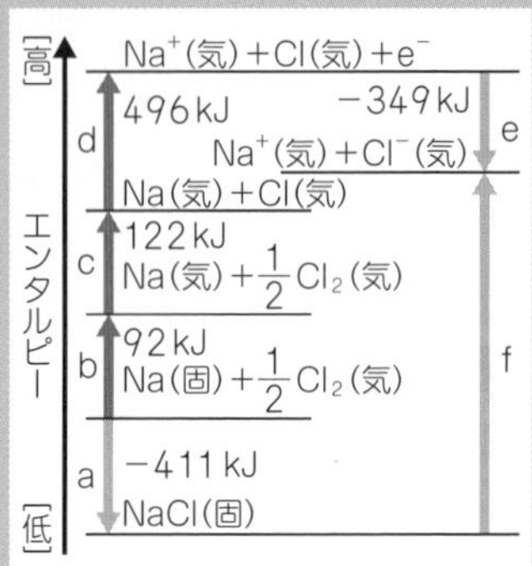

解くための材料

イオン結晶 1mol を，ばらばらな気体状態のイオンにするのに必要なエネルギーを，格子エネルギーという。格子エネルギーを実験から求めることはできないため，ヘスの法則を用いて間接的に求める。

解き方

(1) 電子親和力とは，「原子が電子 1 個を取り込んで 1 価の陰イオンになるときに放出されるエネルギー」です。上図から，その変化は e であるとわかります。

なお，a は「NaCl(固) の生成エンタルピー」，b は「Na(固) の昇華エンタルピー」，c は「Cl_2(気) の結合エンタルピーの $\frac{1}{2}$」，d は「Na(気) のイオン化エネルギー」を表しています。

e……**答**

(2) f は「格子エネルギー」を表しています。

上図から，格子エネルギー ΔH のエンタルピー変化を x〔kJ/mol〕とすると

$$x = -(-411\,\mathrm{kJ}) + 92\,\mathrm{kJ} + 122\,\mathrm{kJ} + 496\,\mathrm{kJ} - 349\,\mathrm{kJ} = \mathbf{772\,kJ/mol}$$ ……**答**

と求められますので，熱化学方程式は，次のようになります。

NaCl(固)＝Na^+(気)＋Cl^-(気)　ΔH＝772 kJ……**答**

10 化学反応と光

問題

レベル ★☆☆

塩基性水溶液中でルミノールを過酸化水素水などと反応させると，青い光を発する。この反応はルミノール反応として知られている。

(1) 次の(ア)～(ウ)のうち，下線部を利用した例はどれか。

(ア) 緑色植物の光合成の過程で行われている。

(イ) ホタルの発光の過程で行われている。

(ウ) 血痕の検出に用いられている。

(2) 次の(ア)～(エ)のうち，下線部におけるエンタルピー変化を示した図はどれか。

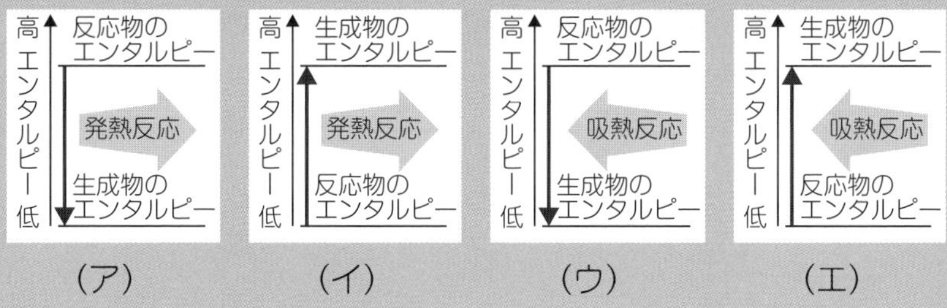

解くための材料

ルミノール $C_8H_7N_3O_2$ は，血液中のヘモグロビンなどが触媒となり，過酸化水素 H_2O_2 と反応することで発光する。

解き方

(1) (ア)において，光合成は光を吸収する現象であり，化学発光であるルミノール反応は行われておりません。(イ)において，ホタルの発光ではルシフェリンが酵素であるルシフェラーゼにより酸化され，オキシルシフェリンが生成するときに光が放出されます。

(2) ルミノール反応のような，発熱反応に伴うエントロピー減少の一部を光として放出し発光する現象を化学発光とよびます。

(1) **(ウ)**　(2) **(ア)**……**答**

エネルギー図

生成エンタルピーと反応エンタルピーの関係，また結合エネルギーと反応エンタルピーの関係を視覚的にわかりやすく表したものを，エネルギー図といいます。P70 の問題を，エネルギー図を用いて解いてみましょう。

> 次の①，②を利用して，CO の生成エンタルピーを求めよ。
>
> $C(黒鉛) + O_2(気) \longrightarrow CO_2(気) \quad \Delta H_1 = -394\text{kJ}$ ……①
>
> $CO(気) + \frac{1}{2}O_2(気) \longrightarrow CO_2(気) \quad \Delta H_2 = -283\text{kJ}$ ……②

エネルギー図をかくにあたって基本となるのは，図 1 のように「エネルギーの高いものは上に，低いものは下にかく」ことです。まず，①は図 1 で「単体」→「生成物」です。これをエネルギー図に表したものが図 2 です。「−394kJ」は，矢印の横に書きます。次に，②は図 1 で「反応物」→「生成物」です。これを図 2 に追加して見やすくしたものが図 3 です。

ここで，CO1mol が生成されるときのエンタルピー変化を x〔kJ/mol〕とすると，$C(黒鉛) + \frac{1}{2}O_2(気) \longrightarrow CO(気) \quad \Delta H_3 = x\text{〔kJ〕}$ ……③

また，図 3 の太矢印の変化の部分は，「化合物 1mol が成分元素の単体から生成するときの熱量」，すなわち生成エンタルピーを表しています。この図における化学反応式は，

$C(黒鉛) + O_2(気) \longrightarrow CO(気) + \frac{1}{2}O_2(気)$ となります。これを整理すると，$C(黒鉛) + \frac{1}{2}O_2(気) = CO(気)$ となり，この式は③の化学反応式と一致します。よって，$x = \underline{-394-(-283)} = -111$〔KJ〕となります。（図 3 より）

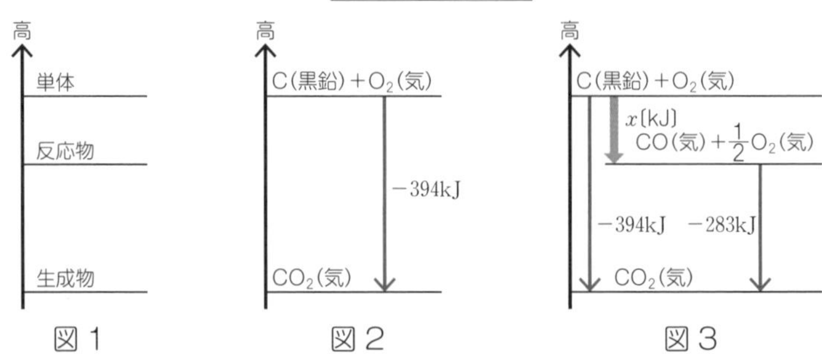

図 1　図 2　図 3

1 金属のイオン化傾向

問題　レベル ★☆☆

5つの金属A～Eは，Na，Mg，Fe，Pb，Cuのいずれかである。これらの金属に，以下の(a)～(c)の実験を行った。A～Eの金属を答えよ。

(a)　常温の空気中に放置したところ，Cのみがすみやかに酸化された。

(b)　塩酸と反応させたところ，A，C，Eは溶けたが，Dは表面に難溶性の被膜をつくりほとんど溶けず，Bは溶けなかった。また，濃硝酸と反応させたところ，Aは表面に酸化物の被膜をつくり溶けなかった。

(c)　水と反応させたところ，Cは常温の水と，Eは熱水と，Aは高温の水蒸気と反応したが，BとDは反応しなかった。

解くための材料

金属のイオン化傾向と反応性は，以下の表のようになる。

<table>
<tr><td>イオン化列</td><td>Li</td><td>K</td><td>Ca</td><td>Na</td><td>Mg</td><td>Al</td><td>Zn</td><td>Fe</td><td>Ni</td><td>Sn</td><td>Pb</td><td>(H_2)</td><td>Cu</td><td>Hg</td><td>Ag</td><td>Pt</td><td>Au</td></tr>
<tr><td>空気中での反応</td><td colspan="4">常温ですみやかに酸化</td><td colspan="2">加熱により酸化</td><td colspan="7">強熱により酸化</td><td colspan="4">酸化されない</td></tr>
<tr><td>水との反応</td><td colspan="4">常温で反応</td><td>熱水と反応</td><td colspan="3">高温の水蒸気と反応</td><td colspan="9">反応しない</td></tr>
<tr><td>酸との反応</td><td colspan="12">塩酸や希硫酸と反応</td><td colspan="3">硝酸や熱濃硫酸と反応</td><td colspan="2">王水に溶ける</td></tr>
</table>

※ Hgの空気中での反応は，「強熱によって酸化」とする場合もある。

解き方

(a)から，金属CはNaであることがわかります。また，(b)から，DはPb，BはCu，AはFeであることがわかります。なお，濃硝酸に溶けない金属は，Feのほかに，Al，Niがあります。(c)から，EはMgであることがわかります。

A **Fe**　B **Cu**　C **Na**　D **Pb**　E **Mg**……答

2 ダニエル電池

問題 レベル ★★☆

右図のダニエル電池について，次の問いに答えよ。

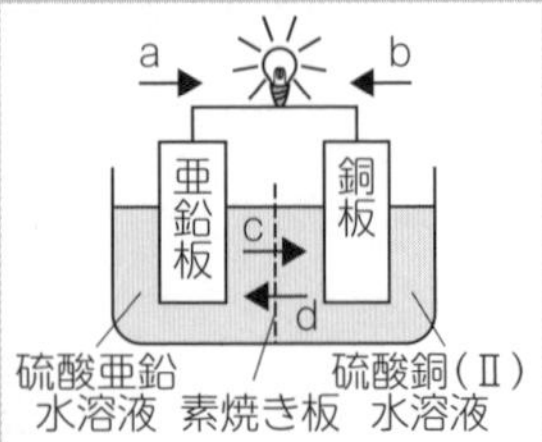

(1) 放電中の負極と陽極の変化を表す化学反応式を書け。

(2) 放電により電子が 1.00mol 流れたとき，負極と正極の質量はそれぞれどのように変化したか。なお，原子量は Cu=63.5，Zn=65.0 とする。

(3) ダニエル電池の放電時間をより長くするためには，どのような工夫をすればよいか。

解くための材料

電解質水溶液中の 2 つの金属のイオン化傾向の大小をもとに考える。

解き方

(1) イオン化傾向は，Zu ＞ Cu なので，負極は亜鉛板，正極は銅板です。

負極：$Zn \longrightarrow Zn^{2+} + 2e^-$……答

正極：$Cu^{2+} + 2e^- \longrightarrow Cu$……答

(2) (1)の化学反応式から，2.00mol の電子が流れると，負極では 1.00mol の Zn が Zn^{2+} に変化し，正極では 1.00mol の Cu^{2+} が Cu に変化します。よって，

負極では $65.0 \times \frac{1}{2} = 32.5$g 減少し，正極では $63.5 \times \frac{1}{2} = 31.75 \fallingdotseq 31.8$g 増加する。……答

(3) ダニエル電池を放電すると，次第に硫酸亜鉛（$ZnSO_4$）水溶液中の Zn^{2+} の濃度が大きくなり，硫酸銅（$CuSO_4$）水溶液中の Cu^{2+} の濃度が小さくなります。したがって，放電時間を長くするためには，

放電前に $ZnSO_4$ の濃度を小さく，$CuSO_4$ の濃度を大きくする。

……答

3 鉛蓄電池①

問題　　レベル ★☆☆

下図のように，鉛 Pb と酸化鉛(Ⅳ)PbO_2 を希硫酸に入れたところ，電流が流れた。このとき，負極で起こった反応および正極で起こった反応の反応式を書け。

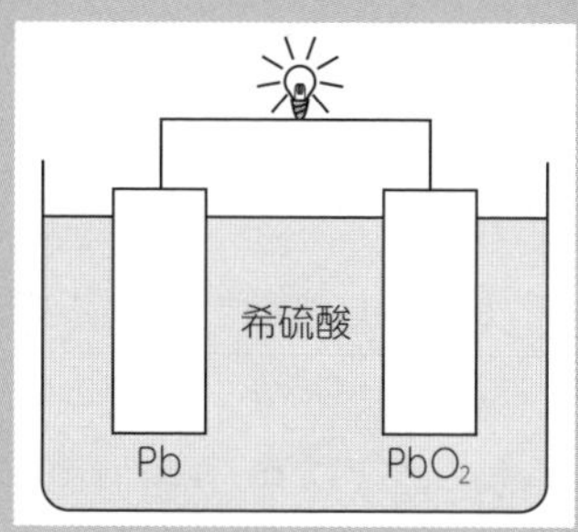

解くための材料

Pb は，PbO_2 と比較して酸化されやすい。

解き方

Pb と PbO_2 の酸化されやすさを比較します。

PbO_2 は酸化物，つまりすでに酸化されているので，これ以上は酸化されにくいと考えられます。したがって，酸化されやすいのは Pb です。

このことから，負極は Pb，正極は PbO_2 であることがわかります。

負極では，酸化反応が起こるので，

$$Pb + SO_4^{2-} \longrightarrow PbSO_4 + 2e^-$$

の反応が起こります。

正極では，還元反応が起こるので，

$$PbO_2 + 4H^+ + SO_4^{2-} + 2e^- \longrightarrow PbSO_4 + 2H_2O$$

の反応が起こります。

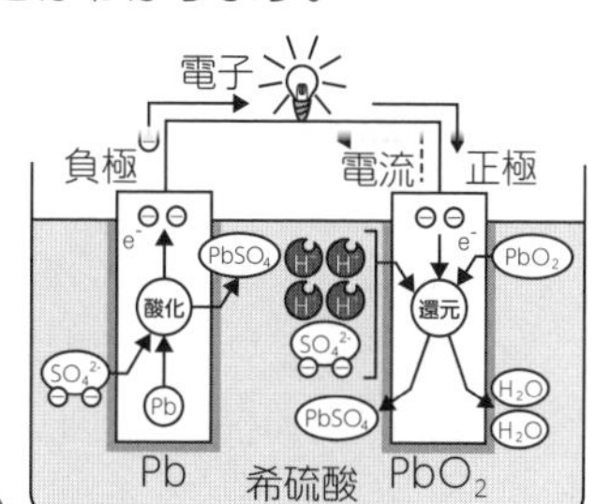

負極：$\mathbf{Pb + SO_4^{2-} \longrightarrow PbSO_4 + 2e^-}$……答

正極：$\mathbf{PbO_2 + 4H^+ + SO_4^{2-} + 2e^- \longrightarrow PbSO_4 + 2H_2O}$……答

4 鉛蓄電池②

問題 レベル ★★☆

鉛蓄電池では，放電した後に電流を逆向きに流すことで，放電時の逆向きの反応が起こって，電圧を回復することができる。この操作を充電という。いま，放電した後に充電を行ったところ，負極の質量は 9.6g 減少した。原子量は，Pb=207，S=32，O=16 とする。

(1) 充電中の負極と正極の変化を表す反応式を書け。

(2) この充電により，1.0mol の電子が流れたとすると，負極の質量はどのように変化するか。

(3) この充電により流れた電子の物質量は何 mol か。

解くための材料

(2)，(3)は，(1)で書いた反応式の係数に着目して考える。

解き方

(1) 鉛蓄電池の放電時の反応は，

負極：$Pb+SO_4^{2-} \longrightarrow PbSO_4+2e^-$

正極：$PbO_2+4H^++SO_4^{2-}+2e^- \longrightarrow PbSO_4+2H_2O$

充電時には，放電時と逆向きの反応が起こっているので，

負極：$\mathbf{PbSO_4+2e^- \longrightarrow Pb+SO_4^{2-}}$……答

正極：$\mathbf{PbSO_4+2H_2O \longrightarrow PbO_2+4H^++SO_4^{2-}+2e^-}$……答

(2) (1)の充電時の負極の反応式から，2.0 mol の電子が流れると，1.0 mol の $PbSO_4$ が 1.0 mol の Pb に変化することがわかります。したがって，2.0 mol の電子が流れたときの負極の質量は，$PbSO_4=303$，$Pb=207$ より，$303-207=96$ g 減少します。よって，1.0 mol の電子が流れたとき，

$96\times\frac{1}{2}=$**48 g 減少する。**……答

(3) 電子の物質量 x〔mol〕は，$1.0:48=x:9.6$　　$x=$**0.20 mol**……答

5 水溶液の電気分解

問題　　レベル ★☆☆

右図のように，ビーカーに入った塩化銅水溶液に，炭素電極を用いて電流を流したところ，0.04mol の電子が流れた。次の問いに答えよ。なお，原子量は Cu＝63.5 とする。

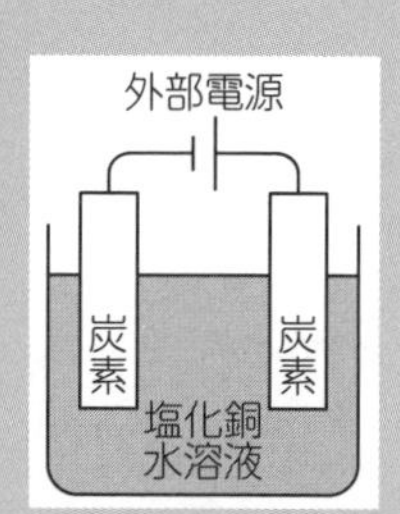

⑴　両極における化学変化を，それぞれ e^-を含むイオン反応式で答えよ。

⑵　陽極では質量は何 g 増加または減少するか。

解くための材料

電極に炭素または白金を用いたとき，
- 陰極…還元反応が起こる。
- 陽極…酸化反応が起こる。

解き方

電子が電池の負極から出て陰極へ入ると，陰極では，還元されやすい物質が電子を受け取る還元反応が起こり，陽極では，酸化されやすい物質が電子を失う酸化反応が起こります。

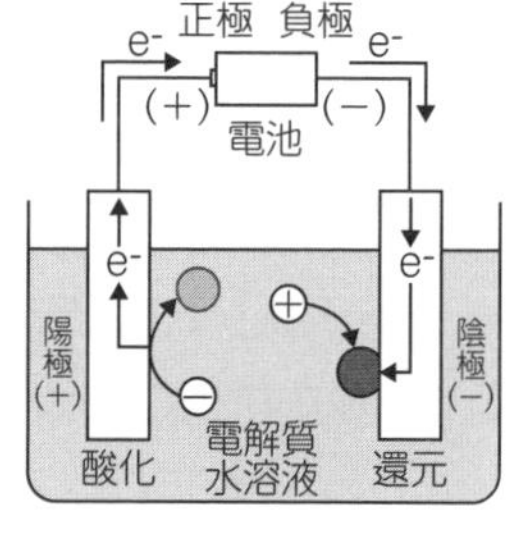

⑴　陰極では，イオン化傾向の小さい Cu^{2+}が還元されて，単体の Cu になります。また，陽極では，水溶液中の Cl^-が酸化されて，塩素が発生します。

陰極：$Cu^{2+}+2e^- \longrightarrow Cu$　　陽極：$2Cl^- \longrightarrow Cl_2+2e^-$……答

⑵　⑴の反応式より，陽極では，電子が 2mol 流れると，銅は 1mol 析出することがわかります。よって，電子が 0.04mol 流れると，銅は $0.04\text{mol}\times\frac{1}{2}=$ 0.02mol 析出するので，陽極での銅の質量は，63.5g/mol×0.02mol＝1.27g 増加します。

1.27g 増加する。……答

6 ファラデーの法則①

問題 レベル ★☆☆

塩化ナトリウム水溶液を電気分解するため，5.00A の電流を 32 分 10 秒間流したところ，陽極では塩素が発生した。発生した塩素の体積は，0℃，1.0×10^5Pa で何 L か。ただし，0℃，1.0×10^5Pa における気体 1mol の体積を 22.4L，ファラデー定数を 9.65×10^4C/mol とする。

解くための材料

ファラデーの法則

$Q=it$　Q〔C〕：流れた電気量　i〔A〕：電流　t〔s〕：電流の流れた時間

ファラデー定数：$F=9.65\times10^4$C/mol

電子 1mol あたりの電気量の絶対値。

解き方

陽極では，下の反応式のように Cl^- が電子を失って Cl_2 が発生します。

$$2Cl^- \longrightarrow Cl_2+2e^-$$

上の反応式から，2 mol の電子が流れたとき，1 mol の Cl_2 が発生していることがわかります。

また，流れた電気量 Q〔C〕は，32 分 10 秒＝32×60＋10＝1930 秒より，

$$Q=i〔A〕\times t〔s〕=5.00\times1930=9650\,C$$

です。したがって，流れた電子の物質量は，

$$\frac{9650\,C}{9.65\times10^4\,C/mol}=0.100\,mol$$

ですから，発生した塩素の物質量は，$\frac{1}{2}\times0.100\,mol=0.0500\,mol$ です。

よって，発生した塩素の体積は，22.4 L/mol×0.0500 mol＝1.12 L となります。

1.12 L……答

7 ファラデーの法則②

問題 レベル ★☆☆

塩化ナトリウム水溶液を電気分解するため，2.00A の電流をある時間流したところ，陽極では 0℃，1.0×10^5Pa で 0.448L の塩素が発生した。2.00A の電流を流した時間は，何分何秒か。ただし，0℃，1.0×10^5Pa における気体 1mol の体積を 22.4L，ファラデー定数を 9.65×10^4C/mol とする。

解くための材料

ファラデーの法則
　$Q=it$　Q〔C〕：流れた電気量　i〔A〕：電流　t〔s〕：電流の流れた時間
ファラデー定数：$F=9.65\times10^4$C/mol
　電子 1mol あたりの電気量の絶対値。

解き方

陽極では，下の反応式のように Cl^- が電子を失って Cl_2 が発生します。

$$2Cl^- \longrightarrow Cl_2+2e^-$$

上の反応式から，2 mol の電子が流れたとき，1 mol の Cl_2 が発生していることがわかります。

発生した塩素の物質量は，$\dfrac{0.448\,\mathrm{L}}{22.4\,\mathrm{L/mol}}=0.0200\,\mathrm{mol}$ ですから，流れた電子の物質量は，$0.0200\,\mathrm{mol}\times2=0.0400\,\mathrm{mol}$ です。

したがって，流れた電気量 Q〔C〕は，$\dfrac{Q〔\mathrm{C}〕}{9.65\times10^4\,\mathrm{C/mol}}=0.0400\,\mathrm{mol}$ より，

$$Q=9.65\times10^4\times0.0400=3860\,\mathrm{C}$$

電流を流した時間を t〔秒〕とおくと，$Q=it$ より，

$t=\dfrac{Q}{i}=\dfrac{3860\,\mathrm{C}}{2.00\,\mathrm{A}}=1930$ 秒$=32$ 分 10 秒　となります。

32 分 10 秒……答

8 連結した電解槽の電気分解

問題　レベル ★★☆

右図のような装置を組み立てて，電解槽Aには硫酸銅(Ⅱ)水溶液を，電解槽Bには硫酸を入れた。いま，銅電極a，bと白金電極c，dを，導線を用いて直流電源とつなぎ，2.00Aの電流を6分26秒間流した。原子量をCu=63.5，ファラデー定数を9.65×10^4C/molとする。

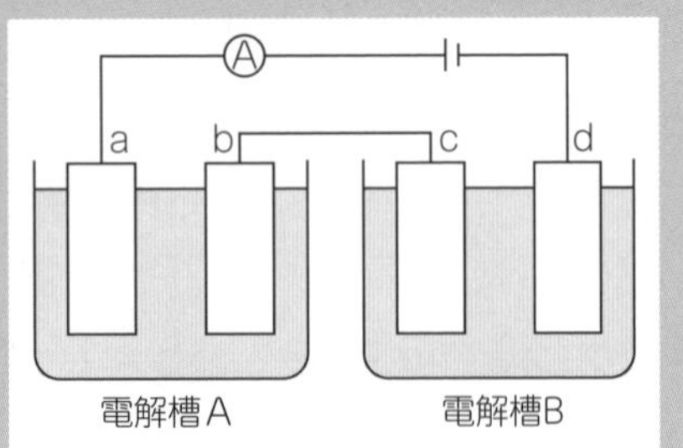

(1)　電解槽Aを流れた電子の物質量は何molか。

(2)　電流を流す前の電極bの質量は3.00gであったとする。電流を流した後の電極bの質量は何gになったか。

解くための材料

ファラデーの法則

$Q=it$　Q〔C〕：流れた電気量　i〔A〕：電流　t〔s〕：電流の流れた時間

解き方

(1)　電解槽A，Bが直列に接続されているとき，A，Bを流れる電流の電気量は等しくなります。流れた電気量は，$2.00\times(60\times6+26)=772$ Cなので，流れた電子の物質量は，$\dfrac{772}{9.65\times10^4}=\mathbf{8.00\times10^{-3}\,mol}$……答

(2)　電極bは陰極であり，$Cu^{2+}+2e^- \longrightarrow Cu$の還元反応が起こっています。これより，電子2molが流れると銅は1mol(=63.5g) 析出することがわかります。析出した質量をx〔g〕とすると，$2:63.5=(8.00\times10^{-3}):x$より，$x=0.254$ gなので，求める質量は，$3.00+0.254=3.254\fallingdotseq\mathbf{3.25\,g}$……答

イオン交換膜法

塩化ナトリウム NaCl 水溶液を電気分解すると，陰極では水素が，陽極では塩素が発生します。

陰極　$2H_2O + 2e^- \longrightarrow H_2 + 2OH^-$

陽極　$2Cl^- \longrightarrow Cl_2 + 2e^-$

上式から，電気分解をすることで陽極の Cl^- が減少し，陰極の OH^- が増加することがわかります。したがって，この陰極側の水溶液を濃縮すれば，水酸化ナトリウム NaOH が得られます。

全体　$2H_2O + 2NaCl \xrightarrow{2e^-} H_2 + Cl_2 + 2NaOH$

工業的には，下図のように陽イオンのみが通過できる膜（陽イオン交換膜）を両電極間に入れて塩化ナトリウム水溶液を電気分解します。

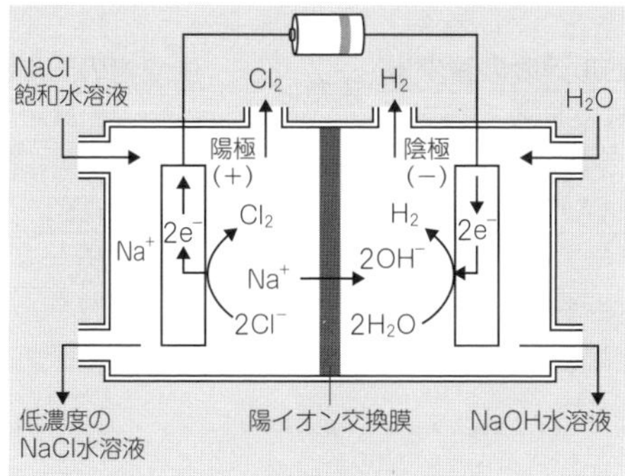

この方法を用いれば，より純度の高い水酸化ナトリウムを得ることができます。この方法を，イオン交換膜法といいます。

陽イオン交換膜は，その名の通り陽イオンのNa^+は通過できるけど陰イオンのOH^-は通過できないんだね！

1 反応速度①

問題 レベル ★☆☆

反応物Aから生成物Bが生じる反応 2A ⟶ B の，時刻 t_1 から t_2 までの間について考える。次の問いに答えよ。

(1) Aのモル濃度が$[A]_1$から$[A]_2$まで減少したとき，Aの平均の減少速度 v_A はどのように表されるか。

(2) Bのモル濃度が$[B]_1$から$[B]_2$まで増加したとき，Bの平均の増加速度 v_B はどのように表されるか。

(3) v_A は，v_B を用いてどのように表されるか。

解くための材料

平均の反応速度 v

$$v=\frac{\text{反応物のモル濃度の減少量}}{\text{反応時間}} \quad \text{または} \quad v=\frac{\text{生成物のモル濃度の増加量}}{\text{反応時間}}$$

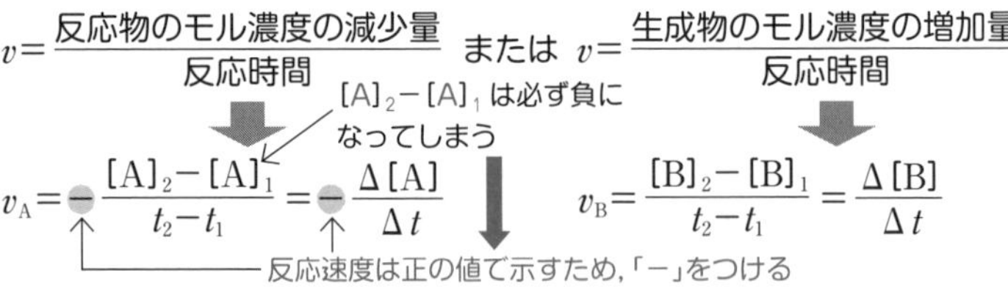

[A]₂−[A]₁ は必ず負になってしまう
反応速度は正の値で示すため，「−」をつける

$$v_A=-\frac{[A]_2-[A]_1}{t_2-t_1}=-\frac{\Delta[A]}{\Delta t} \qquad v_B=\frac{[B]_2-[B]_1}{t_2-t_1}=\frac{\Delta[B]}{\Delta t}$$

解き方

化学反応の速さを**反応速度**といい，単位時間あたりに減少した反応物の量または増加した生成物の量で表されます。

(1) $v_A=-\dfrac{[A]_2-[A]_1}{t_2-t_1}$……**答**

(2) $v_B=\dfrac{[B]_2-[B]_1}{t_2-t_1}$……**答**

Aが2mol減少する時間で，Bは1molしか生成されない，ということ。

(3) この反応では，Aが2mol減少するとBが1mol増加します。
つまり，Aの減少する速さはBの増加する速さの2倍ですから，

$v_A=2v_B$……**答**

反応速度の比は，反応式の係数の比に等しいんだよ！

2 反応速度②

問題 レベル ★★☆

0.100mol/L の過酸化水素 H_2O_2 水 50.0mL に，少量の酸化マンガン(Ⅳ)MnO_2 を加えたところ，次の反応式のように過酸化水素が分解して酸素 O_2 が発生した。ただし，過酸化水素水の体積は変化しないものとする。

$$2H_2O_2 \longrightarrow 2H_2O + O_2$$

(1) 反応が始まってから 40 秒経ったとき，生成した O_2 の物質量は 2.00×10^{-4}mol であった。このときの H_2O_2 のモル濃度は何 mol/L か。

(2) (1)のとき，H_2O_2 の平均の分解速度は何 mol/(L・s)か。

解くための材料

反応物の平均の分解速度 v_A

$$v_A = -\frac{[A]_2-[A]_1}{t_2-t_1}$$

解き方

(1) 反応式の係数から，2 mol の H_2O_2 が分解すると，1 mol の O_2 が生成することがわかります。したがって，生成した O_2 の物質量が 2.00×10^{-4}mol ですから，分解した H_2O_2 は，$2.00\times10^{-4}\times2=4.00\times10^{-4}$mol です。また，はじめの H_2O_2 の物質量は，$0.100\times\frac{50.0}{1000}=5.00\times10^{-3}$mol ですから，40 秒経ったときの H_2O_2 の物質量は，$5.00\times10^{-3}-4.00\times10^{-4}=4.60\times10^{-3}$mol です。よって，モル濃度は，$4.60\times10^{-3}\times\frac{1000}{50.0}=\mathbf{9.20\times10^{-2}mol/L}$……答

(2) H_2O_2 の平均の分解速度 v_A は，

$$v_A = -\frac{9.20\times10^{-2}-0.100}{40-0} = \mathbf{2.0\times10^{-4}mol/(L\cdot s)}$$ ……答

3 反応速度の測定

問題

レベル ★★☆

体積一定のもと，四塩化炭素に溶かした五酸化二窒素 N_2O_5 を 45℃に温めると，$2N_2O_5 \longrightarrow 2N_2O_4 + O_2$ のように分解して酸素 O_2 が発生した。
下表は，45℃において，N_2O_5 が分解したときの，4 分ごとの濃度を示している。空欄の(ア)～(カ)にあてはまる数値をそれぞれ求めよ。

時間 t〔min〕	0		4		8		12
濃度 $[N_2O_5]$〔mol/L〕	5.04		4.16		3.48		2.92
平均の分解速度 $\overline{v}$〔mol/(L・min)〕		(ア)		(イ)		(ウ)	
平均の濃度 $\overline{[N_2O_5]}$〔mol/L〕		(エ)		(オ)		(カ)	

解くための材料

反応物の平均の分解速度 $\overline{v} = -\dfrac{[A]_2 - [A]_1}{t_2 - t_1}$

解き方

平均の分解速度(ア)～(ウ)をそれぞれ $\overline{v_1}$，$\overline{v_2}$，$\overline{v_3}$ とすると，

$$\overline{v_1} = -\frac{4.16 - 5.04}{4 - 0} = 0.22,\quad \overline{v_2} = -\frac{3.48 - 4.16}{8 - 4} = 0.17,$$

$$\overline{v_3} = -\frac{2.92 - 3.48}{12 - 8} = 0.14$$

平均の濃度(エ)～(カ)をそれぞれ $\overline{c_1}$，$\overline{c_2}$，$\overline{c_3}$ とすると，

$$\overline{c_1} = \frac{5.04 + 4.16}{2} = 4.60,\quad \overline{c_2} = \frac{4.16 + 3.48}{2} = 3.82,$$

$$\overline{c_3} = \frac{3.48 + 2.92}{2} = 3.20$$

(ア) **0.22**　(イ) **0.17**　(ウ) **0.14**　(エ) **4.60**　(オ) **3.82**
(カ) **3.20**……**答**

4 反応速度式

問題 レベル ★★☆

P88の反応において，次の問いに答えよ。

(1) 区間0～4min，4～8min，8～12minにおける，$\dfrac{\bar{v}}{\overline{[N_2O_5]}}$〔/min〕の値をそれぞれ求めよ。

(2) (1)の$\bar{v}$と$\overline{[N_2O_5]}$の間に成り立つ関係式を，比例定数をkとして，「$\bar{v}=$」の形で書け。

(3) (1)で求めた3つの値の平均値を，この反応における反応速度定数とする。N_2O_5の濃度が4.00mol/Lであるとき，N_2O_5の分解速度は何mol/(L・min)か。

解くための材料

反応物の濃度と反応速度の関係を示した式を，反応速度式（速度式）という。

例 水素，ヨウ素のモル濃度を［H_2］，［I_2］，比例定数をk，k'とする。

$H_2+I_2 \longrightarrow 2HI$の反応の反応速度$v$は，$v=k[H_2][I_2]$

$2HI \longrightarrow H_2+I_2$の反応の反応速度$v'$は，$v'=k'[HI]^2$

反応速度式は，反応式から決まるのではなく，実験の結果により決まる。反応速度式の中に現れる比例定数k，k'を，反応速度定数（速度定数）という。

解き方

(1) それぞれの区間における$\dfrac{\bar{v}}{\overline{[N_2O_5]}}$の値をそれぞれ$k_1$，$k_2$，$k_3$とすると，

$k_1=\dfrac{0.22}{4.60}=0.0478\cdots\fallingdotseq\mathbf{0.048/min}$　$k_2=\dfrac{0.17}{3.82}=0.0445\cdots\fallingdotseq\mathbf{0.045/min}$

$k_3=\dfrac{0.14}{3.20}=0.0437\cdots\fallingdotseq\mathbf{0.044/min}$……答

(2) (1)より，$k_1\fallingdotseq k_2\fallingdotseq k_3$，つまり，ほぼ一定であることがわかります。よって，$\bar{v}$と$\overline{[N_2O_5]}$は比例の関係にあるので，$\boldsymbol{\bar{v}=k\overline{[N_2O_5]}}$……答

(3) (1)より，$\dfrac{0.0478+0.0445+0.0437}{3}=0.0453\cdots\fallingdotseq0.045$

よって，$\bar{v}=0.0453\times4.00=0.181\cdots\fallingdotseq\mathbf{0.18\,mol/(L\cdot min)}$……答

化学反応の速さとしくみ

5 反応速度を変える条件

問題

レベル ★★☆

次の(1)~(3)は，反応速度と関係のある現象である。それぞれの現象と関係のあるものを，(ア)~(オ)からそれぞれ選べ。

(1) 塩酸の中にアルミニウムを入れたときの反応は，アルミニウムを粉末状にすると，より激しくなる。

(2) 空気中で熱したスチールウールを，酸素で満たされた容器の中に入れると，激しく燃えた。

(3) 過酸化水素の水溶液に少量の酸化マンガン(Ⅳ)を加えると，激しく反応した。

(ア) 濃度　(イ) 温度　(ウ) 触媒

(エ) 光　(オ) 固体の表面積

解くための材料

反応速度を大きくするためには，一般に，

① 濃度を大きくする（気体では，分圧を大きくする）。

② 温度を高くする。

③ 触媒を加える。

④ 光を当てる（光化学反応）。

⑤ 固体の表面積を大きくする（固体と，液体・気体との反応）。

解き方

(1) アルミニウムを粉末状にすると，塩酸と反応できるアルミニウムの粒子（表面積）が増えるため，反応は塊状のものより激しくなります。

(2) スチールウールと反応する酸素の濃度が高くなったため，激しく燃えます。

(3) 触媒は，反応速度を変える物質で，自身はそのまま変化しません。

(1) **(オ)**　(2) **(ア)**　(3) **(ウ)**……答

6 活性化エネルギー

問題 レベル ★★☆

右図は，水素 H_2 とヨウ素 I_2 からヨウ化水素 HI が生成するときの反応におけるエネルギーの変化を示している。次の問いに答えよ。

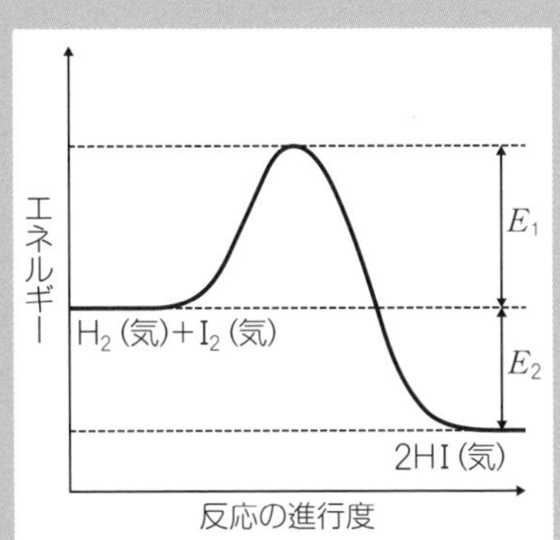

(1) この反応は，発熱反応か，あるいは吸熱反応か。

(2) HI の生成反応の活性化エネルギーおよび反応エンタルピーは，それぞれいくらか。

(3) 触媒を用いると，反応速度は大きくなる。このとき，生成反応の活性化エネルギーと反応エンタルピーはどのようになるか。(ア)～(ウ)からそれぞれ 1 つずつ選べ。

(ア) 大きくなる (イ) 小さくなる (ウ) 変わらない

解くための材料

化学反応の進行の際には，一定以上のエネルギーをもつ粒子の衝突が必要である。反応の途中で，粒子が高いエネルギーをもつ不安定な状態（遷移状態（活性化状態））になる。活性化状態にするために必要な最小のエネルギーを活性化エネルギーという。

解き方

(1) 図から，H_2(気)$+I_2$(気) のエネルギーが，2HI(気) のエネルギーよりも大きいことがわかります。よって，発熱反応です。 **発熱反応**……答

(2) HI の生成反応の活性化エネルギーは E_1，反応エンタルピーは E_2 です。

活性化エネルギー $\boldsymbol{E_1}$　反応エンタルピー $\boldsymbol{E_2}$……答

(3) 触媒を用いると，活性化エネルギーの小さい反応経路で反応が進みます。なお，触媒を用いても，反応エンタルピーは変化しません。

活性化エネルギー **(イ)**　反応エンタルピー **(ウ)**……答

7 多段階反応

問題

レベル ★☆☆

次の空欄に入る語句を，(ア)～(カ)からそれぞれ１つずつ選べ。
五酸化二窒素の分解反応は，次の反応式のように表される。

$$2N_2O_5 \longrightarrow 4NO_2+O_2$$

実際には，次の３つの反応が起こっている。

$$N_2O_5 \longrightarrow N_2O_3+O_2 \quad \cdots\cdots(\mathrm{i})$$

$$N_2O_3 \longrightarrow NO+NO_2 \quad \cdots\cdots(\mathrm{ii})$$

$$N_2O_5+NO \longrightarrow 3NO_2 \quad \cdots\cdots(\mathrm{iii})$$

反応速度は，(ⅱ)・(ⅲ)と比較して(ⅰ)がはるかに遅い。このことから，(　①　)の素反応が起これば，(　②　)の素反応はすぐに進むので，この分解反応全体の反応速度は，(　③　)の反応速度で決まるといえる。

(ア)　(ⅰ)　　(イ)　(ⅱ)　　(ウ)　(ⅲ)
(エ)　(ⅰ)·(ⅱ)　　(オ)　(ⅰ)·(ⅲ)　　(カ)　(ⅱ)·(ⅲ)

解くための材料

反応全体の反応速度は，最も遅い素反応の反応速度である。

解き方

１つの段階のみの反応を**素反応**，素反応をいくつか経る反応を**多段階反応**といいます。(ⅰ)の素反応が起こった後，(ⅱ)と(ⅲ)の素反応はすぐに進行してしまうため，実質，この反応全体の速度は，(ⅰ)の素反応の反応速度と決定されます。なお，多段階反応のうち，最も遅い素反応を**律速段階**といい，この反応の律速段階は(ⅰ)です。

① **(ア)**　② **(カ)**　③ **(ア)**……**答**

1 化学平衡の状態

問題 レベル ★☆☆

同じ物質量の水素 H_2 とヨウ素 I_2 を混合し，一定の温度に保つと，以下の反応式で示される反応が平衡状態となった。

$$H_2+I_2 \rightleftarrows 2HI$$

下の図 1，図 2 は，上の反応における濃度と反応速度の，時間変化を表している（縦軸には何も記入していないが，「濃度」または「反応速度」のいずれかである）。それぞれのグラフの①～④が示しているものを，(ア)～(エ)のうちからそれぞれ 1 つずつ選べ。

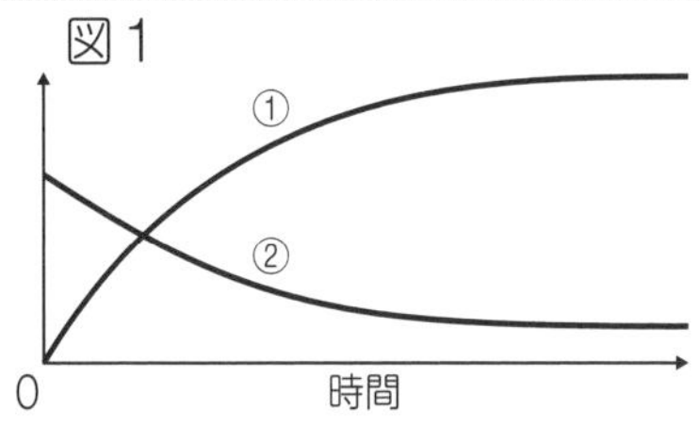

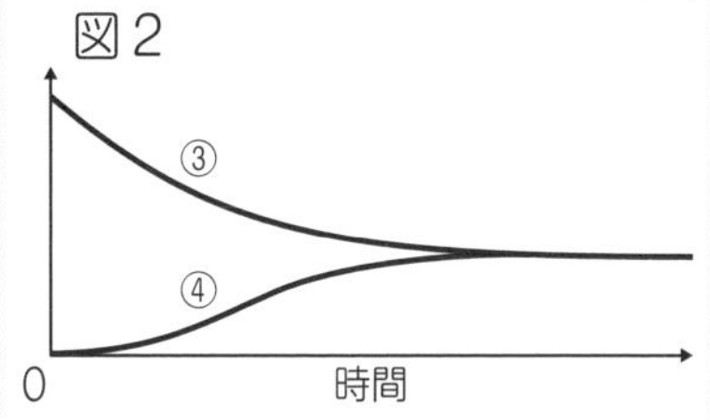

（ア） 正反応の反応速度　　（イ） 逆反応の反応速度

（ウ） $H_2(I_2)$ の濃度　　（エ） HI の濃度

解くための材料

化学平衡の状態では，見かけ上は反応が停止しているが，実際には正反応も逆反応も進行している。

解き方

H_2 と I_2 が反応する（正反応）と，H_2 と I_2 の濃度は減少しますが，HI の濃度は増加します。最終的には，それぞれ濃度がある値に近づくと，見かけ上は反応が停止します。また，反応速度は濃度が大きいほど大きく，最終的には，正反応と逆反応の反応速度は等しくなります。この状態を，**化学平衡の状態（平衡状態）**といいます。

① **(エ)**　② **(ウ)**　③ **(ア)**　④ **(イ)**……答

2 化学平衡①

問題

レベル ★☆☆

次の(1)〜(3)の可逆反応の平衡定数 Kc を表す式を書け。ただし，単位がある場合には，それも書くこと。

(1) N_2O_4(気) $\rightleftarrows$ $2NO_2$(気)

(2) N_2(気)＋$3H_2$(気) $\rightleftarrows$ $2NH_3$(気)

(3) C(固)＋CO_2(気) $\rightleftarrows$ 2CO(気)

解くための材料

化学平衡の法則

可逆反応の反応式 $aA+bB+\cdots \rightleftarrows pP+qQ+\cdots$

において，平衡定数 K_c は，$K_c=\dfrac{[P]^p[Q]^q\cdots}{[A]^a[B]^b\cdots}$

A，B，…，P，Q，…：化学式　　a，b，…，p，q，…：化学式の係数

[A]，[B]，…，[P]，[Q]，…：A，B，…，P，Q，…のモル濃度

※ K_c の単位は，$(\mathrm{mol/L})^{(p+q+\cdots)-(a+b+\cdots)}$

解き方

可逆反応が平衡状態であるとき，$\dfrac{\text{生成物の濃度の積}}{\text{反応物の濃度の積}}$ で表される値を**平衡定数（濃度平衡定数）**といいます。平衡定数は，濃度や圧力によらず，温度が一定であれば一定の値です。

(1) $K_c=\dfrac{[NO_2]^2}{[N_2O_4]}\,\mathrm{mol/L}$……答　(2) $K_c=\dfrac{[NH_3]^2}{[N_2][H_2]^3}(\mathrm{mol/L})^{-2}$……答

(3) 反応に固体が含まれる場合，平衡定数の式に固体を入れる必要はありません。固体は気体と均一に混じり合わず，化学平衡の状態には最小限の量があれば到達するため，固体は化学平衡に影響しません。よって，

$K_c=\dfrac{[CO]^2}{[CO_2]}\,\mathrm{mol/L}$……答

3 化学平衡②

問題 レベル ★☆☆

7.00molの水素H_2と3.25molのヨウ素I_2を1.00Lの容器の中に入れ一定の温度に保つと，$H_2+I_2 \rightleftarrows 2HI$の反応が起こって6.00molのヨウ化水素HIが生成し，平衡状態に達した。

(1) この反応における平衡定数はいくらか。

(2) この容器に6.00molのH_2と6.00molのI_2を入れ，一定の温度に保つと，HIは何mol生じるか。

解くための材料
平衡状態に達したときの，容器に残っている物質のモル濃度を考える。

解き方

(1) それぞれの物質の物質量を下のように書くと，わかりやすくなります。

	H_2	+	I_2	$\rightleftarrows$	2HI	（単位：mol）
（反応前）	7.00		3.25		0	← ■は問題文から読み取れる数値
（変化量）	−3.00		−3.00		+6.00	← 反応式の係数の比から求める
（平衡時）	4.00		0.25		6.00	← それぞれ，（反応前）+（変化量）を計算

よって，$K_c = \dfrac{[HI]^2}{[H_2][I_2]} = \dfrac{\left(\dfrac{6.00}{1.00}\right)^2}{\left(\dfrac{4.00}{1.00}\right)\left(\dfrac{0.25}{1.00}\right)} = \mathbf{36.0}$……**答**

(2) 生じたHIの物質量をx〔mol〕とすると，

	H_2	+	I_2	$\rightleftarrows$	2HI	（単位：mol）
（反応前）	6.00		6.00		0	
（変化量）	$-\dfrac{x}{2}$		$-\dfrac{x}{2}$		$+x$	
（平衡時）	$6.00-\dfrac{x}{2}$		$6.00-\dfrac{x}{2}$		x	

➡ $K_c = \dfrac{[HI]^2}{[H_2][I_2]}$

$= \dfrac{\left(\dfrac{x}{1.00}\right)^2}{\left(\dfrac{6.00-\dfrac{x}{2}}{1.00}\right)\left(\dfrac{6.00-\dfrac{x}{2}}{1.00}\right)}$

$=36$

よって，$x=\mathbf{9.00\ mol}$……**答**

4 圧平衡定数

問題 レベル ★★☆

エタン C_2H_6 を加熱すると，エチレン C_2H_4 と水素 H_2 に分解する。

$$C_2H_6 \rightleftarrows C_2H_4 + H_2$$

容積が一定の密閉容器内で，上記反応が一定温度 T〔K〕で平衡状態にあるとき，次の問いに答えよ。

(1) C_2H_6，C_2H_4，H_2 の濃度をそれぞれ $[C_2H_6]$，$[C_2H_4]$，$[H_2]$，分圧をそれぞれ $p_{C_2H_6}$〔Pa〕，$p_{C_2H_4}$〔Pa〕，p_{H_2}〔Pa〕とすると，濃度平衡定数 K_c，圧平衡定数 K_p はどのように表されるか。

(2) 気体定数を R〔Pa・L/(mol・K)〕とする。K_p は，K_c を用いるとどのように表されるか。

解くための材料

可逆反応の反応式 $aA + bB + \cdots \rightleftarrows pP + qQ + \cdots$

において，圧平衡定数 K_p は，$K_p = \dfrac{p_P{}^p p_Q{}^q \cdots}{p_A{}^a p_B{}^b \cdots}$

A，B，…，P，Q，…：化学式　　a，b，…，p，q，…：化学式の係数

p_A，p_B，…，p_P，p_Q，…：分圧

※ K_p の単位は，$Pa^{(p+q+\cdots)-(a+b+\cdots)}$

(1) $K_c = \dfrac{[C_2H_4][H_2]}{[C_2H_6]}$，$K_p = \dfrac{p_{C_2H_4} p_{H_2}}{p_{C_2H_6}}$ ……答

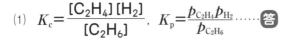

濃度平衡定数は P94

(2) 気体の状態方程式 $pV = nRT$ より，$p = \dfrac{n}{V}RT$ と表せます。ここで，$\dfrac{n}{V}$ は濃度を表していますから，$p_{C_2H_6} = [C_2H_6]RT$，$p_{C_2H_4} = [C_2H_4]RT$，$p_{H_2} = [H_2]RT$ です。よって，(1)，(2)より，

$$K_p = \frac{p_{C_2H_4} p_{H_2}}{p_{C_2H_6}} = \frac{[C_2H_4]RT \cdot [H_2]RT}{[C_2H_6]RT} = K_c RT$$ ……答

5 平衡の移動①

問題

レベル ★☆☆

次の(1)~(3)の反応が平衡状態にあるとき，一定の温度で（　　）内のように変化させると，平衡はどちらの方向に移動するか。

(1) $2NO_2(気) \rightleftarrows N_2O_4(気)$

（四酸化二窒素を加える）

(2) $N_2(気) + 3H_2(気) \rightleftarrows 2NH_3(気)$

（アンモニアを除く）

(3) $CH_3COO^- + H^+ \rightleftarrows CH_3COOH$

（塩化水素を加える）

解くための材料

ルシャトリエの原理（平衡移動の原理）

平衡状態にある反応の，温度・圧力，濃度などを変えると，その影響をやわらげる方向へ平衡が移動する，という原理。

解き方

ある成分の濃度を増加させると，その成分を減少させる方向に，濃度を減少させると，その成分を増加させる方向に平衡が移動します。

(1) 四酸化二窒素 N_2O_4 を加えるので，平衡は N_2O_4 を減少させる方向，つまり左へ移動します。　**左**……答

(2) アンモニア NH_3 を除くので，平衡は NH_3 を増加させる方向，つまり右へ移動します。　**右**……答

(3) 塩化水素 HCl は，水中で電離して H^+ と Cl^- となるので，H^+ が増加します。したがって，平衡は H^+ が減少する方向，つまり右へ移動します。　**右**……答

触媒と平衡移動

触媒を加えると，反応速度は大きくなって平衡状態になる時間は短くなるが，平衡は移動しない。

6 平衡の移動②

問題

レベル ★☆☆

次の(1)〜(3)の反応が平衡状態にあるとき，一定の温度で(　　)内のように変化させると，平衡はどちらの方向に移動するか。

(1) N_2(気)＋$3H_2$(気) $\rightleftarrows$ $2NH_3$(気)

(圧力を高くする)

(2) C(固)＋H_2O(気) $\rightleftarrows$ CO(気)＋H_2(気)

(圧力を低くする)

(3) $2NO_2$(気) $\rightleftarrows$ N_2O_4(気)

(一定の体積で Ar を加える)

解くための材料

ルシャトリエの原理（平衡移動の原理）
平衡状態にある反応の，温度・圧力，濃度などを変えると，その影響をやわらげる方向へ平衡が移動する，という原理。

解き方

圧力を高くすると分子の総数を減らす方向（圧力を低くする方向）へ，圧力を低くすると分子の総数を増やす方向（圧力を高くする方向）へ平衡が移動します。

分子の総数が増えれば，容器内の圧力は高くなるよね！

そうか！

(1) 圧力を高くするので，平衡は分子の総数を減らす方向（圧力を低くする方向）へ移動します。反応式の左辺は 4 分子，右辺は 2 分子なので，分子の総数を減らす方向は右向きです。よって，平衡は右に移動します。　**右**……答

(2) 固体と気体の関係する化学平衡においては，気体のみに注目します（P94 参照）。圧力を低くするので，平衡は分子の総数を増やす方向（圧力を高くする方向）へ移動します。反応式の左辺は 1 分子，右辺は 2 分子なので，分子の総数を増やす方向は右向きです。よって，平衡は右に移動します。　**右**……答

(3) Ar を加えても体積は変化しないので，NO_2，N_2O_4の分圧は変化しません。したがって，平衡は移動しません。

↑ Ar の分圧が増えるから，全圧は増える。

移動しない……答

7 平衡の移動③

問題

レベル ★☆☆

次の(1)，(2)の反応が平衡状態にあるとき，一定の圧力で温度を（　　）内のように変化させると，平衡はどちらの方向に移動するか。

(1)　H_2(気)＋I_2(気)＝2HI(気)＋9kJ　　（上げる）

(2)　N_2(気)＋O_2(気)＝2NO(気)－181kJ　　（下げる）

解くための材料

ルシャトリエの原理（平衡移動の原理）
平衡状態にある反応の，温度・圧力，濃度などを変えると，その影響をやわらげる方向へ平衡が移動する，という原理。

解き方

温度を上げると吸熱反応の方向（温度を下げる方向）へ，温度を下げると発熱反応の方向（温度を上げる方向）へ平衡が移動します。

(1)　温度を上げるので，平衡は吸熱反応の方向（温度を下げる方向）へ移動します。

「＋」なので，右方向の反応＝発熱反応　とわかる

H_2(気)　＋　I_2(気)　$\rightleftarrows$　2HI(気)　＋　9kJ

（→ 発熱するときの方向，← 吸熱するときの方向）

よって，平衡は左へ移動します。　　**左**……答

(2)　温度を下げるので，平衡は発熱反応の方向へ移動します。

「－」なので，右方向の反応＝吸熱反応　とわかる

N_2(気)　＋　O_2(気)　$\rightleftarrows$　2NO(気)　－　181kJ

（→ 吸熱するときの方向，← 発熱するときの方向）

よって，平衡は左へ移動します。　　**左**……答

8 電離平衡・電離定数

問題 レベル★☆☆

弱酸 HA と弱塩基 B が，それぞれ薄い水溶液中で電離し，平衡状態となっている。次の問いに答えよ。

(1) HA の電離平衡における式は，

$$HA \rightleftarrows H^+ + A^-$$

で表される。HA，H^+，A^-の濃度をそれぞれ［HA］，$[H^+]$，$[A^-]$ として，電離定数 K_a を示せ。

(2) B の電離平衡における式は，

$$B + H_2O \rightleftarrows BH^+ + OH^-$$

で表される。B，BH^+，OH^-の濃度をそれぞれ［B］，$[BH^+]$，$[OH^-]$ として，電離定数 K_b を示せ。

解くための材料

電離による化学平衡を**電離平衡**といい，電離平衡の平衡定数を**電離定数**という。温度が一定であれば，電離定数は一定である。

解き方

弱酸や弱塩基は，水溶液中では，一部が電離してイオンとなり，このイオンと電離していない物質が共存する平衡状態となっています。

(1) 化学平衡の法則より，$K_a = \dfrac{[H^+][A^-]}{[HA]}$ ……答

化学平衡の法則は P94

(2) H_2O の濃度を $[H_2O]$ とすると，平衡定数 K は，$K = \dfrac{[BH^+][OH^-]}{[B][H_2O]}$

また，$[H_2O]$ は，この水溶液中での水の濃度を表していて，薄い水溶液中においては一定とみなすことができます。したがって，

$$K[H_2O] = \frac{[BH^+][OH^-]}{[B]} \xrightarrow{K[H_2O]=K_b\text{とする}} K_b = \frac{[BH^+][OH^-]}{[B]}$$ ……答

9 水のイオン積

問題 レベル★☆☆

次の問いに答えよ。ただし，水のイオン積 K_w を，
$K_w = 1.0 \times 10^{-14} (\text{mol/L})^2$ とする。

(1) $[OH^-] = 1.0 \times 10^{-12}$ mol/L の水溶液の水素イオン濃度 $[H^+]$ はいくらか。

(2) 0.0040mol/L の酢酸水溶液の水酸化物イオン濃度 $[OH^-]$ はいくらか。ただし，酢酸の電離度を 0.025 とする。

解くための材料

25℃のとき，
水のイオン積 $K_w = [H^+][OH^-] = 1.0 \times 10^{-14} (\text{mol/L})^2$

解き方

(1) $[H^+] = \dfrac{K_w}{[OH^-]} = \dfrac{1.0 \times 10^{-14}}{1.0 \times 10^{-12}} = \mathbf{1.0 \times 10^{-2}\,mol/L}$……答

(2) 酢酸は 1 価の弱酸で，水溶液中ではわずかに電離し，次式のような平衡状態になっています。

$$CH_3COOH \rightleftarrows CH_3COO^- + H^+$$

この式中の化学式の係数から，

(電離した CH_3COOH の濃度)＝(電離して出てきた H^+ の濃度)

がわかります。

電離した CH_3COOH の濃度は

(CH_3COOH の濃度)×(電離度) ⟵ 電離度＝$\dfrac{\text{電離した } CH_3COOH \text{ の濃度}}{CH_3COOH \text{ の濃度}}$ より

で求められますから，

$$0.0040 \times 0.025 = 1.0 \times 10^{-4}\,\text{mol/L}$$

です。よって，水素イオン濃度 $[H^+]$ は，$[H^+] = 1.0 \times 10^{-4}$ mol/L ですから，

$[OH^-] = \dfrac{K_w}{[H^+]} = \dfrac{1.0 \times 10^{-14}}{1.0 \times 10^{-4}} = \mathbf{1.0 \times 10^{-10}\,mol/L}$……答

10 pH①

問題

レベル ★☆☆

次の問いに答えよ。ただし，水のイオン積 K_w を，
$K_w = 1.0\times10^{-14}\,(\mathrm{mol/L})^2$ とする。

(1) 0.10mol/L の酢酸水溶液の pH はいくらか。酢酸の電離度を 0.018，$\log_{10}1.8 = 0.26$ とする。

(2) 0.10mol/L のアンモニア水の pH はいくらか。アンモニアの電離度を 0.012，$\log_{10}1.2 = 0.080$ とする。

解くための材料

水溶液中の水素イオン濃度を $[H^+]$ とすると，

$$\mathrm{pH} = -\log_{10}[H^+]$$

解き方

(1) 酢酸は 1 価の弱酸で，水溶液中ではわずかに電離し，次式のような平衡状態になっています。

$$CH_3COOH \rightleftarrows CH_3COO^- + H^+$$

ここで，$[H^+] = 1\times0.10\times0.018 = 1.8\times10^{-3}$ mol/L ですから，pH は，

$$\mathrm{pH} = -\log_{10}(1.8\times10^{-3}) = -\log_{10}1.8 - \log_{10}10^{-3}$$
$$= -0.26 + 3 = 2.74 \fallingdotseq 2.7 \cdots\cdots \text{答}$$

(2) アンモニアは 1 価の弱塩基で，水溶液中ではわずかに電離し，次式のような平衡状態になっています。

$$NH_3 + H_2O \rightleftarrows NH_4^+ + OH^-$$

ここで，$[OH^-] = 1\times0.10\times0.012 = 1.2\times10^{-3}$ mol/L ですから，$[H^+]$ は，

$$[H^+] = \frac{K_w}{[OH^-]} = \frac{1.0\times10^{-14}}{1.2\times10^{-3}} = \frac{1.0\times10^{-11}}{1.2}\ \mathrm{mol/L}$$

したがって，pH は，

$$\mathrm{pH} = -\log_{10}[H^+] = -\log_{10}\left(\frac{1.0\times10^{-11}}{1.2}\right)$$
$$= -\log_{10}(1.0\times10^{-11}) - (-\log_{10}1.2) = 11 + 0.080$$
$$= 11.080 \fallingdotseq 11 \cdots\cdots \text{答}$$

11 pH②

問題　レベル ★★☆

0.100mol/L の硫酸水溶液 100mL と，0.200mol/L の水酸化ナトリウム水溶液 300mL を混合させると，以下の反応式のような反応が起こった。

$$H_2SO_4 + 2NaOH \longrightarrow Na_2SO_4 + 2H_2O$$

この混合水溶液の pH はいくらか。ただし，硫酸，水酸化ナトリウムは水中で完全に電離するものとし，水のイオン積 K_w を，$K_w = 1.00 \times 10^{-14}\,(\text{mol/L})^2$ とする。

解くための材料

酸と塩基を混合させたとき，まずはどちらが残っているのかを考える。

解き方

H_2SO_4 の物質量は，$0.100 \times \dfrac{100}{1000} = 0.0100\,\text{mol}$ なので，これとちょうど中和するための NaOH の物質量は，$0.0100 \times 2 = 0.0200\,\text{mol}$ です。

ところが，実際には，NaOH の物質量は $0.200 \times \dfrac{300}{1000} = 0.0600\,\text{mol}$ なので，NaOH が余っていることになります。したがって，この水溶液に残っているのは NaOH であり，その物質量は，$0.0600 - 0.0200 = 0.0400\,\text{mol}$ です。また，混合水溶液の体積は $100 + 300 = 400\,\text{mL} = 0.400\,\text{L}$ なので，その濃度は，

$\dfrac{0.0400}{0.400} = 1.00 \times 10^{-1}\,\text{mol/L}$ です。

NaOH は水中で完全に電離しているので，水酸化物イオン濃度 $[OH^-]$ も，$1.00 \times 10^{-1}\,\text{mol/L}$ です。よって，水素イオン濃度 $[H^+]$ は，$K_w = [H^+][OH^-]$ より，

$[H^+] = \dfrac{K_w}{[OH^-]} = \dfrac{1.00 \times 10^{-14}}{1.00 \times 10^{-1}} = 1.00 \times 10^{-13}\,\text{mol/L}$ より，

$\text{pH} = -\log_{10}[H^+] = -\log_{10}(1.00 \times 10^{-13}) = \mathbf{13}$ …… 答

12 弱酸の電離定数

問題 レベル★★☆

酢酸水溶液中では，以下のような電離平衡となっている。

$$CH_3COOH \rightleftarrows CH_3COO^- + H^+$$

酢酸水溶液のモル濃度を c〔mol/L〕，酢酸の電離度を α とし，α は 1 と比べて非常に小さいとする。

(1) 電離定数 K_a を，各成分の濃度 $[CH_3COOH]$，$[CH_3COO^-]$，$[H^+]$ を用いて表せ。

以下，$K_a=2.6\times10^{-5}$ mol/L，$c=6.5\times10^{-2}$ mol/L とする。

(2) α を求めよ。

(3) 酢酸水溶液中の水素イオン濃度 $[H^+]$ を求めよ。

解くための材料

電離定数 K_a は，$K_a=\dfrac{[H^+][A^-]}{[HA]}$ と表される（P100 参照）。

(1) 電離定数 K_a は，$K_a=\dfrac{[CH_3COO^-][H^+]}{[CH_3COOH]}$ ……答

(2) 電離平衡となったとき，酢酸水溶液中の各成分の濃度は，以下のようになります。

	CH_3COOH ⇄	CH_3COO^-	+ H^+	（単位：mol/L）
（電離前）	c	0	0	
（変化量）	$-c\alpha$	$+c\alpha$	$+c\alpha$	
（平衡時）	$c(1-\alpha)$	$c\alpha$	$c\alpha$	

したがって，これらを(1)の K_a の式に代入して，$K_a=\dfrac{c\alpha\times c\alpha}{c(1-\alpha)}=\dfrac{c\alpha^2}{1-\alpha}$

$\alpha\ll1$ より，$1-\alpha\fallingdotseq1$ ですから，$K_a=c\alpha^2$ となります。

よって，$\alpha=\sqrt{\dfrac{K_a}{c}}=\sqrt{\dfrac{2.6\times10^{-5}}{6.5\times10^{-2}}}=\sqrt{4.0\times10^{-4}}=\mathbf{2.0\times10^{-2}}$ ……答

(3) $[H^+]=c\alpha=(6.5\times10^{-2})\times(2.0\times10^{-2})=\mathbf{1.3\times10^{-3}\,mol/L}$ ……答

13 塩の加水分解

問題 レベル ★☆☆

次の問いに答えよ。

(1) 次の空欄を埋めよ。

塩化アンモニウムを水に溶かすと，（ ① ）イオンと（ ② ）イオンに電離する。電離した（①）イオンの一部が水と反応すると，（ ③ ）とオキソニウムイオンが生じ，その結果，水溶液は（ ④ ）性を示す。

(2) 1.00mol/L の水酸化カリウム水溶液と，1.00mol/L の酢酸水溶液を等量混合すると，水溶液は酸性・塩基性・中性のいずれを示すか。

解くための材料

強酸と弱塩基（強塩基と弱酸）から生じた塩を水に溶かすと，弱塩基（弱酸）から生じた一部のイオンが水と反応して元の分子に戻り，水溶液が酸性（塩基性）を示す。この現象を**塩の加水分解**という。なお，強酸と強塩基から生じた塩は加水分解しないため，水溶液は中性を示す。

解き方

(1) 塩化アンモニウム NH_4Cl を水に溶かすと電離します。この NH_4^+ の一部が水と反応し，アンモニアとオキソニウムイオンが生じます。

$$NH_4Cl \longrightarrow NH_4^+ + Cl^-$$

$$NH_4^+ + H_2O \rightleftarrows NH_3 + H_3O^+$$

水溶液中では，H^+ は H_2O と結合して H_3O^+ になっているんだよ！

よって，水溶液中の H_3O^+ の濃度が高くなり，酸性を示します。

① **アンモニウム**　② **塩化物**　③ **アンモニア**　④ **酸**……答

(2) 強塩基と弱酸からなる塩（CH_3COOK）の水溶液です。(1)と同様に，

$$CH_3COOK \longrightarrow CH_3COO^- + K^+$$

$$CH_3COO^- + H_2O \rightleftarrows CH_3COOH + OH^-$$

よって，水溶液中の OH^- の濃度が高くなり，**塩基性を示します。**……答

14 塩の水溶液のpH①

問題 レベル ★☆☆

0.090mol/L の酢酸ナトリウム水溶液の pH を求めよ。酢酸イオンの加水分解定数を $K_h=4.0\times10^{-10}$mol/L，水のイオン積を $K_w=1.0\times10^{-14}(\text{mol/L})^2$ とし，$\log_{10}2=0.30$，$\log_{10}3=0.48$ とする。

解くための材料

加水分解した酢酸の濃度から，水酸化物イオンの濃度を求める。

解き方

酢酸ナトリウムが電離して生じた酢酸イオンの一部は，水と反応して酢酸と水酸化物イオンを生じています。加水分解した酢酸イオンを α〔mol/L〕とすると，

	CH_3COO^- + H_2O ⇄	CH_3COOH +	OH^- （単位：mol/L）
加水分解前	0.090	0	0
変化量	$-\alpha$	$+\alpha$	$+\alpha$
平衡時	$0.090-\alpha$	α	α

加水分解における平衡定数

これより，平衡定数(加水分解定数)K_h は，

$$K_h=\frac{[CH_3COOH][OH^-]}{[CH_3COO^-]}=\frac{\alpha^2}{0.090-\alpha}\fallingdotseq\frac{\alpha^2}{0.090}$$

← α は 0.090 と比較して非常に小さい値なので

よって，$K_h=\dfrac{\alpha^2}{0.090}=4.0\times10^{-10}$ ですから，$\alpha=6.0\times10^{-6}$〔mol/L〕，

つまり，$[OH^-]=6.0\times10^{-6}$〔mol/L〕です。

$[H^+]=\dfrac{K_w}{[OH^-]}=\dfrac{1.0\times10^{-14}}{6.0\times10^{-6}}=\dfrac{1.0\times10^{-8}}{6.0}$ mol/L なので，pH は，

$$pH=-\log_{10}\left(\frac{1.0\times10^{-8}}{6.0}\right)=8+\log_{10}2+\log_{10}3=8+0.30+0.48=\mathbf{8.78\fallingdotseq8.8}$$ …… 答

↑ $\log_{10}6=\log_{10}(2\cdot3)=\log_{10}2+\log_{10}3$

15 塩の水溶液のpH②

問題 レベル ★☆☆

塩化アンモニウム NH_4Cl を水に溶かすと，以下のような平衡状態となった。アンモニア NH_3 の電離定数を K_b，NH_4^+ の加水分解定数を K_h，水のイオン積を K_w とする。

$$NH_4^+ + H_2O \rightleftarrows NH_3 + H_3O^+$$

(1) NH_3 を水に溶かすと，以下のような電離が起こる。

$$NH_3 + H_2O \rightleftarrows NH_4^+ + OH^-$$

K_b を，$[NH_3]$，$[NH_4^+]$，$[OH^-]$ を用いて表せ。

(2) K_h を，$[NH_4^+]$，$[NH_3]$，$[H_3O^+]$ を用いて表せ。

(3) K_h を，K_b と K_w を用いて表せ。

解くための材料

加水分解定数，水のイオン積，弱酸（弱塩基）の電離定数の関係

$K_h = \dfrac{K_w}{K_a}$，$K_h = \dfrac{K_w}{K_b}$

K_h：加水分解定数　K_w：水のイオン積　K_a：弱酸の電離定数

K_b：弱塩基の電離定数

解き方

(1) $K_b = \dfrac{[NH_4^+][OH^-]}{[NH_3]}$ ……**答**

(2) 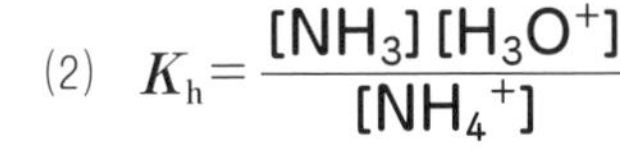

$K_h = \dfrac{[NH_3][H_3O^+]}{[NH_4^+]}$ ……**答**

(3) (2)で求めた K_h の式の分母と分子にそれぞれ $[OH^-]$ をかけると，

$K_w = [H^+][OH^-] = [H_3O^+][OH^-]$ より，

$$K_h = \frac{[NH_3][H_3O^+] \times [OH^-]}{[NH_4^+] \times [OH^-]} = \frac{[NH_3] \times K_w}{[NH_4^+][OH^-]} = \frac{K_w}{K_b}$$ ……**答**

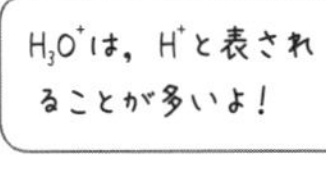

H₃O⁺は，H⁺と表されることが多いよ！

Kbが小さいほどKhが大きくなる，つまり加水分解しやすいことがわかるね！
そうか！

16 緩衝液のpH

問題

レベル ★★☆

0.400mol/L の酢酸水溶液 500mL と，0.400mol/L の酢酸ナトリウム水溶液 500mL を混合し，1.00L の緩衝液をつくった。

この緩衝液の pH はいくらか。ただし，酢酸の電離定数を $K_a=2.70\times10^{-5}$mol/L，$\log_{10}3=0.480$ とする。なお，酢酸と酢酸ナトリウムの電離平衡における式を以下に示す。

$$CH_3COOH \rightleftarrows CH_3COO^- + H^+$$

$$CH_3COONa \longrightarrow CH_3COO^- + Na^+$$

解くための材料

弱酸とその塩（弱塩基とその塩）の混合水溶液には，少量の酸あるいは塩基が加えられても pH をほぼ一定に保つ作用がある。この作用は緩衝作用とよばれ，緩衝作用がある水溶液は緩衝液とよばれる。

解き方

それぞれの水溶液を 500 mL ずつ混合していることから，CH_3COOH と CH_3COONa の濃度はそれぞれ，$\dfrac{1}{2}\times0.400=0.200$ mol/L

また，酢酸の電離平衡は緩衝液中でも成立するので，

$$K_a=\frac{[CH_3COO^-][H^+]}{[CH_3COOH]} \longrightarrow [H^+]=\frac{[CH_3COOH]}{[CH_3COO^-]}\times K_a$$

$$[H^+]=\frac{0.200}{0.200}\times2.70\times10^{-5}$$

$$=2.70\times10^{-5}\text{mol/L}$$

$$\text{pH}=-\log_{10}(2.70\times10^{-5})$$

$$=-\log_{10}(27.0\times10^{-6})$$

$$=-\log_{10}27.0+6$$

$$=-3\log_{10}3+6=\mathbf{4.56}$$ ……答

緩衝液の[H⁺]は，弱酸の濃度と弱酸の塩の濃度の比で決まることがわかるね！

なるほど！

17 弱酸の電離平衡と滴定曲線

問題 レベル★☆☆

0.10mol/L の酢酸水溶液 20mL に，0.10mol/L の水酸化ナトリウム水溶液を滴下し，中和滴定を行ったところ，右図のような滴定曲線が得られた。
区間 A では，pH の変化が小さい。
その理由を，以下に記した。
空欄を埋めよ。

pH
7
A
0　10　20
水酸化ナトリウム水溶液の滴下量（mL）

区間 A では，未反応の（　①　）と，生成した（　②　）の塩が混在しており，(①) と (②) の（　③　）となっているため。

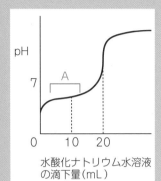

区間 A において，酢酸水溶液と水酸化ナトリウム水溶液が反応して酢酸ナトリウムが生成している。

解き方

区間 A では，次のような反応が起こっています。

$CH_3COOH + NaOH \longrightarrow CH_3COONa + H_2O$

つまり，区間 A では，未反応の CH_3COOH と，上の反応で生成した CH_3COONa の塩が混在しています。これは，「弱酸」と「弱酸の塩」の混合水溶液ですから，この溶液は緩衝液です。

① **酢酸**　② **酢酸ナトリウム**

③ **緩衝液**……**答**

曲線上の点の水素イオン濃度は，P114で求めるよ！

18 溶解度積

問題　レベル ★☆☆

硫酸バリウム $BaSO_4$ は，水に溶かすと一部が溶けて，次のような電離平衡が成り立つ。

$$BaSO_4(固) \rightleftarrows Ba^{2+} + SO_4{}^{2-}$$

ある温度において，硫酸バリウム 2.24×10^{-4}g は水 100mL に溶解して飽和溶液になる。このときの硫酸バリウムの溶解度積を有効数字 3 桁で求め，単位がある場合には単位をつけて答えよ。ただし，硫酸バリウムはこの水溶液中で完全に電離するものとし，硫酸バリウムが溶解することによる体積の変化はないものとする。式量は，$BaSO_4 = 233.4$ とする。

解くための材料

難溶性塩（水に溶けにくい塩）X_mY_n が水にわずかに溶解して，次のような電離平衡（溶解平衡）にあるとする。

$$X_mY_n \rightleftarrows mX^{a+} + nY^{b-} \qquad (ma = nb)$$

このとき，溶解度積 K_{sp} は，

$$K_{sp} = [X^{a+}]^m[Y^{b-}]^n$$

解き方

この飽和溶液に溶けている硫酸バリウムの物質量は，

$\dfrac{2.24 \times 10^{-4}}{233.4} = 9.597 \cdots \times 10^{-7}$mol です。これより，$[Ba^{2+}]$ と $[SO_4{}^{2-}]$ は，

$$[Ba^{2+}] = [SO_4{}^{2-}] = 9.597 \times 10^{-7} \times \frac{1000}{100} = 9.597 \times 10^{-6} \text{mol/L}$$

よって，

$$K_{sp} = [Ba^{2+}][SO_4{}^{2-}] = (9.597 \times 10^{-6}) \times (9.597 \times 10^{-6})$$
$$= 9.210 \cdots \times 10^{-11} \fallingdotseq \mathbf{9.21 \times 10^{-11} (mol/L)^2} \cdots\cdots 答$$

19 沈殿の生成

問題

レベル ★☆☆

0.20mol/L の塩化ナトリウム NaCl 水溶液 40mL に，0.40mol/L の硝酸銀 $AgNO_3$ 水溶液 60mL を加えると，塩化銀 AgCl の沈殿が生じるかどうかを判断せよ。ただし，AgCl の溶解度積を $1.8\times10^{-10}(\mathrm{mol/L})^2$ とする。

解くための材料

難溶性塩（水に溶けにくい塩）X_mY_n の濃度の積 $[X^{a+}]^m[Y^{b-}]^n$ とその塩の溶解度積 K_{sp} の大小関係により，沈殿が生じるかどうかを判断できる。

$[X^{a+}]^m[Y^{b-}]^n > K_{sp}$ のとき，沈殿 X_mY_n が生じる。

$[X^{a+}]^m[Y^{b-}]^n \leqq K_{sp}$ のとき，沈殿 X_mY_n は生じない。

解き方

まず，$[Ag^+]$と$[Cl^-]$をそれぞれ求めます。

$$[Ag^+]=\frac{0.40\times\frac{60}{1000}}{\frac{40+60}{1000}}=0.24\,\mathrm{mol/L}$$

$$[Cl^-]=\frac{0.20\times\frac{40}{1000}}{\frac{40+60}{1000}}=8.0\times10^{-2}\mathrm{mol/L}$$

したがって，$[Ag^+][Cl^-]=0.24\times8.0\times10^{-2}=0.0192\fallingdotseq0.019$

また，$K_{sp}=1.8\times10^{-10}$ ですから，

$[Ag^+][Cl^-]>K_{sp}$

よって，AgCl の沈殿は**生じます**。……答

20 共通イオン効果

問題 レベル ★☆☆

次の空欄を埋めよ。

塩化ナトリウム NaCl の飽和水溶液に，気体の塩化水素 HCl を吹き込むと，NaCl の沈殿が生じる。それは，以下に示す現象が起こるためである。

NaCl の飽和水溶液中では，次の溶解平衡が成り立っている。

$$NaCl(固) \rightleftarrows Na^+ + Cl^-$$

この飽和溶液中に HCl を吹き込むと，HCl の電離によって生じた Cl^- が増加し，上式の溶解平衡が（ ① ）に移動することで，NaCl の沈殿が生じる。

このことから，この NaCl の飽和水溶液に水酸化ナトリウム NaOH 水溶液を滴下した場合，NaCl の沈殿は（ ② ）ことになり，同様に水酸化カルシウム $Ca(OH)_2$ 水溶液を滴下した場合，NaCl の沈殿は（ ③ ）ことになる。

解くための材料

ある電解質の水溶液に，この水溶液に含まれるイオンをもつ電解質を加えると，この共通のイオンを減少させる方向に平衡が移動して，水溶液の電離度や溶解度が小さくなる。この現象を，共通イオン効果という。

解き方

① Cl^- が増加するので，平衡は左に移動します。

② Na^+ が増加するので，平衡は左に移動します。よって，NaCl の沈殿が生じます。

③ $Ca(OH)_2$ 水溶液を滴下しても，平衡に影響はないため，NaCl の沈殿は生じません。

① **左**　② **生じる**　③ **生じない**……答

21 硫化水素の電離平衡

問題 レベル ★☆☆

硫化水素 H_2S は，水溶液中で次の①，②のように 2 段階で電離する。

$$H_2S \rightleftarrows H^+ + HS^- \quad \cdots\cdots ①$$

$$HS^- \rightleftarrows H^+ + S^{2-} \quad \cdots\cdots ②$$

H_2S の飽和水溶液での濃度を 0.10mol/L とし，反応①の電離定数を $K_1 = 1.0 \times 10^{-7}$mol/L，反応②の電離定数を $K_2 = 1.0 \times 10^{-15}$mol/L とする。このとき，$H_2S$ の飽和水溶液の pH はいくらか。ただし，温度は一定であるとする。

解くための材料

硫化水素の 2 段階の電離平衡における平衡定数は，2 段階目の値（K_2）が 1 段階目（K_1）と比較してきわめて小さいため，水溶液の$[H^+]$，pH はともに 1 段階目だけで決まると考えてよい。

解き方

平衡定数が $K_1 \gg K_2$ であることから，K_1 についてのみ，つまり反応①についてのみ考えます。

$[H^+] = [HS^-]$ですから，K_1 は，

$$K_1 = \frac{[H^+][HS^-]}{[H_2S]} = \frac{[H^+]^2}{[H_2S]}$$

K_1，K_2は，温度が一定のとき一定の値なんだよ。

フム フム

これより

$$[H^+] = \sqrt{K_1[H_2S]} = \sqrt{1.0 \times 10^{-7} \times 0.10} = 1.0 \times 10^{-4}\text{mol/L}$$

よって，pH＝**4**……答

滴定曲線と水素イオン濃度

P109では，滴定曲線のpHの変化が小さい部分の理由について学習しました。ここでは，ある点における水素イオン濃度を求めてみます。P109のグラフを再掲しました。

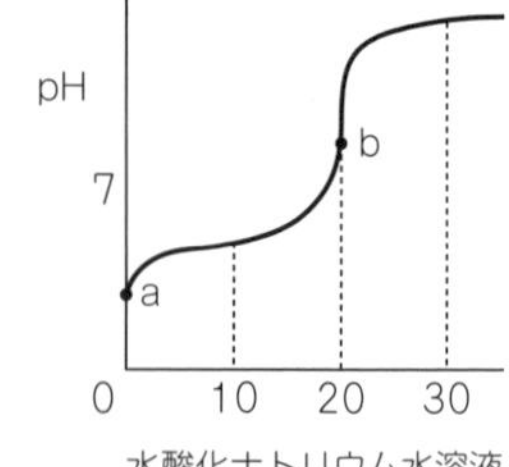

0.10 mol/Lの酢酸水溶液20 mLに，0.10 mol/Lの水酸化ナトリウム水溶液を滴下していったときの滴定曲線です。ただし，$\log_{10}2=0.30$とし，水のイオン積は$K_w=1.0\times10^{-14}(\text{mol/L})^2$とします。

では，点aの水素イオン濃度を求めてみましょう。酢酸の電離定数は，$K_a=2.0\times10^{-5}\text{mol/L}$とします。点aでは，まだ中和反応は始まっていないので，0.10 mol/Lの酢酸水溶液のpHを求めればよいことになります。求め方は，P104を参考にしてください。

pHも求めてみよう！

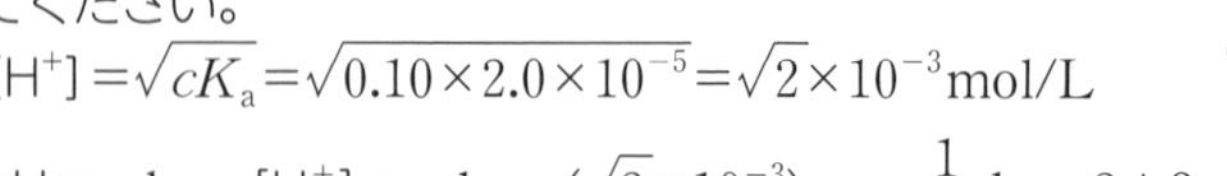

$$[\mathrm{H^+}]=\sqrt{cK_a}=\sqrt{0.10\times2.0\times10^{-5}}=\sqrt{2}\times10^{-3}\text{mol/L}$$

$$\mathrm{pH}=-\log_{10}[\mathrm{H^+}]=-\log_{10}(\sqrt{2}\times10^{-3})=-\frac{1}{2}\log_{10}2+3=2.85$$

次に，点bの水素イオン濃度を求めてみます。点bは中和点ですね。このとき，水溶液全体の体積は，$2.0\times10^{-2}+2.0\times10^{-2}=4.0\times10^{-2}$Lですから，$CH_3COONa$の濃度［$CH_3COONa$］は，

$$[\mathrm{CH_3COONa}]=\frac{0.10\times2.0\times10^{-2}}{4.0\times10^{-2}}=0.050\text{ mol/L}$$

この塩の加水分解の平衡定数K_hを，K_a，K_wを用いて表すと，

$$K_h=\frac{K_w}{K_a}$$ ← P107を参照

ここで，$[\mathrm{OH^-}]=\sqrt{cK_h}=\sqrt{c\times\frac{K_w}{K_a}}$と，$K_w=[\mathrm{H^+}][\mathrm{OH^-}]$から，

$$[\mathrm{H^+}]=\sqrt{\frac{K_aK_w}{c}}=\sqrt{\frac{2.0\times10^{-5}\times1.0\times10^{-14}}{0.050}}=2.0\times10^{-9}\text{mol/L}$$

$$\mathrm{pH}=-\log_{10}[\mathrm{H^+}]=-\log_{10}(2.0\times10^{-9})=-\log_{10}2+9=8.70$$

となります。

NaOHの水溶液の滴下量が10mLのときと30mLのときの[H⁺]やpHも求めてみよう。考え方は同じだよ！

無機物質

非金属元素

1 元素の分類

問題

レベル ★☆☆

C, O, Ne, Na, Mg, Al, S, Ca, Cu, Ga, Csの11の元素について，次の問いに答えよ。

(1) 典型元素はいくつあるか。

(2) 非金属元素はいくつあるか。

解くための材料

典型元素…周期表1族，2族，12～18族の元素。
遷移元素…3～12（11）族の元素。
金属元素…単体が金属の性質を示す元素。
非金属元素…単体が金属の性質を示さない元素。

解き方

下の元素の周期表を見ながら考えましょう。

周期＼族	1	2	3	4	5	6	7	8	9	10	11	12	13	14	15	16	17	18
1	H																	He
2	Li	Be											B	C	N	O	F	Ne
3	Na	Mg											Al	Si	P	S	Cl	Ar
4	K	Ca	Sc	Ti	V	Cr	Mn	Fe	Co	Ni	Cu	Zn	Ga	Ge	As	Se	Br	Kr
5	Rb	Sr	Y	Zr	Nb	Mo	Tc	Ru	Rh	Pd	Ag	Cd	In	Sn	Sb	Te	I	Xe
6	Cs	Ba	ランタノイド	Hf	Ta	W	Re	Os	Ir	Pt	Au	Hg	Tl	Pb	Bi	Po	At	Rn
7	Fr	Ra	アクチノイド	Rf	Db	Sg	Bh	Hs	Mt	Ds	Rg	Cn	Nh	Fl	Mc	Lv	Ts	Og

金属元素
非金属元素
詳しいことがわかっていない元素
（枠内）遷移元素
（枠）以外 典型元素
※12族元素は，遷移元素に含める場合と含めない場合がある。

アルカリ金属　アルカリ土類金属　ハロゲン　貴ガス（希ガス）

(1) 11族のCuは遷移元素ですが，それ以外は典型元素です。

よって，**10個**……答

(2) 非金属元素は，C，O，Ne，Sです。

よって，**4個**……答

典型元素は縦の列に並んだ元素どうし，遷移元素は横の行に並んだ元素どうしの性質が似ているよ！

2 元素の周期表①

問題

レベル ★☆☆

H, Be, N, F, Si, Ar, K, Ca, Mn, Zn の 10 の元素について，次の問いに答えよ。

(1) アルカリ金属元素はどれか。

(2) アルカリ土類金属元素はどれか。

(3) ハロゲン元素はどれか。

(4) 貴ガス（希ガス）元素はどれか。

解くための材料

アルカリ金属元素…H を除く 1 族元素。
アルカリ土類金属元素…2 族元素。
ハロゲン元素…17 族元素。
貴ガス（希ガス）元素…18 族元素。
※周期表で同じ族にある元素を，同族元素という。

解き方

前ページの周期表を見ながら考えましょう。

(1) アルカリ金属元素は，H を除く 1 族元素，つまり，Li, Na, K, Rb, Cs, Fr です。よって，「**K**」……答

(2) アルカリ土類金属元素は，2 族元素，つまり，Be, Mg, Ca, Sr, Ba, Ra です。よって，「**Be, Ca**」……答

(3) ハロゲン元素は，17 族元素，つまり，F, Cl, Br, I, At です。よって，「**F**」……答

(4) 貴ガス（希ガス）元素は，18 族元素，つまり，He, Ne, Ar, Kr, Xe, Rn です。よって，「**Ar**」……答

「アルカリ金属元素」などの名称の
『元素』の部分は省略してもいいよ。

3 元素の周期表②

問題 レベル ★☆☆

下図は，元素の周期表の概略図である。次の問いに答えよ（表は第6周期までを示したものとする）。

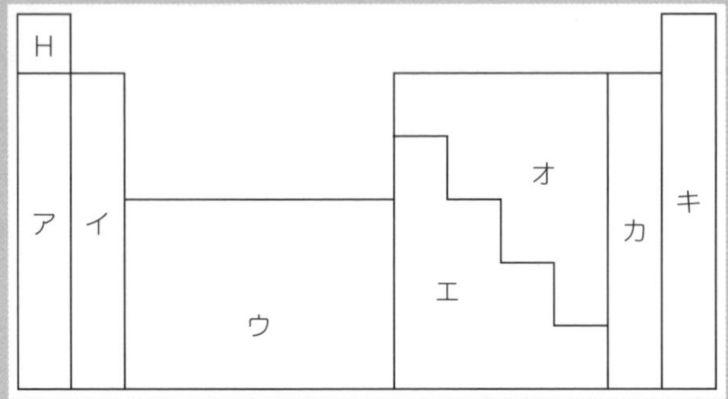

(1) アルカリ土類金属は，ア～キのどれか。

(2) 図中のウは何とよばれるか。

(3) 1価の陰イオンになりやすいのは，ア～キのどれか。

解くための材料

アルカリ土類金属は，2族元素である。また，ハロゲンには7個の価電子があり，1価の陰イオンになりやすい。

解き方

(1) アルカリ土類金属は2族元素。よって，**イ**……答

(2) ウは，3～12(11) 族の元素。よって，**遷移元素**……答

(3) 1価の陰イオンになりやすいのはハロゲン。よって，**カ**……答

4 周期表と元素の性質

問題 レベル ★☆☆

下図は，元素の周期表の一部を示したものである。次の問いに答えよ。

	1	2	3	4	5	6	7	8	9	10	11	12	13	14	15	16	17	18
1	H																	He
2	Li	Be											B	C	N	O	F	Ne
3	Na	Mg											Al	Si	P	S	Cl	Ar
4	K	Ca	Sc	Ti	V	Cr	Mn	Fe	Co	Ni	Cu	Zn	Ga	Ge	As	Se	Br	Kr

(1) 陰性が最も強い元素はどれか。

(2) 遷移元素のうち，原子番号が最も小さい元素はどれか。

(3) 単原子分子のうち，原子半径が最も大きい元素はどれか。

解くための材料

周期表で，右上の元素ほど陰性が強い（18 族元素は除く）。
原子半径が大きい元素は，同じ族であれば原子番号が大きい元素，同じ周期であれば原子番号が小さい元素（18 族元素は除く）である。

解き方

(1) 周期表で，右上にある元素ほど陰性は強いので（18 族は除く），陰性が最も強いのは F……答

(2) 遷移元素は，3〜12(11) 族の元素ですから，そのうちで原子番号が最も小さい元素は Sc……答

(3) 単原子分子であるのは，18 族の貴ガス（希ガス）です。また，原子半径は，同じ族では原子番号の大きい元素ほど大きいので，Kr……答

5 水素の発生

問題

レベル ★☆☆

次の①～③は，ふたまた試験管を利用した水素の発生実験についての記述である。誤っているものを 1 つ選べ。

① ふたまた試験管に希塩酸と鉄をそれぞれ入れるとき，突起のついた方の管に入れるのは希塩酸である。

② 水素の捕集法として最も適しているのは，水上置換である。

③ アルミニウムと水酸化ナトリウム水溶液を反応させることでも，水素を発生させることができる。

解くための材料

実験室的製法
- 亜鉛や鉄などの金属と酸を反応させる。
- 亜鉛やアルミニウムなどの金属と強塩基を反応させる。
- 水を電気分解する。

工業的製法
- 炭化水素を水蒸気と反応させる。

解き方

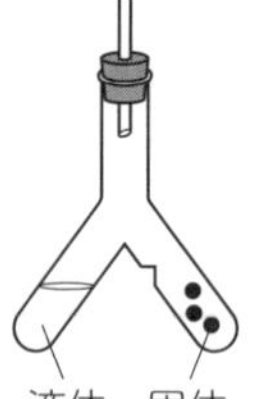

① 右図のようなふたまた試験管の，突起のない方の管に液体を，突起のある方の管に固体を入れます。反応させるときは液体を固体の方へ注ぎ，反応を止めるときは液体をもとの管へ戻します。

② 水素は水に溶けにくいので，水上置換が適しています。

③ アルミニウムと強塩基の反応で，水素が発生します。

よって，誤っているのは ① ……**答**

水素の存在は，点火して音が発生することで確かめられるよ。

ふたまた試験管の突起は，反応を止めるために傾けたとき，固体が液体の方へ移動しないようにするためだよ！

6 ハロゲン

問題　レベル ★★☆

ハロゲンX～Zの酸化力を比較するため，ハロゲンX～Zの単体とハロゲン化カリウムの水溶液を混合し，その結果を表に示した。

	KX 水溶液	KY 水溶液	KZ 水溶液
単体X		○	×
単体Y	×		×
単体Z	○	○	

※　○：化学変化が起こった　　×：化学変化が起こらなかった

(1)　表から，ハロゲンX～Zを酸化力の強い順に「>」を用いて表せ。

(2)　ハロゲンX～Zはそれぞれ次の(ア)～(ウ)のどれになるか。

(ア)　Cl　　(イ)　Br　　(ウ)　I

解くための材料

ハロゲンの酸化力は，原子番号が小さいほど強い。$F_2 > Cl_2 > Br_2 > I_2$

解き方

(1)　酸化力が強いほど，単体は陰イオンになりやすいです。よって，表からハロゲンX～Zの酸化力の強さは，Z，X，Yの順となります。

(2)　ハロゲンの酸化力は，原子番号が小さいほど強いため，(1)より最も酸化力の強いZは塩素Cl，次に酸化力の強いXは臭素Br，酸化力の最も弱いYはヨウ素Iとなります。

(1)　**Z>X>Y**

(2)　X　**(イ)**　　Y　**(ウ)**　　Z　**(ア)**……**答**

ハロゲンの性質

① 価電子は7個で，1価の陰イオンになりやすい。
② 単体はすべて二原子分子。
③ 有色で毒性がある。
④ 酸化力は，原子番号が小さいほど強い。$F_2 > Cl_2 > Br_2 > I_2$
⑤ 融点・沸点は，原子番号が大きいほど高い。$I_2 > Br_2 > Cl_2 > F_2$

7 ハロゲン単体の反応

問題

レベル ★☆☆

次の空欄を埋めよ。
フッ素は淡黄色の気体で，酸化力が強く，水と激しく反応して（ ① ）とフッ化水素が生じる。塩素は黄緑色の気体で，水に少し溶けて，溶けた一部の塩素が水と反応して（ ② ）と（ ③ ）を生じる。臭素は赤褐色の（ ④ ）で，水に少し溶けて，赤褐色の水溶液になる。ヨウ素は黒紫色の（ ⑤ ）で，水には溶けにくいが，ヨウ化カリウム水溶液には溶けて，褐色の溶液になる。この溶液をデンプン水溶液に加えると，青紫色になる。この反応を，（ ⑥ ）という。

解くための材料

- フッ素 F_2 は，水と激しく反応して酸素が生じる。
- 塩素 Cl_2 は，水に少し溶ける（塩素の水溶液を塩素水という）。溶けた塩素の一部が水と反応し，塩化水素と次亜塩素酸が生じる。
- 臭素 Br_2 は，水に少し溶ける（臭素の水溶液を臭素水という）。
- ヨウ素 I_2 は，水には溶けにくいが，エタノールにはよく溶ける。ヨウ化カリウム水溶液に溶けると褐色の溶液（ヨウ素ヨウ化カリウム水溶液）になる。この溶液は，デンプンの検出に用いられる（ヨウ素デンプン反応）。

解き方

水に溶けた塩素と水との反応は，以下の反応式のようになります。

$$Cl_2 + H_2O \rightleftarrows HCl + HClO$$

① **酸素**　② **塩化水素**　③ **次亜塩素酸**（②と③は順不同）
④ **液体**　⑤ **固体**　⑥ **ヨウ素デンプン反応**……**答**

8 塩素の製法

問題

レベル ★☆☆

下図は，塩素の発生装置である。次の問いに答えよ。

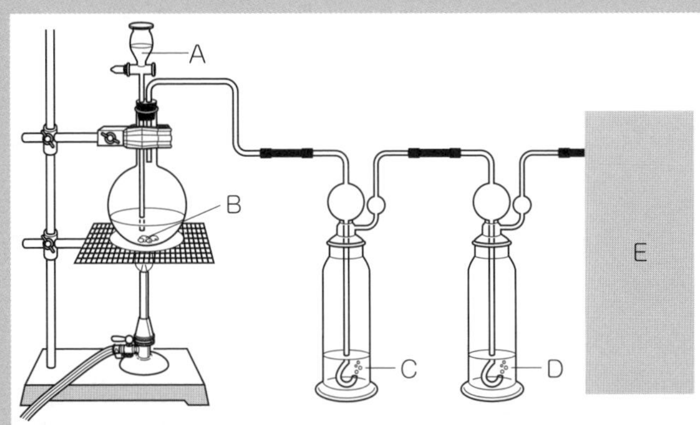

(1) A，B の物質はそれぞれ何か。

(2) C，D の物質は，水または濃硫酸のいずれか。

(3) E は，塩素を捕集するための器具である。以下の(ア)～(ウ)のうちから，適切なものを 1 つ選べ。

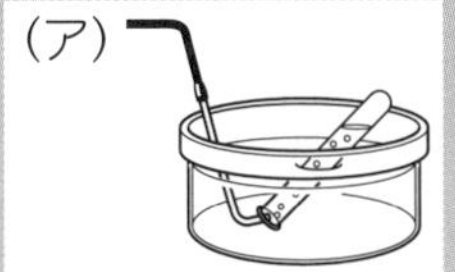

解くための材料

塩素は空気より重く，水に溶けやすいため，下方置換で捕集する。

解き方

(1) A は**濃塩酸**，B は**酸化マンガン(Ⅳ)**……答

(2) 発生した気体に含まれる塩化水素を水で除去した後，水蒸気を濃硫酸で乾燥させます。よって，C は**水**，D は**濃硫酸**……答

(3) 塩素は下方置換で捕集するので**(イ)**……答

水と濃硫酸を逆にすると，水蒸気が混じった塩素が捕集されてしまうよ。

9 ハロゲンの化合物

問題　　レベル ★☆☆

次の空欄を埋めよ。
ハロゲン化水素は，いずれも水によく溶け，無色で刺激臭がある。フッ化水素は，（　①　）に濃硫酸を加え，加熱することで発生する。塩化水素は，（　②　）に濃硫酸を加え，加熱することで発生する。
ハロゲン化水素の水溶液は，フッ化水素酸だけが（　③　）酸で，あとの水溶液はすべて（　④　）酸である。
また，水酸化カルシウムに塩素を吸収させると，（　⑤　）ができる。（⑤）を水に溶かして生じたイオンには強い酸化作用があり，（⑤）から $CaCl_2$ の含有量を減らした（　⑥　）は，殺菌剤や消毒剤として用いられている。

解くための材料

ハロゲンの単体と水素の化合物を，ハロゲン化水素という。ハロゲン化水素のうち，フッ素と水素の化合物はフッ化水素，塩素と水素の化合物は塩化水素とよばれ，その水溶液はそれぞれ，フッ化水素酸，塩酸とよばれる。

解き方

ハロゲン化水素には，上記の他に，臭素と水素の化合物である臭化水素，ヨウ素と水素の化合物であるヨウ化水素があります。

また，さらし粉の主成分は $CaCl(ClO) \cdot H_2O$ です。

① **ホタル石**　② **塩化ナトリウム**　③ **弱**
④ **強**　⑤ **さらし粉**　⑥ **高度さらし粉**……答

10 酸化物の分類

問題 レベル ★☆☆

次の酸化物を，酸性酸化物，塩基性酸化物，両性酸化物に分類せよ。

Na_2O，CO_2，SO_3，CaO，Al_2O_3

解くための材料

酸性酸化物…水と反応して酸を生じる，あるいは塩基と反応して塩を生じる酸化物。P_4O_{10}，CO_2，SO_3 など。

塩基性酸化物…水と反応して塩基を生じる，あるいは酸と反応して塩を生じる酸化物。Na_2O，CaO など。

両性酸化物…酸・強塩基の両方と反応して塩を生じる酸化物。Al_2O_3，ZnO など。

解き方

それぞれの酸化物が，水や酸・塩基とどのような反応をするかを見てみましょう。

$Na_2O + H_2O \longrightarrow 2NaOH$ ←水と反応して塩基が生じている

$CO_2 + 2NaOH \longrightarrow Na_2CO_3 + H_2O$ ←塩基と反応して塩が生じている

$SO_3 + H_2O \longrightarrow H_2SO_4$ ←水と反応して酸が生じている

$CaO + H_2O \longrightarrow Ca(OH)_2$ ←水と反応して塩基が生じている

$Al_2O_3 + 6HCl \longrightarrow 2AlCl_3 + 3H_2O$

$Al_2O_3 + 2NaOH + 3H_2O \longrightarrow 2Na[Al(OH)_4]$

（上の2式）酸・強塩基の両方と反応して塩が生じている

よって，酸性酸化物は $\mathbf{CO_2}$ と $\mathbf{SO_3}$，塩基性酸化物は $\mathbf{Na_2O}$ と $\mathbf{CaO}$，両性酸化物は $\mathbf{Al_2O_3}$……答

非金属元素の酸化物は酸性酸化物，金属元素の酸化物は塩基性酸化物であることが多いよ。

酸性酸化物は酸と同じような働き，塩基性酸化物は塩基と同じような働きをするんだね！

11 酸素の発生

問題

レベル ★☆☆

次の①〜③は，ふたまた試験管を利用した酸素の発生実験についての記述である。誤っているものを 1 つ選べ。

① ふたまた試験管に酸化マンガン(Ⅳ)と過酸化水素水をそれぞれ入れるとき，突起のついた方の管に入れるのは酸化マンガン(Ⅳ)である。

② 酸素の捕集法として最も適しているのは，水上置換である。

③ 酸素の発生を確かめるには，火のついた線香を，気体を集めた集気びんの中に入れ，火が消えればよい。

解くための材料

実験室的製法

- 過酸化水素水に酸化マンガン(Ⅳ)を触媒として加える。
- 塩素酸カリウムに酸化マンガン(Ⅳ)を触媒として加えて加熱する。

工業的製法

- 液体空気を分留する。

① ふたまた試験管の，突起のない方の管に液体を，突起のある方の管に固体を入れます。

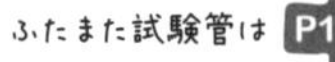

② 酸素は水に溶けにくい気体なので，水上置換で捕集します。

③ 酸素が入った集気びんに火のついた線香を入れると，線香は激しく燃えるようになります。

よって，誤っているものは ③ ……答

12 硫酸の性質

問題

レベル ★☆☆

次の①～④の記述のうち，誤っているものを１つ選べ。

① 濃硫酸を空気中に放置すると濃度が低くなるのは，濃硫酸の吸湿性が低いからである。

② 濃塩酸と比較して濃硫酸のにおいが弱いのは，濃硫酸が不揮発性だからである。

③ 熱濃硫酸が銅や銀と反応して二酸化硫黄を発生するのは，熱濃硫酸が強い酸化作用をもつからである。

④ 濃硫酸をスクロースに加えると炭化するのは，濃硫酸に脱水作用があるからである。

解くための材料

濃硫酸
- 無色で粘性が高く，重い。
- 沸点が高く，不揮発性である。
- 吸湿性が高い。（乾燥剤として用いられる。P128 参照。）
- 有機化合物から，H と O を 2：1 の割合で奪う（脱水作用）。
- 熱濃硫酸（加熱した濃硫酸）は，強い酸化作用をもつ。

希硫酸
- 水に濃硫酸を少しずつ加えてつくる。 ※濃硫酸に水を加えると危険である。
- 強い酸性を示す。イオン化傾向が H_2 より大きい金属と反応し H_2 を発生する。
- 弱酸の塩に加えると，弱酸が遊離する。

解き方

① 濃度が低くなるのは，空気中の水分を多く吸収することが原因です。つまり，濃硫酸の吸湿性が「高い」ことに起因します。

よって，誤っているものは ① ……**答**

13 濃硫酸の吸湿性

問題

レベル ★☆☆

濃硫酸は吸湿性が高く，乾燥剤として利用されている。①～⑤の気体のうち，乾燥剤として濃硫酸を使用することができないのはどれか。すべて選べ。

① 窒素
② 二酸化炭素
③ 硫化水素
④ 塩化水素
⑤ アンモニア

解くための材料

濃硫酸を乾燥剤として用いることができるのは，酸性の気体または中性の気体である。ただし，硫化水素を乾燥する場合は，濃硫酸を乾燥剤として用いることはできない。

解き方

濃硫酸を乾燥剤として用いることができるのは，酸性の気体または中性の気体です。例外として，硫化水素（③）は，酸性の気体ではありますが，還元性が強く，濃硫酸によって酸化されてしまいます。したがって，硫化水素の乾燥剤としては，濃硫酸を使用することはできません。

窒素…中性の気体 ←
塩化水素，二酸化炭素…酸性の気体 ← 乾燥剤として濃硫酸を使用できる
アンモニア…塩基性の気体 ← 乾燥剤として濃硫酸を使用できない

よって，③と⑤……**答**

乾燥剤については，P142で詳しく学習するよ！

14 接触法

問題

レベル ★☆☆

接触法を用いると，硫黄 64kg から 98％硫酸は何 kg できるか。ただし，硫黄はすべて硫酸に変わるものとし，原子量は，H＝1.0，O＝16，S＝32 とする。

解くための材料

硫酸は，工業的には以下のように製造される。この製造法を，接触法（接触式硫酸製造法）という。

① 単体の硫黄を燃焼する。

$$S + O_2 \longrightarrow SO_2 \quad \cdots\cdots(a)$$

② ①で得られた二酸化硫黄 SO_2 を，酸化バナジウム(Ⅴ)V_2O_5 を触媒として空気中の酸素と反応させ，三酸化硫黄 SO_3 をつくる。

$$2SO_2 + O_2 \xrightleftharpoons{V_2O_5} 2SO_3 \quad \cdots\cdots(b)$$

③ 濃硫酸に三酸化硫黄を吸収させて発煙硫酸とし，希硫酸中の水 H_2O と反応させる。

$$SO_3 + H_2O \longrightarrow H_2SO_4 \quad \cdots\cdots(c)$$

解き方

上の反応式(a)～(c)より，S 1 mol から H_2SO_4 1 mol が生じることがわかります。つまり，燃焼する S の物質量と生じる H_2SO_4 の物質量は同じ，ということです。

燃焼する S の物質量は，

$$\frac{64\times10^3\,\mathrm{g}}{32\,\mathrm{g/mol}} = 2.0\times10^3\,\mathrm{mol}$$

求める硫酸の質量を x〔kg〕とすると，生じる H_2SO_4 の物質量は，$H_2SO_4 = 98$ より，

$$\frac{\left(x\times10^3\times\dfrac{98}{100}\right)\mathrm{g}}{98\,\mathrm{g/mol}} = 10x\ \mathrm{mol}$$

よって，$2.0\times10^3 = 10x$ が成り立つので，$x = 2.0\times10^2$ kg となります。

2.0×10^2 kg……答

15 二酸化硫黄の性質

問題

レベル ★☆☆

集気びんの中で硫黄 S を燃焼させると，二酸化硫黄 SO_2 が生成した。この集気びんの中に，次の①～④をそれぞれ入れたとき，どのような色に変化するか。変化が見られない場合は「変化なし」と書け。

① 水でぬらした青色リトマス紙

② 水でぬらした赤色リトマス紙

③ ブロモチモールブルー溶液

④ 水でぬらした色のついた花びら

解くための材料

二酸化硫黄の性質

- 無色で刺激臭をもち，有毒な気体である。
- 水に溶かすと亜硫酸 H_2SO_3 となり，弱い酸性を示す。

$$SO_2 + H_2O \rightleftarrows H^+ + HSO_3^-$$

- 還元作用があり，漂白剤や医薬品の原料として使われる。

解き方

① 青色リトマス紙は，酸性の物質に反応して赤色になります。

② 赤色リトマス紙は，塩基性の物質に反応して青色になりますから，赤色リトマス紙は変化しません。

③ ブロモチモールブルー溶液（BTB 溶液）は，酸性の物質に反応すると黄色に変化します。

④ 漂白作用があるので，白くなります。

白くなった花びらは，過酸化水素水で酸化すると元の色に戻るよ！

① 赤色　② 変化なし　③ 黄色　④ 白色……答

16 アンモニアの製法①

問題

レベル ★☆☆

次の空欄を埋めよ。

アンモニア NH_3 は，実験室においては，次に示す反応式のように，塩化アンモニウム NH_4Cl と水酸化カルシウム $Ca(OH)_2$ の混合物を加熱することで製造される。

$$2NH_4Cl + Ca(OH)_2 \longrightarrow CaCl_2 + 2H_2O + 2NH_3$$

実験装置では，NH_4Cl と $Ca(OH)_2$ を入れた試験管の口を（ ① ）必要があり，また捕集は（ ② ）置換で行う。

解くための材料

アンモニアの性質
- 無色で刺激臭がある。水溶液は弱い塩基性を示す。
- 水に溶けやすく，空気より軽い。

アンモニアの実験室的製法
塩化アンモニウムと水酸化カルシウムを混合して加熱する。

解き方

① この反応で生成した水が加熱している部分に流れ，試験管が割れるのを防ぐため，試験管の口を下げる必要があります。

② 上に示したように，アンモニアは水に溶けやすく，空気より軽いため，捕集は上方置換で行います。

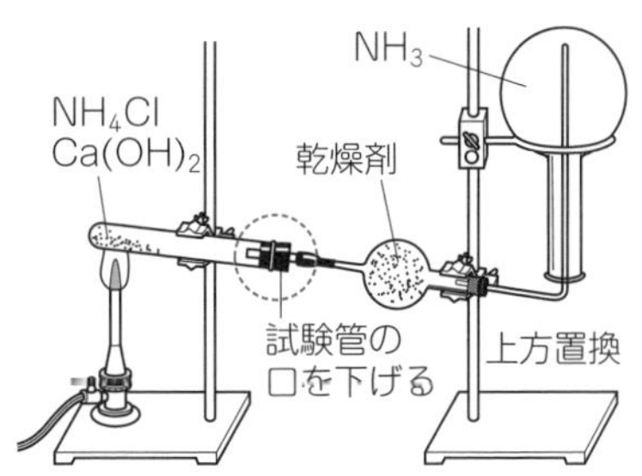

① **下げる** ② **上方**……答

17 アンモニアの製法②

問題　　レベル ★☆☆

次の空欄を埋めよ。ただし，②〜④は，{　　}の中から適切な方を選べ。

アンモニア NH_3 は，工業的には，次に示す反応式のように，窒素 N_2 と水素 H_2 を直接反応させて製造する。この製造法を（　①　）という。

$$N_2 + 3H_2 = 2NH_3 + 92kJ$$

この反応は可逆反応で，平衡状態になっているとき，圧力を②{高く・低く}すると，また，温度を③{上げ・下げ}ると，平衡が右に移動し，NH_3 の生成率が大きくなる。

しかし，温度を{③}すぎると，反応速度が④{低下・増加}してしまうため，温度は500℃程度とし，（　⑤　）を主成分とする触媒を用いて反応を行う。

解くための材料

アンモニアの工業的製法

四酸化三鉄 Fe_3O_4 を主成分とする触媒を用いて，1×10^7〜3×10^7Pa，400〜600℃で窒素 N_2 と水素 H_2 を直接反応させる。この製法をハーバー・ボッシュ法という。

解き方

②・③　ルシャトリエの原理から考えましょう。

このことから，高圧・低温であるほど NH_3 の生成率は大きくなりますが，反応速度と温度の関係から，あまり温度を下げすぎないようにして反応させます。

ルシャトリエの原理は

反応速度を変える条件は

①　**ハーバー・ボッシュ法**　②　**高く**　③　**下げ**

④　**低下**　⑤　**四酸化三鉄（Fe_3O_4）**……**答**

18 アンモニアの製法③

問題

レベル ★★☆

密閉容器の中に，窒素 N_2 0.20mol と水素 H_2 0.60mol を入れ，温度・圧力一定のもとで反応させた。この反応が平衡状態になったとき，密閉容器の中に生成したアンモニア NH_3 のモル分率は 0.25 であった。このとき，生成した NH_3 の物質量は何 mol か。

解くための材料

$$\text{モル分率} = \frac{\text{成分気体の物質量(mol)}}{\text{混合気体の全物質量(mol)}}$$

解き方

生成した NH_3 の物質量を x〔mol〕とします。
平衡状態の前後における物質量は，以下のようになります。

	N_2	+	$3H_2$	$\rightleftarrows$	$2NH_3$	（単位：mol）
（反応前）	0.20		0.60		0	
（変化量）	$-\frac{1}{2}x$		$-\frac{3}{2}x$		$+x$	
（平衡時）	$0.20-\frac{1}{2}x$		$0.60-\frac{3}{2}x$		x	

これより，混合気体の全物質量は，

$$\left(0.20-\frac{1}{2}x\right)+\left(0.60-\frac{3}{2}x\right)+x=(0.80-x)\text{mol}$$

したがって，

$$\frac{x}{0.80-x}=0.25 \qquad x=0.16\,\text{mol}$$

0.16 mol……答

19 硝酸の性質

問題　レベル ★☆☆

次の文章中の①～⑤の{　　}について，適切な方を選べ。

硝酸は①{酸化・還元}力が強く，イオン化傾向が水素より②{大きい・小さい}銅や銀などと反応する。

しかし，イオン化傾向が水素より③{大きい・小さい}アルミニウムや鉄，ニッケルは，希硝酸とは反応するが，濃硝酸とは反応しない。それは，それぞれの金属が，その表面に緻密(ちみつ)な酸化被膜をつくって内部を保護するためである。この状態を④{平衡状態・不動態}という。

また，硝酸は光で分解され⑤{やすく・にくく}，褐色のびんに入れて保存する。

解くための材料

硝酸の性質

- 強い酸性を示す。
- 酸化力が強く，銅や銀などを溶かすことができる。
- アルミニウムや鉄，ニッケルを濃硝酸に入れると，それぞれの金属の表面に緻密な酸化被膜ができ，内部が保護されるため，溶けない（不動態という）。
- 光や熱で分解されやすいため，褐色のびんに入れて保存する。

解き方

銅と希硝酸の反応，および銅と濃硝酸の反応は，次の反応式で表されます。

$$3Cu + 8HNO_3(\text{希}) \longrightarrow 3Cu(NO_3)_2 + 4H_2O + 2NO$$

$$Cu + 4HNO_3(\text{濃}) \longrightarrow Cu(NO_3)_2 + 2H_2O + 2NO_2$$

また，硝酸が光によって分解される反応は，次の反応式で表されます。

$$4HNO_3 \longrightarrow 4NO_2 + 2H_2O + O_2$$

① **酸化**　② **小さい**　③ **大きい**

④ **不動態**　⑤ **やすく**……答

20 一酸化窒素の性質

問題

レベル ★☆☆

ふたまた試験管の，突起のない方に希硝酸を，突起のある方に銅片を入れ，ふたまた試験管を傾けたところ，反応が起こった。この反応により発生した気体を，水上置換で捕集した。この実験について，次の問いに答えよ。

(1) 捕集した気体を空気と反応させると，ただちに赤褐色になった。この赤褐色の気体は何であると考えられるか。

(2) (1)のことから，この実験で発生した気体は何であると考えられるか。

解くための材料

一酸化窒素の性質
- 無色で水に溶けにくく，有毒な気体。水上置換で捕集する。
- 空気中でただちに酸化され，二酸化窒素（赤褐色）になる。

二酸化窒素の性質
- 赤褐色で水に溶けやすく，有毒な気体。下方置換で捕集する。
- 常温のとき，一部は無色の気体（四酸化二窒素）になっている。

解き方

(1)・(2)

ある気体を空気と反応させて，ただちに赤褐色になったことから，

一酸化窒素が空気と反応して，ただちに二酸化窒素になった

と考えられます。

(1) **二酸化窒素（NO_2）**　(2) **一酸化窒素（NO）**……答

この実験は，一酸化窒素の検出に利用されているよ！

21 オストワルト法①

問題

レベル ★☆☆

硝酸の工業的製法であるオストワルト法では，次に示す①～③の反応により，硝酸を生成する。

$$4NH_3+5O_2 \longrightarrow 4NO+6H_2O \quad \cdots\cdots ①$$

$$2NO+O_2 \longrightarrow 2NO_2 \quad \cdots\cdots ②$$

$$3NO_2+H_2O \longrightarrow 2HNO_3+NO \quad \cdots\cdots ③$$

①～③を 1 つの反応式にまとめよ。

解くための材料

オストワルト法

① 白金を触媒とし，800℃～900℃でアンモニアと空気中の酸素を反応させて一酸化窒素を生成する。

② 一酸化窒素をさらに空気中の酸素と反応させて二酸化窒素を生成する。

③ 二酸化窒素を水と反応させて，硝酸を生成する。

なお，③の反応で生成した NO は，②→③の反応を繰り返し行うことにより，すべて HNO_3 にする。

解き方

①～③の式から，中間生成物の NO と NO_2 を消去することを考えましょう。

①＋②×3＋③×2 より，

$$4NH_3+8O_2 \longrightarrow 4HNO_3+4H_2O \quad \cdots\cdots ④$$

④÷4 より，

$$NH_3+2O_2 \longrightarrow HNO_3+H_2O$$ ……答

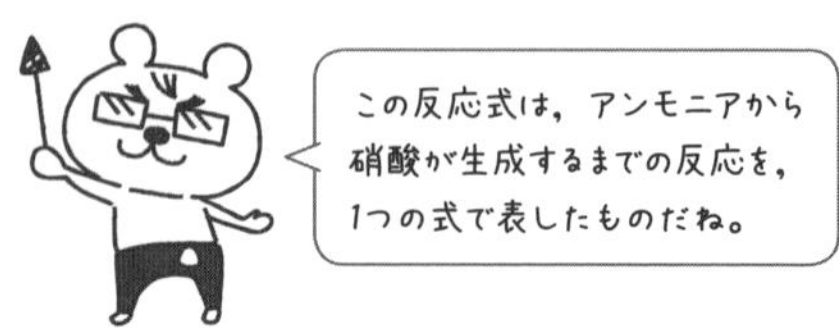

この反応式は，アンモニアから
硝酸が生成するまでの反応を，
1つの式で表したものだね。

22 オストワルト法②

問題 レベル ★☆☆

オストワルト法によるアンモニアから硝酸までの反応を 1 つの式で表すと，以下の反応式となる。

$$NH_3+2O_2 \longrightarrow HNO_3+H_2O$$

この反応が完全に進行するとして，アンモニア 68kg をすべて硝酸にする場合，濃度 60%の濃硝酸は何 kg できるか。ただし，原子量は H=1.0，N=14，O=16 とする。

解くための材料

化学反応式の係数の比と物質量の比は等しいことを利用する。

解き方

化学反応式の係数より，1 mol の NH_3 から 1 mol の HNO_3 が得られることがわかります。

NH_3 の物質量は，$NH_3=17$ より，

$$\frac{68\times10^3\,\mathrm{g}}{17\,\mathrm{g/mol}}=4.0\times10^3\,\mathrm{mol}$$

ですから，得られる HNO_3 の物質量も 4.0×10^3 mol です。

したがって，得られる HNO_3 の質量は，$HNO_3=63$ より，

$$63\,\mathrm{g/mol}\times4.0\times10^3\,\mathrm{mol}=2.52\times10^5\,\mathrm{g}$$

ここで，求める濃硝酸の質量を x〔kg〕とすると，

$$x\times10^3\times\frac{60}{100}=2.52\times10^5$$

$$x=4.2\times10^2\,\mathrm{kg}$$

となります。

4.2×10^2 kg……**答**

オストワルト法による反応を1つにまとめた反応式を自力でつくれるようにしておこう！詳しくは，P136を見てね！

23 炭素とその化合物

問題

レベル ★☆☆

一酸化炭素 CO と二酸化炭素 CO_2 について，次の問いに答えよ。

(1) CO が有毒である理由を以下に説明した。空欄を埋めよ。
CO には，血液中の（　①　）と強く結びつく性質があり，これにより，全身に（　②　）を行き渡らせることができなくなるため。

(2) CO を空気中で点火するとどうなるか。

(3) CO_2 を検出するためには，どのようにすればよいか。

解くための材料

一酸化炭素の性質
- 水に溶けにくく，無色無臭で有毒。可燃性。
- 炭素や炭素化合物の不完全燃焼，または二酸化炭素と高温の炭素との接触により生じる。

二酸化炭素の性質
- 水に少し溶け，無色無臭。不燃性。水溶液（炭酸水）は弱い酸性。
- 石灰水を白濁する（炭酸カルシウムの沈殿を生じる）。

解き方

(1) CO は，酸素 O_2 よりもヘモグロビンと結合しやすく，一酸化炭素中毒の原因にもなっています。

(2) 空気中で点火すると，CO_2 になります。　$2CO+O_2 \longrightarrow 2CO_2$

(3) 石灰水に通じることで，炭酸カルシウムを生じて白濁します。

(1) ① **ヘモグロビン** ② **酸素**　(2) **青白い炎を出して燃え，CO_2 になる。**
(3) **石灰水を通じる。**……答

24 ケイ素とその化合物

問題 レベル ★☆☆

次の①～④のうち，誤っているものを1つ選べ。

① ケイ素は半導体の性質を示す。

② 二酸化ケイ素と水酸化ナトリウムが反応すると，ケイ酸ナトリウムを生じる。

③ ケイ酸ナトリウムに水を加えて加熱すると水ガラスが得られる。

④ 水ガラスを乾燥させるとシリカゲルになる。

解くための材料

ケイ素 Si

- 電気炉中で二酸化ケイ素 SiO_2 を炭素で還元して得られる。
- ダイヤモンドと同じ構造。灰色で金属のような光沢がある。
- 半導体（電気伝導性が絶縁体と導体の中間のもの）の性質を示す。

ケイ素の化合物

- 二酸化ケイ素 SiO_2…石英，水晶，ケイ砂など。水に溶けにくいが，酸性酸化物なので塩基と反応する。
- ケイ酸ナトリウム Na_2SiO_3…SiO_2 と，水酸化ナトリウム NaOH や炭酸ナトリウム Na_2CO_3 などが反応して生じる。SiO_2 と塩基が反応して得られる化合物は，ケイ酸塩とよばれる。Na_2SiO_3 に水を加えて加熱すると，水ガラスとよばれる液体が得られ，水ガラスの水溶液に酸を加えると，ケイ酸 $SiO_2 \cdot nH_2O$（$n=1$ として H_2SiO_3 と表記する場合もある）が得られる。$SiO_2 \cdot nH_2O$ を乾燥させるとシリカゲルになる。

解き方

④ シリカゲルは，ケイ酸を乾燥させることで得られます。

④……**答**

25 気体の発生装置

問題

レベル ★☆☆

右図はキップの装置である。この装置の中には，固体と液体が入れられており，はじめコックは閉じている。①～③の記述のうち誤っているものを１つ選べ。

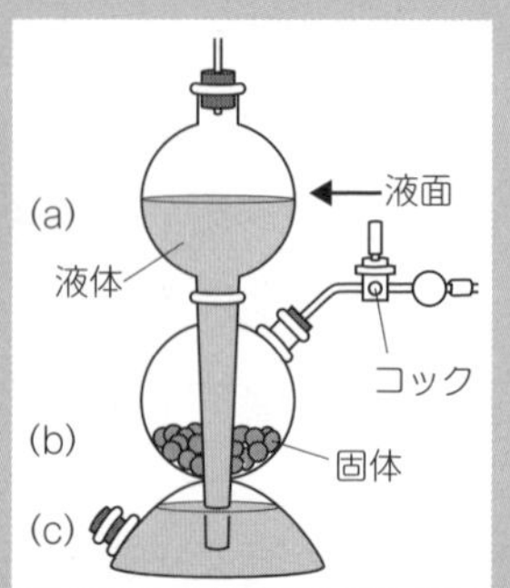

① コックを開けると(b)の圧力は下がる。
② コックを開けると(a)の液面は上がる。
③ コックを開けた後，しばらくしてコックを閉じると，反応は停止する。

解くための材料

キップの装置

固体（粉末以外）と液体から，多量の気体を繰り返し発生させるときに用いられる装置（加熱なし）。

解き方

コックを開けると，下図１の黒矢印のように，(b)の中の気体が外へ出るため，(b)の圧力が下がります。すると，(a)に入っている液体が，下図１の赤矢印のように，(c)を経由して(b)の中に入ります。したがって，(a)の液面は下がります。このとき，(b)の中では反応が始まって，気体が発生しています。コックを閉じると，(b)の中の気体の圧力が上がり，(b)の液面を押し下げます。すると，固体と液体は離れるので，反応は止まります。 ②……**答**

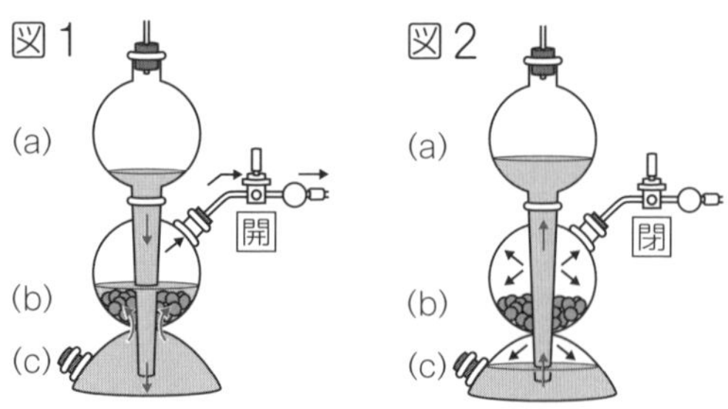

26 気体の捕集方法

問題　レベル ★☆☆

下の(ア)～(カ)の気体を捕集する際，その方法として上方置換が最も適しているものはどれか。ただし，原子量は，H=1.0，C=12，N=14，O=16，Cl=35.5とする。

(ア)　水素 H_2　　(イ)　塩素 Cl_2
(ウ)　二酸化炭素 CO_2　　(エ)　酸素 O_2
(オ)　窒素 N_2　　(カ)　アンモニア NH_3

解くための材料

気体の捕集方法
- 水に溶けにくい気体…水上置換
- 水に溶けやすい気体
  - (ⅰ)　空気より軽い…上方置換←分子量が28.8(空気の平均分子量)より小さい気体
  - (ⅱ)　空気より重い…下方置換←分子量が28.8より大きい気体

※ HFは分子量が20で28.8より小さいが，$(HF)_n$で表される形で存在しており，空気より重い。つまり，下方置換で捕集する。

解き方

捕集法として下方置換が最も適する気体は，「水に溶けやすく，空気より重い気体」です。まずは，(ア)～(カ)のそれぞれの気体を，「水に溶けやすいかどうか」で分けてみましょう。

水に溶けにくい気体…水素 H_2(ア)，酸素 O_2(エ)，窒素 N_2(オ)←水上置換

水に溶けやすい気体…塩素 Cl_2(イ)，二酸化炭素 CO_2(ウ)，アンモニア NH_3(カ)

次に，(イ)，(ウ)，(カ)について，分子量を求めると，

(イ)…$35.5\times2=71$，(ウ)…$12+16\times2=44$，(カ)…$14+1.0\times3=17$

(イ)(ウ)：分子量が28.8より大きいので下方置換

(カ)：分子量が28.8より小さいので上方置換

よって，上方置換で捕集する気体は，**(カ)**……答

27 乾燥剤の選び方

問題

レベル ★☆☆

下の(ア)~(カ)は，乾燥させる気体と乾燥剤の組み合わせを表している。その組み合わせとして誤っているものを1つ選べ。

	気　体	乾燥剤
(ア)	酸素	濃硫酸
(イ)	窒素	酸化カルシウム
(ウ)	塩素	濃硫酸
(エ)	二酸化炭素	塩化カルシウム
(オ)	アンモニア	塩化カルシウム
(カ)	硫化水素	十酸化四リン

解くための材料

乾燥剤には，酸性，塩基性，中性のものがある。

- 酸性の乾燥剤…濃硫酸 H_2SO_4，十酸化四リン P_4O_{10} など。一般に，酸性の気体，中性の気体の乾燥剤として用いることができる。ただし，H_2S（酸性）の乾燥剤として，H_2SO_4 を用いることはできない（P128参照）。
- 塩基性の乾燥剤…酸化カルシウム CaO，ソーダ石灰（CaO+NaOH）など。塩基性の気体，中性の気体の乾燥剤として用いることができる。
- 中性の乾燥剤…塩化カルシウム $CaCl_2$ など。一般に，すべての気体の乾燥剤として用いることができる。ただし，NH_3（塩基性）の乾燥剤として，$CaCl_2$ を用いることはできない。

解き方

乾燥させる気体と乾燥剤の性質は，次のようになります。

(ア)　酸素…中性　濃硫酸…酸性　　(イ)　窒素…中性　酸化カルシウム…酸性

(ウ)　塩素…酸性　濃硫酸…酸性　　(エ)　二酸化炭素…酸性　塩化カルシウム…中性

(オ)　アンモニア…塩基性　塩化カルシウム…中性

(カ)　硫化水素…酸性　十酸化四リン…酸性

アンモニアは塩化カルシウムと反応してしまうため，乾燥剤として用いることはできません。

(オ)……答

リンとその化合物

(1) リンの単体

地殻中に，リン酸塩やリン灰石（主成分はリン酸カルシウム $Ca_3(PO_4)_2$）として存在しています。リン灰石に，コークス（主成分 C）とけい砂（主成分 SiO_2）を混ぜて強熱すると黄リンが得られ，黄リンを窒素中で加熱（約 250℃）すると，赤リンが得られます。黄リンと赤リンは，リンの同素体です。

	黄リン※1	赤リン
化学式	P_4	P
形状	ろう状の固体	粉末
色	淡黄色	赤褐色
毒性	猛毒	弱い
発火点	35℃	260℃
保存法	水中※2	空気中
用途	農薬	マッチの側薬
CS_2 への溶解	溶解する	溶解しない

※1　白リンともいう。　※2　空気中で自然発火するため。

(2) リンの化合物

十酸化四リン P_4O_{10} は，リンを空気中で燃焼することで得られます。乾燥剤としても用いられています（P142）。また，リン酸 H_3PO_4 は，十酸化四リンを水に加えて加熱することで得られます。リン酸は水によく溶け，水溶液は中程度の強さの酸性を示します。

(3) 肥料の三要素

リン，窒素，カリウムを肥料の三要素といい，これらの元素は土壌に不足しがちなため，肥料で補う必要があります。リン酸肥料として，リン酸二水素カルシウム（リン酸カルシウムと硫酸の反応で得られる）と硫酸カルシウムの混合物（過リン酸石灰）があります。

1 アルカリ金属元素の単体

問題

レベル ★☆☆

アルカリ金属元素に関する次の記述(ア)〜(カ)のうち，誤っているものを2つ選べ。

(ア) 1価の陽イオンになりやすい。

(イ) 化合物や水溶液は，炎色反応を示す。

(ウ) イオン化傾向が大きい。

(エ) 原子番号が大きい元素ほど，反応しにくい。

(オ) 水や酸素と反応しにくい。

(カ) 単体は，化合物を溶融塩電解することで得られる。

解くための材料

水素Hを除く1族元素をアルカリ金属元素という。

アルカリ金属元素の性質

- 価電子を1個もつため，放出して1価の陽イオンになりやすい。
- 密度が小さく，軟らかくて融点が低い。
- 化合物や水溶液は，炎色反応を示す。
- イオン化傾向が大きく，単体は化合物を電気分解しても得られないため，溶融塩電解をすることで得る。
- 常温の水と反応して，強い塩基性の水酸化物と水素を生じる。
- 酸素と速やかに反応する。
- 原子番号が大きいほど，反応しやすい。

解き方

(エ) 原子番号が大きいほど，原子半径が大きいため，価電子を放出しやすくなります。つまり，反応しやすくなります。

(オ) 水や酸素と反応しやすいため，石油の中に入れて保存します。

(エ)，(オ)……答

2 ナトリウムとその化合物①

問題 レベル★☆☆

水酸化ナトリウムに関する次の記述(ア)～(エ)のうち，誤っているものを１つ選べ。

(ア) 水溶液は強い塩基性を示す。

(イ) 空気中に放置すると，水分を放出して白色粉末状になる。

(ウ) イオン交換膜法により得られる。

(エ) 二酸化炭素を吸収して炭酸ナトリウムを生じる。

解くための材料

水酸化ナトリウム NaOH

- 白色の固体で，カセイソーダともよばれる。
- 工業的には，塩化ナトリウム NaCl 水溶液の電気分解により得られる。
- 水に発熱しながら溶け，その水溶液は強い塩基性を示す。
- 皮膚や粘膜を激しく侵す（固体，水溶液ともに）。
- 固体を空気中に放置すると，水蒸気を吸収して溶ける（潮解という）。
- 二酸化炭素 CO_2 と反応して，炭酸ナトリウムを生成する。

$$2NaOH + CO_2 \longrightarrow Na_2CO_3 + H_2O$$

解き方

(イ) 空気中に放置すると，水蒸気を吸収して溶けます。

(ウ) 水酸化ナトリウムは，塩化ナトリウム NaCl 水溶液の電気分解（イオン交換膜法）により得られます。

イオン交換膜法は P85

(イ)……答

潮解は，NaOHの他にもKOHやP4O10などでも見られるよ！

3 ナトリウムとその化合物②

問題

レベル ★☆☆

炭酸ナトリウムと炭酸水素ナトリウムに関する次の記述(ア)~(エ)のうち，正しいものを1つ選べ。

(ア) 両方をそれぞれ水に溶かすと，水溶液は酸性を示す。

(イ) 両方にそれぞれ強酸を加え，発生する気体を石灰水に通すと，どちらも白濁する。

(ウ) 両方をそれぞれ加熱すると，どちらも分解する。

(エ) 炭酸ナトリウムは，ベーキングパウダーや胃薬に用いられる。

解くための材料

炭酸ナトリウム Na_2CO_3

- 水によく溶け，その水溶液は塩基性を示す。
- 水溶液を放置すると，炭酸ナトリウム十水和物 $Na_2CO_3 \cdot 10H_2O$ の無色透明の結晶が得られ，この結晶を放置すると，白色粉末状の炭酸ナトリウム一水和物 $Na_2CO_3 \cdot H_2O$ が得られる（この現象を風解という）。
- 加熱すると融解する（加熱しても分解はしない）。
- 強酸を加えると，弱酸が遊離して二酸化炭素が発生する。

炭酸水素ナトリウム $NaHCO_3$ ← 重曹ともよばれる

- 水に少し溶け，その水溶液は弱い塩基性を示す。
- 加熱すると，分解して二酸化炭素が発生する。

解き方

(イ) 強酸を加えて発生する気体は，どちらも二酸化炭素ですから，石灰水に通すことで白濁します。

(エ) ベーキングパウダーや胃薬に用いられるのは，炭酸水素ナトリウムです。

(イ)……答

炭酸ナトリウムの工業的製法は，次の問題を見てね！

4 ナトリウムとその化合物③

問題

レベル ★☆☆

下図は，炭酸ナトリウムの工業的製法を表している。①～⑤の反応の化学反応式をそれぞれ書け。

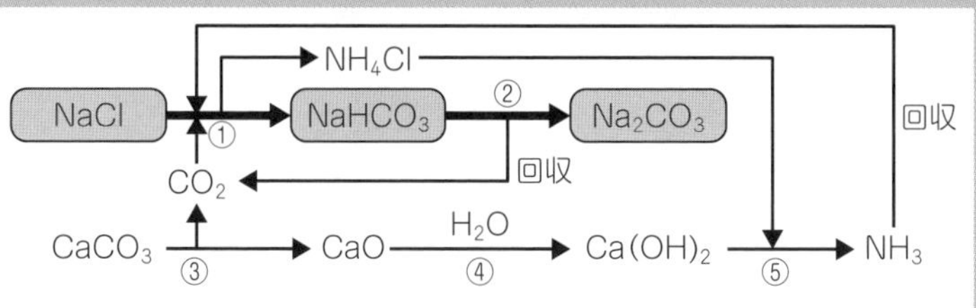

解くための材料

アンモニアソーダ法（ソルベー法）⟵ 炭酸ナトリウムの工業的製法

① 塩化ナトリウム NaCl 飽和水溶液にアンモニア NH_3 と二酸化炭素 CO_2 を吹き込み，炭酸水素ナトリウム $NaHCO_3$ を析出させる。

② $NaHCO_3$ の熱分解により，炭酸ナトリウム Na_2CO_3 を得る。

③ ②で発生した CO_2 は，①の反応で再利用される。このとき，CO_2 の不足分は石灰石 $CaCO_3$ を熱分解することで得る。

④ ③で生成した酸化カルシウム CaO に水を加え，水酸化カルシウム $Ca(OH)_2$ を得る。

⑤ ①で生成した NH_4Cl と④で生成した $Ca(OH)_2$ を反応させる（NH_3 は回収されて①で使用されることもある）。

解き方

① $NaCl+NH_3+CO_2+H_2O \longrightarrow NaHCO_3+NH_4Cl$……答

② $2NaHCO_3 \longrightarrow Na_2CO_3+H_2O+CO_2$……答

③ $CaCO_3 \longrightarrow CaO+CO_2$……答

④ $CaO+H_2O \longrightarrow Ca(OH)_2$……答

⑤ $Ca(OH)_2+2NH_4Cl \longrightarrow CaCl_2+2H_2O+2NH_3$……答

5 ナトリウムとその化合物④

問題 レベル ★★☆

炭酸ナトリウムの工業的製法における反応について，次の問いに答えよ。

⑴ P147の5つの反応を，1つの化学反応式で表せ。

⑵ 5.85kgの塩化ナトリウム NaCl から，何kgの炭酸ナトリウム Na_2CO_3 が生成するか。ただし，原子量は C=12，O=16，Na=23，Cl=35.5 とする。

解くための材料

⑴の化学反応式の係数に着目し，何 mol の NaCl から何 mol の Na_2CO_3 が生成しているかを考える。

解き方

⑴ ①×2+②+③+④+⑤より，

$$2NaCl + CaCO_3 \longrightarrow Na_2CO_3 + CaCl_2$$ ……**答**

となります。

⑵ ⑴の化学反応式より，「2 mol の NaCl から，1 mol の Na_2CO_3 が生成する」ことがわかります。

5.85 kg（$=5.85\times10^3$ g）の NaCl の物質量は，NaCl=23+35.5=58.5 より，

$$\frac{5.85\times10^3\,\text{g}}{58.5\,\text{g/mol}}=100\,\text{mol}$$

したがって，Na_2CO_3 の物質量 x〔mol〕は，2:1=100 : x より，x=50.0 mol

よって，50.0 mol の Na_2CO_3 の質量は，Na_2CO_3=106 より，

106 g/mol×50.0 mol=5300 g=**5.30 kg**……**答**

6 ナトリウムとその化合物⑤

問題　レベル ★☆☆

下図は，ナトリウム Na の反応とナトリウムの化合物について表したものである。次の問いに答えよ。ただし，答えは 1 つとは限らない。

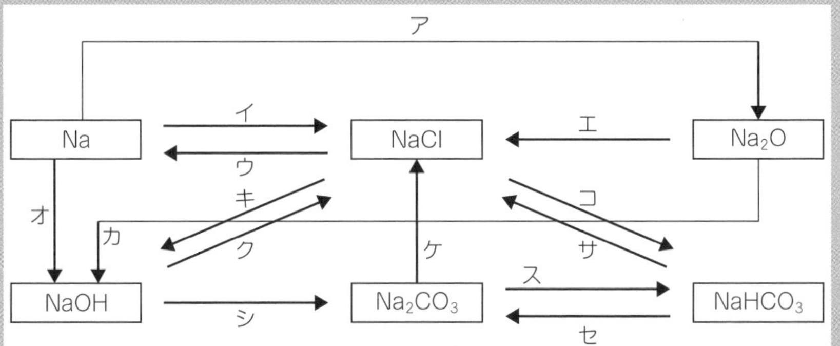

(1)　溶融塩電解を表している矢印はどれか。

(2)　HCl を加えている矢印はどれか。

(3)　アンモニアソーダ法を表している矢印はどれか。

解くための材料

溶融塩電解は P144，アンモニアソーダ法は P147 を参照。

解き方

(1)　溶融塩電解は，アルカリ金属の化合物からアルカリ金属の単体を得るときに用いられます。よって，**ウ**……答

(2)　HCl を加えている矢印は，**イ**，**エ**，**ク**，**ケ**，**サ**……答

イ：$2Na+2HCl \longrightarrow H_2+2NaCl$

エ：$Na_2O+2HCl \longrightarrow 2NaCl+H_2O$（中和）

ク：$NaOH+HCl \longrightarrow NaCl+H_2O$（中和）

ケ：$Na_2CO_3+2HCl \longrightarrow 2NaCl+H_2O+CO_2$（弱酸の遊離）

サ：$NaHCO_3+HCl \longrightarrow NaCl+H_2O+CO_2$（弱酸の遊離）

(3)　アンモニアソーダ法の $NaCl \rightarrow NaHCO_3 \rightarrow Na_2CO_3$ の反応が該当します。よって，**コ**，**セ**……答

7 2族元素とその化合物①

問題

レベル ★☆☆

2族元素の単体に関する次の記述(ア)～(オ)のうち，誤っているものを2つ選べ。

(ア) 2族元素はすべて，天然に単体では存在しない。

(イ) 2族元素はすべて，常温の水と反応する。

(ウ) 2族元素は，同周期のアルカリ金属元素と比べて，すべて融点が高い。

(エ) 2族元素はすべて，炎色反応を示す。

(オ) 2族元素はすべて，2価の陽イオンになりやすい。

解くための材料

2族元素…Be，Mg，Ca，Sr，Ba，Ra

- 価電子を2個もつため，放出して2価の陽イオンになりやすい。
- 同周期のアルカリ金属元素より融点が高く，密度が大きい。

Be，Mgを除く2族元素…Ca，Sr，Ba，Ra

- 常温の水と反応して，強い塩基性の水酸化物と水素を生じる。(Be，Mgは常温の水とは反応しない。Mgは熱水と反応する。)
- 炎色反応を示す。

解き方

(イ) 2族元素のうち，Ca，Sr，Ba，Raは常温の水と反応しますが，Be，Mgは反応しません。Mgは，熱水とのみ反応します。

$$Mg + 2H_2O \longrightarrow Mg(OH)_2 + H_2$$

(エ) 2族元素のうち，Ca，Sr，Ba，Raは炎色反応を示しますが，Be，Mgは炎色反応を示しません。

(イ)，(エ)……答

8 2族元素とその化合物②

問題

レベル ★☆☆

次の空欄を埋めよ。
酸化カルシウムは（ ① ）ともよばれ，（ ② ）を強熱してつくられる。酸化カルシウムに（ ③ ）を加えると，水酸化カルシウムが生成する。水酸化カルシウムは（ ④ ）ともよばれ，その飽和水溶液は（ ⑤ ）である。

解くための材料

- 酸化カルシウム CaO
  生石灰ともよばれる。石灰石 $CaCO_3$ を強熱して生成する。
  水を加えることで発熱し（水酸化カルシウムが生成する），発熱剤や乾燥剤に用いられる。
- 水酸化カルシウム $Ca(OH)_2$
  消石灰ともよばれる。水に少し溶けて強い塩基性を示す。水酸化カルシウムの飽和水溶液を石灰水という。

解き方

酸化カルシウム（生石灰）は，石灰石（炭酸カルシウム）を強熱して生成します。

$$CaCO_3 \longrightarrow CaO + CO_2$$

また，水酸化カルシウム（消石灰）は，酸化カルシウムに水を加えることで生成します。

$$CaO + H_2O \longrightarrow Ca(OH)_2$$

① **生石灰**　② **石灰石（炭酸カルシウム）**　③ **水**
④ **消石灰**　⑤ **石灰水**……**答**

9 2族元素とその化合物③

問題

レベル ★☆☆

次の記述(ア)~(エ)のうち，誤っているものを1つ選べ。

(ア) 石灰水に二酸化炭素を通じると，炭酸カルシウムが沈殿する。

(イ) 焼きセッコウを約140℃に加熱するとセッコウになる。

(ウ) 塩化カルシウムは，融雪剤として用いられている。

(エ) 硫酸バリウムは，X線造影剤として用いられている。

解くための材料

- 炭酸カルシウム $CaCO_3$
  石灰石や大理石などの主成分。石灰水に二酸化炭素を通じたときに生じる白色沈殿。鍾乳洞は，二酸化炭素を含む水が炭酸カルシウムを溶かすことでできたもの。加熱したり強酸と反応させたりすると，二酸化炭素が生じる。
- 硫酸カルシウム $CaSO_4$
  天然には，硫酸カルシウム二水和物（セッコウ）$CaSO_4 \cdot 2H_2O$ として産出。
  セッコウを約140℃に加熱すると，焼きセッコウ $CaSO_4 \cdot \frac{1}{2} H_2O$ になる。
  焼きセッコウに水を加えると，再びセッコウになる。
- 塩化カルシウム $CaCl_2$
  水によく溶け，空気中で潮解する。乾燥剤や融雪剤として用いられている。
- 硫酸バリウム $BaSO_4$
  塩化バリウム $BaCl_2$ 水溶液や水酸化バリウム $Ba(OH)_2$ 水溶液に希硫酸を加えることで生じる。酸や水に溶けにくく，X線を吸収する。

解き方

(イ) セッコウを約140℃に加熱することで，焼きセッコウになります。

(イ)……答

10 アルミニウムとその化合物①

問題

レベル ★☆☆

アルミニウムの単体に関する次の記述(ア)～(エ)のうち，誤っているものを１つ選べ。

(ア)　天然に多く存在している。

(イ)　展性や延性が大きく，電気や熱の伝導性にも優れており，合金の材料として用いられている。

(ウ)　濃硝酸の中に入れたり，空気中に放置したりすると，表面に酸化物の被膜をつくって内部を保護する。

(エ)　酸の水溶液とも強塩基の水溶液とも反応して，水素を発生する。

解くための材料

アルミニウムの単体

- ボーキサイトとよばれる鉱石から得られる酸化アルミニウムを，氷晶石とともに溶融塩電解することで得られる（P159 参照）。
- 空気中に放置すると，表面に酸化アルミニウムの被膜ができ，内部を保護する。これを不動態という。また，表面を人工的に酸化させ，酸化アルミニウムの被膜をつけたものをアルマイトという。
- 酸素中で熱すると，酸化アルミニウムになる。
- アルミニウムの粉末と酸化鉄(Ⅲ)の混合物をテルミットという。テルミットに点火すると，鉄の単体が得られる。
- 酸や強塩基の水溶液と反応する（このような金属を両性金属という）。

(ア)　天然には化合物（酸化アルミニウム）として存在しているので，単体は溶融塩電解して製造します。　　**(ア)**……**答**

11 アルミニウムとその化合物②

問題

レベル ★☆☆

アルミニウムの化合物に関する次の記述(ア)～(ウ)のうち，正しいものを 1 つ選べ。

(ア)　Al^{3+} を含む水溶液に少量の水酸化ナトリウム水溶液を加えると，酸化アルミニウムが沈殿する。

(イ)　酸化アルミニウムや水酸化アルミニウムは水に溶けないが，ミョウバンは水に溶ける。

(ウ)　ルビーの主成分は酸化アルミニウムなので，酸の水溶液や強塩基の水溶液にはよく溶ける。

解くための材料

- 酸化アルミニウム Al_2O_3
  アルミナともいい，両性酸化物である。酸の水溶液や強塩基の水溶液には溶けるが，水には溶けない。ルビーやサファイアの主成分（ただし，両方とも酸の水溶液や強塩基の水溶液には溶けない)。
- 水酸化アルミニウム $Al(OH)_3$
  両性水酸化物である。酸の水溶液や強塩基の水溶液には溶けるが，水には溶けない。アルミニウムイオン Al^{3+} を含む水溶液に，少量の強塩基（水酸化ナトリウム水溶液など）を加えると沈殿する。
- ミョウバン $AlK(SO_4)_2 \cdot 12H_2O$
  硫酸アルミニウムと硫酸カリウムの混合水溶液を濃縮する。なお，ミョウバンのように 2 種類以上の塩が一定の割合で結合した塩を複塩という。複塩は結晶としてのみ存在し，複塩を水に溶かすと，各成分のイオンに電離する。

解き方

(ア)　酸化アルミニウムではなく，水酸化アルミニウムです。

(ウ)　ルビーやサファイアは，酸・強塩基の水溶液には溶けません。

(イ)……**答**

12 亜鉛とその化合物

問題　レベル ★☆☆

アルミニウムと亜鉛についての次の記述(ア)～(ウ)のうち，誤っているものを１つ選べ。

(ア)　単体は，どちらも酸の水溶液や強塩基の水溶液に溶け，水素が発生する。

(イ)　酸化物・水酸化物は，どちらも酸の水溶液や強塩基の水溶液に溶ける。

(ウ)　水酸化物にアンモニア水を過剰に加えると，どちらも溶けて無色の水溶液となる。

解くための材料

亜鉛の単体
両性金属で，酸の水溶液にも強塩基の水溶液にも溶ける。
亜鉛の化合物

- 酸化亜鉛 ZnO
  亜鉛華(か)ともいい，両性酸化物である。酸の水溶液や強塩基の水溶液には溶けるが，水には溶けない。
- 水酸化亜鉛 $Zn(OH)_2$
  両性水酸化物である。酸の水溶液や強塩基の水溶液には溶けるが，水には溶けない。亜鉛イオン Zn^{2+} を含む水溶液に，少量の水酸化ナトリウム水溶液やアンモニア水などの塩基を加えると沈殿する。水酸化亜鉛の沈殿に，アンモニア水を過剰に加えると，沈殿は溶ける（テトラアンミン亜鉛(Ⅱ)イオンが生成)。

(ウ)　水酸化亜鉛にアンモニア水を過剰に加えると溶けますが，水酸化アルミニウムにアンモニア水を過剰に加えても溶けません。

(ウ)……答

13 スズ・鉛とその化合物

問題

レベル ★☆☆

次の問いに答えよ。

(1) 塩化スズ(Ⅱ)が還元剤として働いているときのイオン反応式を，電子 e^- を含む形で表せ。

(2) 鉛が塩酸に溶けにくい理由について，空欄を埋めよ。
鉛と塩酸の反応で生じた（　　　）が鉛の表面を覆うことで，反応の進行を妨げるため。

解くための材料

- スズ Sn の単体
両性金属で，酸の水溶液や強塩基の水溶液に溶ける。ブリキや青銅などの合金に用いられている。
- 鉛 Pb の単体
両性金属で，硝酸や熱濃硫酸，強塩基の水溶液には溶けるが，希硫酸や希塩酸には溶けにくい。X 線を吸収する。
- スズの化合物
塩化スズ(Ⅱ)$SnCl_2$ は水に溶ける。強い還元剤としてはたらく。化合物の酸化数には，+2 と+4 のものがあるが，+4 の化合物の方が安定である。
- 鉛の化合物
酸化鉛(Ⅱ)PbO，酸化鉛(Ⅳ)PbO_2 などがある。水に溶けにくいものが多い。化合物の酸化数には，+2 と+4 のものがあるが，+2 の化合物の方が安定である。Pb^{2+} を含む水溶液は，さまざまな陰イオンと反応して沈殿を生じる。

解き方

(1) $Sn^{2+} \longrightarrow Sn^{4+} + 2e^-$……**答**

(2) 反応で生じた $PbCl_2$ は水に溶けないため，反応の進行が妨げられます。
塩化鉛(Ⅱ)(または $PbCl_2$)……**答**

14 水銀とその化合物

問題 レベル ★☆☆

以下の文章の①～⑤の{ }について，適切な方を選べ。

水銀は，周期表の①{12族・13族}に属する元素で，常温で唯一の②{液体・気体}の金属である。また，多くの金属と合金をつくり，この合金は③{低融点合金・アマルガム}とよばれる。水銀の化合物の④{塩化水銀(Ⅰ)・塩化水銀(Ⅱ)}は毒性が強く，消毒剤として用いられていた。また，Hg^{2+} を含む水溶液を硫化水素に通じると，⑤{黒色・赤色}の沈殿が生じる。

解くための材料

水銀 Hg の単体

- 金属のうち唯一，常温で液体。融点は低く，蒸気の毒性は強い。
- 多くの金属と，アマルガムとよばれる合金をつくる。
- 硝酸や熱濃硫酸には溶けるが，塩酸や希硫酸には溶けない。

水銀の化合物

- 化合物中の Hg の酸化数は，＋1 または＋2 である。
- 塩化水銀(Ⅰ)Hg_2Cl_2 は，水に溶けにくく毒性は弱い。塩化水銀(Ⅱ)$HgCl_2$ は，水に溶けやすく毒性は強い。
- Hg^{2+} を含む水溶液に水酸化ナトリウム水溶液を加えると，黄色の酸化水銀(Ⅱ)HgO が沈殿する。Hg^{2+} を含む水溶液に硫化水素 H_2S を通じると，黒色の硫化水銀(Ⅱ)HgS が沈殿する。硫化水銀(Ⅱ)を加熱し昇華させると，結晶形が変化して赤色顔料の朱ができる。

解き方

「低融点合金」は，スズ Sn・鉛 Pb・ビスマス Bi などからなる合金のことです。

① **12族**　② **液体**　③ **アマルガム**

④ **塩化水銀(Ⅱ)**　⑤ **黒色**……答

アマルガムは，虫歯の治療などに使われていたんだよ。

15 化合物の推定

問題

レベル ★☆☆

水溶液A～Dに，以下の化合物群に示す4つの化合物のうちそれぞれ1種類ずつが溶けている。次の実験の結果から，A～Dに含まれている化合物を推定せよ。

[化合物群]

$NaHCO_3$　　HCl　　H_2SO_4　　$CaCl_2$

<実験1>

AとDを混合したところ，沈殿が生成した。この沈殿は，医療用のギプスや建築材料に利用されている。

<実験2>

BとCを混合して発生した気体は，CとDを混合して発生した気体と同じであった。

解くための材料

医療用ギプスや建築材料として使用されているのは，硫酸カルシウムであり，その二水和物はセッコウとよばれている（P152参照）。

解き方

実験1で，AとDの混合により生成した物質は，$CaSO_4$であることがわかります。したがって，AとDは，H_2SO_4または$CaCl_2$のいずれかです。

また，弱酸の塩$NaHCO_3$にHClやH_2SO_4などの強酸を加えると弱酸が遊離し，CO_2が発生します。したがって，実験2で，発生する気体が同じになる水溶液の組み合わせは，「$NaHCO_3$とHCl」と「$NaHCO_3$とH_2SO_4」です（CO_2が発生）。

よって，Cが$NaHCO_3$と決まるので，BとDはHClまたはH_2SO_4のいずれかであり，実験1の考察を踏まえて，DがH_2SO_4と決まります。

A **$CaCl_2$**　B **HCl**　C **$NaHCO_3$**　D **H_2SO_4**……

アルミニウムの溶融塩電解

アルミニウムの単体は，工業的にはP153で学習したように溶融塩電解によってつくられます。その製法手順について見ていくことにしましょう。

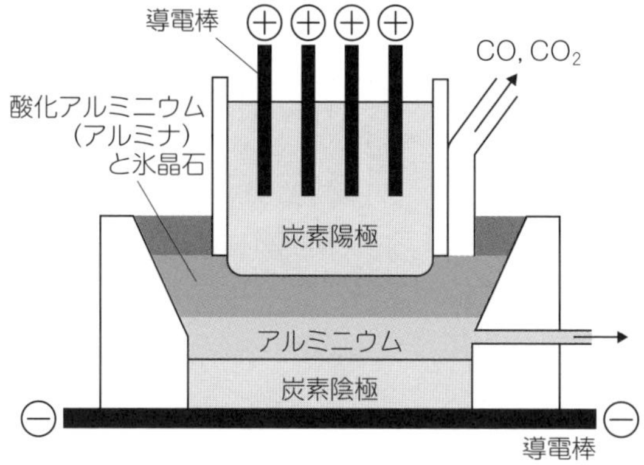

① 原料の鉱石であるボーキサイトを精製することで，純粋な酸化アルミニウム（アルミナ）を得ます。

② ①で得られた酸化アルミニウムを，加熱して融解した氷晶石に溶かします。

酸化アルミニウムの融点が高いから，氷晶石を使って融点を下げるんだよ！

そうか！

③ 電極に炭素を用いて電気分解をします（溶融塩電解）。

陽極：$C+O^{2-} \longrightarrow CO+2e^-$

$C+2O^{2-} \longrightarrow CO_2+4e^-$

陰極：$Al^{3+}+3e^- \longrightarrow Al$

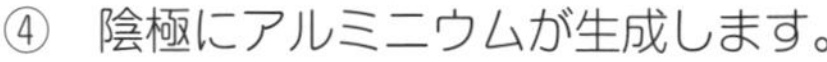

④ 陰極にアルミニウムが生成します。

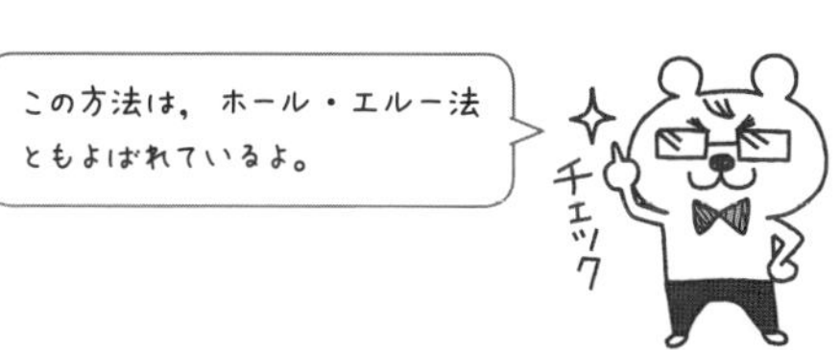

この方法は，ホール・エルー法ともよばれているよ。
チェック

1 遷移元素の性質

問題 レベル ★☆☆

遷移元素の性質に関する次の記述(ア)～(エ)のうち，正しいものを1つ選べ。

(ア) 周期表では，第4周期以降に現れ，横に並んだ元素の性質が似ていることが多い。
(イ) 単体には，金属元素と非金属元素のものがある。
(ウ) どの遷移元素でも，同一の元素においては，酸化数は1つだけである。
(エ) イオンや化合物には，無色のものが多い。

解くための材料

遷移元素の性質

- 周期表で横に並んでいる元素の性質が似ていることが多い。
- 典型元素の金属に比べると，融点が高く，密度が大きい。
- 同一の元素で，価数が異なるイオンをもつもの，複数の酸化数をとるものが多い。
- イオンや化合物が有色であるものが多い。
- 錯イオン（P174参照）となるものが多い。
- 単体や化合物が，触媒や酸化剤に利用されるものが多い。

解き方

(イ) 単体は，すべて金属元素です。
(ウ) 同一の元素でも，複数の酸化数をとるものが多く存在します。
(エ) イオンや化合物は，有色のものが多いです。

(ア)……答

2 遷移元素の化合物

問題 レベル ★☆☆

次の化合物の化学式を書け。

(1) 塩化銀

(2) 硫酸銅（Ⅱ）

(3) 水酸化鉄（Ⅲ）

(4) 過マンガン酸カリウム

解くための材料

イオンからなる物質の陽イオンと陰イオンの関係は，以下のように表される。

(陽イオンの価数) × (陽イオンの個数) = (陰イオンの価数) × (陰イオンの個数)

つまり，

(陽イオンの個数) : (陰イオンの個数) = (陰イオンの価数) : (陽イオンの価数)

解き方

(1) 塩化銀は，1 価の銀イオン Ag^{+} と 1 価の塩化物イオン Cl^{-} からなるので，その個数の比は，Ag^{+} : Cl^{-} = 1 : 1 となります。よって，化学式は $AgCl$ です。

(2) 硫酸銅（Ⅱ）は，2 価の銅イオン Cu^{2+} と 2 価の硫酸イオン SO_4^{2-} からなるので，その個数の比は，Cu^{2+} : SO_4^{2-} = 1 : 1 となります。よって，化学式は $CuSO_4$ です。

(3) 水酸化鉄（Ⅲ）は，3 価の鉄イオン Fe^{3+} と 1 価の水酸化物イオン OH^{-} からなるので，その個数の比は，Fe^{3+} : OH^{-} = 1 : 3 となります。よって，化学式は $Fe(OH)_3$ です。

(4) 過マンガン酸カリウムは，1 価のカリウムイオン K^{+} と 1 価の過マンガン酸イオン MnO_4^{-} からなるので，その個数の比は，K^{+} : MnO_4^{-} = 1 : 1 となります。よって，化学式は $KMnO_4$ です。

(1) **$AgCl$**　(2) **$CuSO_4$**　(3) **$Fe(OH)_3$**　(4) **$KMnO_4$**……答

金属元素（Ⅱ）遷移元素

3 鉄とその化合物

問題

レベル ★☆☆

次の空欄を埋めよ。

鉄の単体は，希酸には溶けるが，濃硝酸には（　①　）となって溶けない。化合物には，（　②　）とよばれる酸化鉄(Ⅲ)Fe_2O_3 や，（　③　）とよばれる四酸化三鉄 Fe_3O_4 などがある。(②) は内部まで進行するのに対し，(③) は内部を保護する。

解くための材料

鉄の単体

- 灰白色の金属で，イオン化傾向は比較的大きい。
- 塩酸や希硫酸には溶け，水素を発生して鉄(Ⅱ)イオン Fe^{2+} となるが，濃硝酸には溶けない（不動態となる）。

酸化鉄

- 鉄を湿った空気中に放置すると，赤さび（酸化鉄(Ⅲ)Fe_2O_3）を生じる。
- 鉄を強熱すると，黒さび（四酸化三鉄 Fe_3O_4）を生じる。

解き方

赤さびは，きめが粗くて表面には密着せず，内部を保護しません。これに対し，黒さびは，きめが細かく表面に密着するため，内部を保護します。

① **不動態**　② **赤さび**　③ **黒さび**……答

鉄の酸化数が+2の化合物は，
+3の化合物に変化しやすいんだよ。

4 鉄の製造

問題 レベル ★☆☆

右図は，鉄の工業的製法を表している。次の問いに答えよ。

(1) 図中のAは，鉄鉱石に含まれている酸化鉄が還元されるときに生成する物質を順に示している。
①，②にあてはまる物質を，化学式で答えよ。

(2) 図中の③，④にあてはまる語句を答えよ。

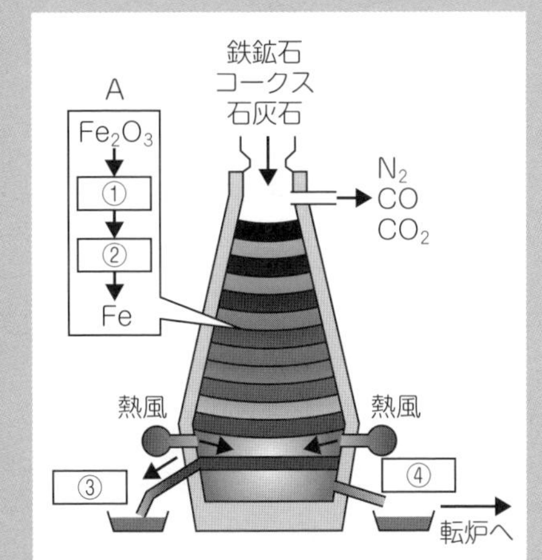

解くための材料

鉄の工業的製法

溶鉱炉に，鉄鉱石（赤鉄鉱（主成分 Fe_2O_3）・磁鉄鉱（主成分 Fe_3O_4）），コークス C，石灰石 $CaCO_3$ を入れて，溶鉱炉の下から熱風を送ると，コークスから生じた一酸化炭素によって鉄鉱石が還元される。

このときに得られた鉄を，銑鉄(せんてつ)（炭素含有量：約4%）といい，同時にスラグとよばれる不純物ができるので，これを除去する。銑鉄を転炉に入れ，酸素を吹き込むと，鋼(こう)（炭素含有量：2～0.02%）が得られる。

解き方

Fe_2O_3 から Fe を得るまでの反応は，以下のようになる。

$$\left.\begin{array}{l} 3Fe_2O_3+CO \longrightarrow 2Fe_3O_4+CO_2 \\ Fe_3O_4+CO \longrightarrow 3FeO+CO_2 \\ FeO+CO \longrightarrow Fe+CO_2 \end{array}\right\} Fe_2O_3+3CO \longrightarrow 2Fe+3CO_2$$

(1)① **Fe_3O_4**　② **FeO**　(2)③ **スラグ**　④ **銑鉄**……答

5 鉄イオン

問題

レベル ★☆☆

下図は，鉄の化合物および鉄イオンの関係を表している。

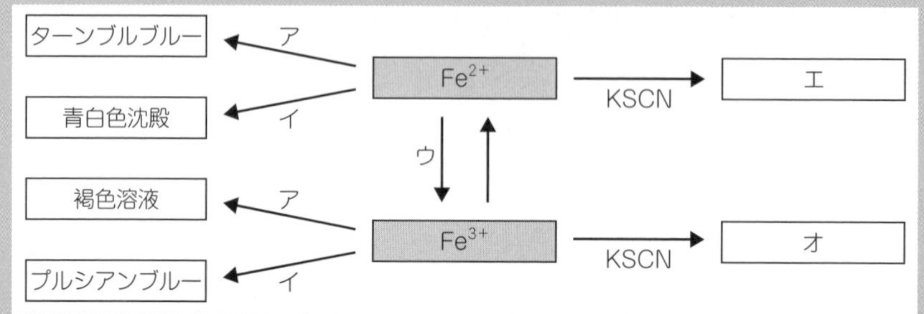

(1) Fe^{2+}，Fe^{3+} を含む水溶液の色をそれぞれ答えよ。

(2) ア，イにあてはまる試薬を化学式で答えよ。

(3) ウは，酸化または還元のいずれか。

(4) エ，オにあてはまることばを，下の例にならって書け。

例：「変化しない」「黒色沈殿」「黒色溶液」

解くための材料

試薬水溶液	NaOH	$K_4[Fe(CN_6)]$	$K_3[Fe(CN_6)]$	KSCN
Fe^{2+}（淡緑色）	$Fe(OH)_2$ 緑白色沈殿	青白色沈殿	濃青色沈殿（ターンブルブルー）	変化しない
Fe^{3+}（黄褐色）	$Fe(OH)_3$ 赤褐色沈殿	濃青色沈殿（プルシアンブルー）	褐色溶液	血赤色溶液

解き方

(3) Fe^{2+} は酸素 O_2 などの酸化剤によって酸化され，Fe^{3+} は硫化水素 H_2S などの還元剤を作用させることで還元されます。

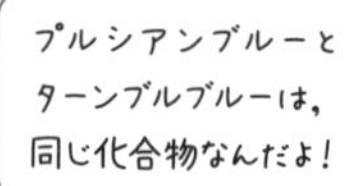

プルシアンブルーと
ターンブルブルーは，
同じ化合物なんだよ！

(1) Fe^{2+}…**淡緑色**　Fe^{3+}…**黄褐色**

(2) ア **$K_3[Fe(CN)_6]$**　イ **$K_4[Fe(CN)_6]$**

(3) **酸化**

(4) エ **変化しない**　オ **血赤色溶液**……答

6 銅とその化合物

問題　　レベル★☆☆

次の記述(ア)～(エ)のうち，正しいものを１つ選べ。

(ア)　銅を乾いた空気中に放置しておくと，緑青(ろくしょう)とよばれるさびを生じる。

(イ)　銅とスズの合金は，青銅とよばれる。

(ウ)　銅を空気中で，1000℃以上にして加熱すると，酸化銅(Ⅱ)が生成する。

(エ)　硫酸銅(Ⅱ)五水和物を加熱すると，青色の硫酸銅(Ⅱ)の無水物が生成する。

解くための材料

銅の単体

- 電気伝導性・熱伝導性にすぐれ，展性・延性に富む。
- 乾いた空気中では酸化されにくいが，湿った空気中では酸化されて緑青とよばれるさびを生じる。
- 合金の材料として用いられる。黄銅は銅と亜鉛，青銅は銅とスズの合金。

銅の化合物

- 空気中で銅を，1000℃以下で加熱すると黒色の酸化銅(Ⅱ)CuO，1000℃以上で加熱すると赤色の酸化銅(Ⅰ)Cu_2O が生成する。
- 硫酸銅(Ⅱ)五水和物 $CuSO_4 \cdot 5H_2O$（青色結晶）を加熱すると，硫酸銅(Ⅱ)の無水物 $CuSO_4$（白色粉末）となる。この無水物に水を吸収させると，もとの五水和物に戻る。

解き方

(ア)　緑青は，銅を湿った空気中で酸化することで生じます。

(ウ)　1000℃以上で加熱して生成するのは酸化銅(Ⅰ)です。

(エ)　硫酸銅(Ⅱ)の無水物は白色粉末です。

7 銅の製造

問題

レベル ★☆☆

次の記述(ア)~(エ)のうち，誤っているものを１つ選べ。

(ア) 黄銅鉱を空気とともに加熱すると，粗銅が得られる。

(イ) 粗銅板を陽極，純銅板を陰極として，硫酸銅(Ⅱ)水溶液を電気分解すると，陰極に純銅が析出する。

(ウ) 陽極では，溶液の中の銅(Ⅱ)イオンが電子を受け取る。

(エ) 陽極泥は，銅よりイオン化傾向が小さい金属が陽極からはがれ落ちてたまったものである。

解くための材料

銅の製造（銅の電解精錬）

① 黄銅鉱（主成分 $CuFeS_2$）に石灰石・けい砂を混ぜ，空気とともに加熱することで，粗銅（純度は99%）が得られる。

② 粗銅板を陽極，純銅板を負極とし，硫酸銅(Ⅱ)水溶液を電気分解すると，陽極は溶解し，陰極に純銅（純度は99.99%以上）が析出する。陽極の下には，陽極泥とよばれる不純物がたまる。

陰極：$Cu^{2+} + 2e^- \longrightarrow Cu$

陽極：$Cu \longrightarrow Cu^{2+} + 2e^-$

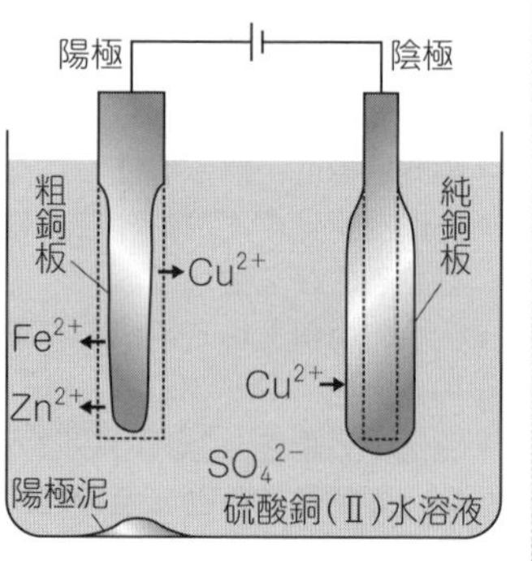

解き方

(ウ) 陽極では，銅原子が電子を失って銅(Ⅱ)イオンとなり溶け出します。陰極では，硫酸銅(Ⅱ)水溶液中の銅(Ⅱ)イオンが電子を受け取って銅が析出します。

(ウ)……答

8 銅(Ⅱ)イオン

問題

レベル ★☆☆

次の問いに答えよ。

(1) 銅(Ⅱ)イオンを含む水溶液に硫化水素を通じたときに生じる物質の化学式とその色を書け。

(2) 水酸化銅(Ⅱ)に過剰のアンモニア水を加えると，溶液の色はどのような色に変化するか。

(3) 酸化銅(Ⅱ)と希硫酸を反応させたときの化学反応式を書け。

解くための材料

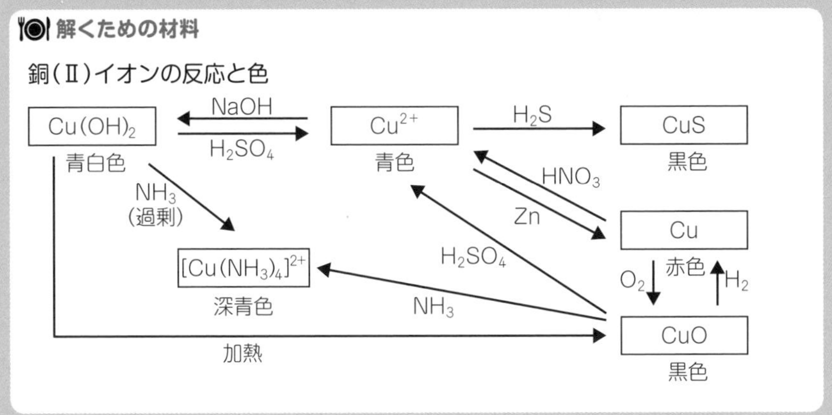

解き方

(1) 銅(Ⅱ)イオンを含む水溶液に硫化水素を通じると，硫化銅(Ⅱ)が生じます。

$Cu^{2+}+S^{2-} \longrightarrow CuS$　　**CuS，黒色**……答

(2) 青白色の水酸化銅(Ⅱ)に過剰のアンモニア水を加えると，テトラアンミン銅(Ⅱ)イオン（と水酸化物イオン）が生じ，溶液は深青色になります。

$Cu(OH)_2+4NH_3 \longrightarrow [Cu(NH_3)_4]^{2+}+2OH^-$　　**深青色**……答

(3) 酸化銅(Ⅱ)は塩基性酸化物で，希硫酸を反応させると，以下のように反応します。

$CuO+H_2SO_4 \longrightarrow CuSO_4+H_2O$……答

9 銀の反応

問題 レベル ★☆☆

次の記述(ア)~(ウ)のうち，誤っているものを1つ選べ。

(ア) 硝酸銀水溶液に塩化ナトリウム水溶液を加えると，塩化銀の白色沈殿が生成する。

(イ) ハロゲン化銀に光を当てると分解する反応は，写真のフィルムに利用されている。

(ウ) 銀イオンを含む水溶液に水酸化ナトリウム水溶液を加えても，沈殿は生成しない。

解くための材料

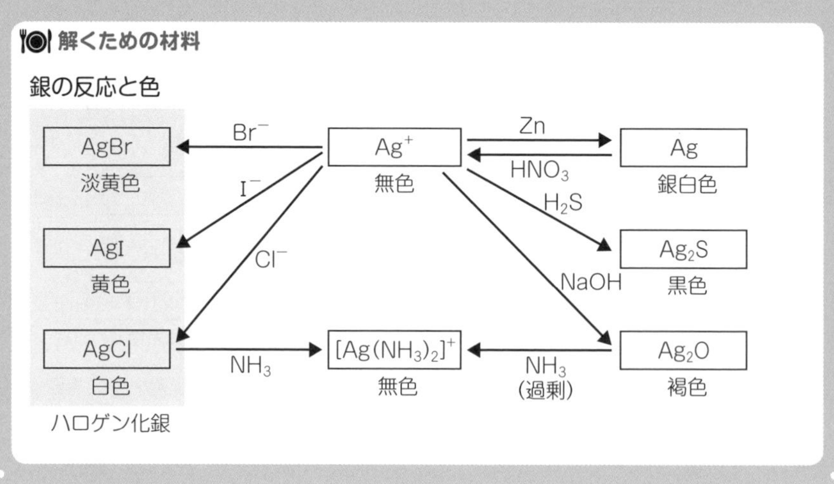

解き方

(ウ) 銀イオンを含む水溶液に水酸化ナトリウム水溶液を加えると，酸化銀の褐色沈殿が生じます。

$$2Ag^{+}+2OH^{-} \longrightarrow Ag_2O+H_2O$$

(ウ)……答

10 クロム酸イオン・過マンガン酸イオンの反応

問題

レベル ★☆☆

次の問いに答えよ。

(1) 二クロム酸カリウム水溶液に水酸化カリウム水溶液を加えたときのイオン反応式と，水溶液の色の変化を書け。

(2) 過マンガン酸カリウムは，硫酸酸性水溶液中では，酸化作用・還元作用のいずれを示すか。

解くための材料

クロム酸イオンの反応と色

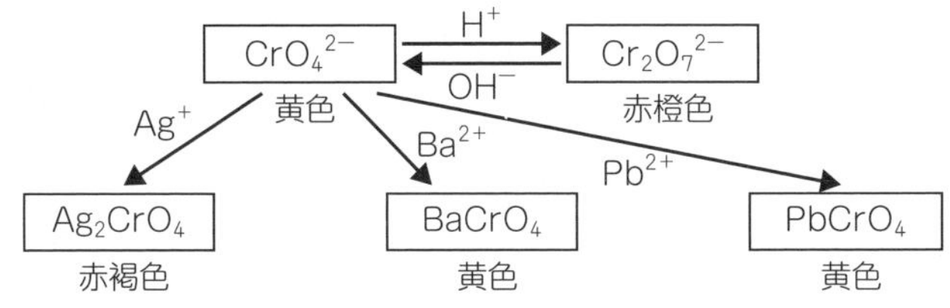

過マンガン酸イオンの反応と色

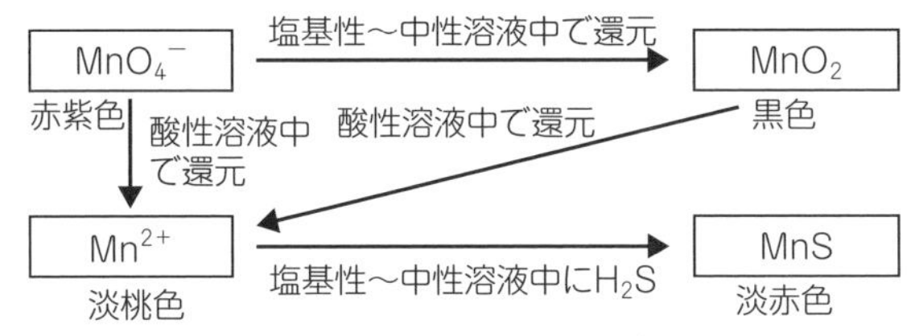

解き方

(1) イオン反応式は $\mathbf{Cr_2O_7^{2-}+2OH^- \longrightarrow 2CrO_4^{2-}+H_2O}$，色は**赤橙色から黄色**に変化します。……答

(2) 過マンガン酸カリウムは，酸性溶液中では以下の反応式のような**酸化作用**を示します。……答

$$MnO_4^- + 8H^+ + 5e^- \longrightarrow Mn^{2+} + 4H_2O$$

11 酸化マンガン（Ⅳ）

問題　レベル ★☆☆

酸化マンガン（Ⅳ）に関する次の記述（ア）～（エ）のうち，誤っているものを１つ選べ。

（ア）　黒色の粉末で，水には溶けない。

（イ）　マンガン乾電池の正極に用いられている。

（ウ）　過酸化水素との反応により酸素が発生する反応では，酸化マンガン（Ⅳ）は酸化剤としてはたらいている。

（エ）　濃塩酸との反応により塩素が発生する反応では，酸化マンガン（Ⅳ）は酸化剤としてはたらいている。

解くための材料

酸化マンガン（Ⅳ）は，マンガン乾電池で酸化剤として用いられるほか，反応の触媒としても用いられている。

解き方

（イ）　マンガン乾電池は，正極に酸化マンガン（Ⅳ），負極に亜鉛，電解質に塩化亜鉛を主成分とした水溶液が用いられた電池です。

（ウ）　酸化マンガン（Ⅳ）と過酸化水素の反応では，酸化マンガン（Ⅳ）は触媒としてはたらいています。

$$2H_2O_2 \longrightarrow 2H_2O + O_2$$

（エ）　酸化マンガン（Ⅳ）と濃塩酸の反応は，以下の反応式のようになります。

$$MnO_2 + 4HCl \longrightarrow MnCl_2 + 2H_2O + Cl_2$$

（ウ）……答

12 金属イオンの分離①

問題

レベル ★☆☆

次の空欄を埋めよ。
Ag^+ または Ba^{2+} のいずれかを含む水溶液にクロム酸カリウム水溶液を加えたところ，赤褐色の沈殿が生成した。このことから，この水溶液に含まれている金属イオンは，（ ① ）と推定できる。
また，Fe^{2+} と Cu^{2+} を含む水溶液に，酸性下で硫化水素を通じると，沈殿が生成した。この沈殿は，化学式で書くと（ ② ）である。

解くための材料

水への溶解性

- 硝酸塩，アンモニウム塩，酢酸塩，アルカリ金属元素の塩は水によく溶ける。
- 強酸の塩である硫酸塩・塩化物は，水に溶けるものが多い。ただし，硫酸塩の $CaSO_4$，$BaSO_4$，$PbSO_4$，塩化物の $AgCl$，$PbCl_2$ は水に溶けにくい。なお，$PbCl_2$ は，熱水には溶ける。
- 水酸化物は，水に溶けにくい。ただし，アルカリ金属元素の水酸化物は水に溶け，アルカリ土類金属元素の水酸化物は水に少し溶ける。
- 炭酸塩，硫化物は水に溶けにくい。ただし，アルカリ金属元素の炭酸塩，1 族元素・2 族元素の硫化物は水に溶ける。

硫化物の沈殿⟵ 硫化水素 H_2S を通じる

- 水溶液が酸性・塩基性・中性のどれでも沈殿…Ag^+，Cu^{2+}，Pb^{2+}，Hg^{2+}
- 水溶液が中性・塩基性のどちらでも沈殿…Zn^{2+}，Mn^{2+}，Fe^{2+}，Fe^{3+}
- 沈殿しない…Na^+，K^+，Ca^{2+}，Ba^{2+}

解き方

① クロム酸カリウム水溶液を加えて赤褐色の沈殿が生成したので，この沈殿がクロム酸銀 Ag_2CrO_4 であることがわかります。 クロム酸イオンの反応と色は P169

② 酸性下で硫化水素を通じて沈殿するのは，硫化銅(Ⅱ)CuS です。

$$Cu^{2+} + H_2S \longrightarrow CuS + 2H^+$$

① **Ag^+**　② **CuS**……答

13 金属イオンの分離②

問題 レベル★☆☆

Ca^{2+}，Zn^{2+}，Pb^{2+} をそれぞれ含んでいる混合水溶液がある。次の問いに答えよ。

(1) この混合水溶液を白金線の先につけて炎の中に入れると，炎は何色になると考えられるか。

(2) この混合水溶液に塩酸を加えると，沈殿は存在するか。存在する場合には，沈殿する物質の化学式を書け。

(3) この混合水溶液に過剰量の水酸化ナトリウム水溶液を加えると，沈殿は存在するか。存在する場合には，沈殿する物質の化学式を書け。

解くための材料

水酸化物の沈殿←水酸化ナトリウム水溶液またはアンモニア水を加える

アルカリ金属元素，アルカリ土類金属元素以外（のイオン）は水酸化物が沈殿する。水酸化物の沈殿のうち，

① $Zn(OH)_2$，$Cu(OH)_2$，Ag_2O は過剰のアンモニア水に溶ける。

② $Zn(OH)_2$，$Al(OH)_3$，$Pb(OH)_2$ は過剰の水酸化ナトリウム水溶液に溶ける。

③ $Fe(OH)_3$ は過剰のアンモニア水にも過剰の水酸化ナトリウム水溶液にも溶けない。

解き方

(1) 3つのイオンのうち，炎色反応を示すのは Ca^{2+} のみですから，炎は橙赤色になると考えられます。

(2) Pb^{2+} と Cl^- の反応によって塩化鉛(Ⅱ) $PbCl_2$ が生成します。

(3) 少量の水酸化ナトリウム水溶液との反応により生じた $Ca(OH)_2$ の白色沈殿が，水酸化ナトリウム水溶液を過剰にしても溶けずにそのまま残ります。

(1) **橙赤色**　(2) **$PbCl_2$**

(3) **$Ca(OH)_2$**……答

14 金属イオンの系統分離

問題 レベル ★★☆

金属イオン Ag^{+}, Ca^{2+}, Cu^{2+}, Al^{3+} を含む混合溶液を用いて, 操作 1〜3 を行った。沈殿 A〜C の化学式と, ろ液 D に含まれるイオンの化学式を書け。

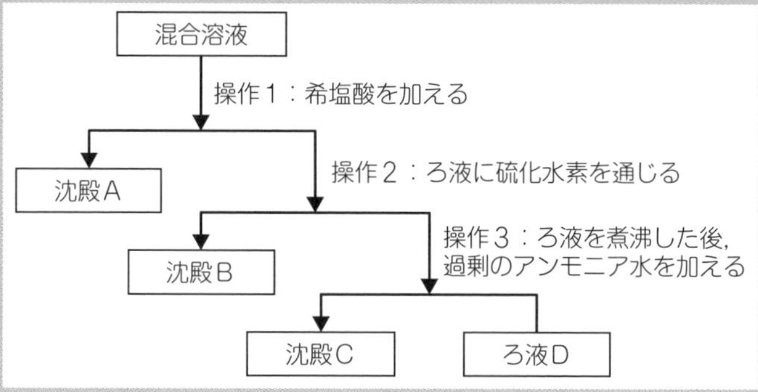

混合溶液
↓ 操作 1：希塩酸を加える
沈殿A ／ ろ液
↓ 操作 2：ろ液に硫化水素を通じる
沈殿B ／ ろ液
↓ 操作 3：ろ液を煮沸した後, 過剰のアンモニア水を加える
沈殿C ／ ろ液D

解くための材料

それぞれの操作により, 沈殿する物質と沈殿せずにろ液に入る物質に分ける。

解き方

操作 1 では, 混合溶液に希塩酸を加えることで, Ag^{+} のみが沈殿します。つまり, 沈殿 A は AgCl です。操作 1 終了後のろ液には, Ca^{2+}, Cu^{2+}, Al^{3+} が含まれており, 希塩酸を加えたことで, ろ液は酸性になっています。

操作 2 では, 酸性のもとで硫化水素を通じているので, Cu^{2+} のみが沈殿します。つまり, 沈殿 B は CuS です。操作 2 終了後のろ液には, Ca^{2+}, Al^{3+} が含まれています。

操作 3 では, まずろ液を煮沸することで硫化水素を除いています。過剰のアンモニア水を加えると Al^{3+} が沈殿するので, 沈殿 C は水酸化アルミニウム $Al(OH)_3$ です。よって, ろ液 D に含まれるイオンは Ca^{2+} です。

沈殿 A…**AgCl**　　沈殿 B…**CuS**
沈殿 C…**$Al(OH)_3$**　　ろ液 D…**Ca^{2+}**……答

錯イオン

金属イオンを中心にして，非共有電子対をもつ分子や陰イオンが配位結合してできたイオンを，錯イオンといいます。

錯イオンにおいて，配位結合している分子やイオンを配位子，中心の金属イオンに結合できる配位子の数を配位数といいます。

たとえば，ジアンミン銀(Ⅰ)イオン$[Ag(NH_3)_2]^+$とよばれる錯イオンは，銀イオンAg^+を中心とし，これに2つのアンモニア分子NH_3が配位結合してできたイオンです。

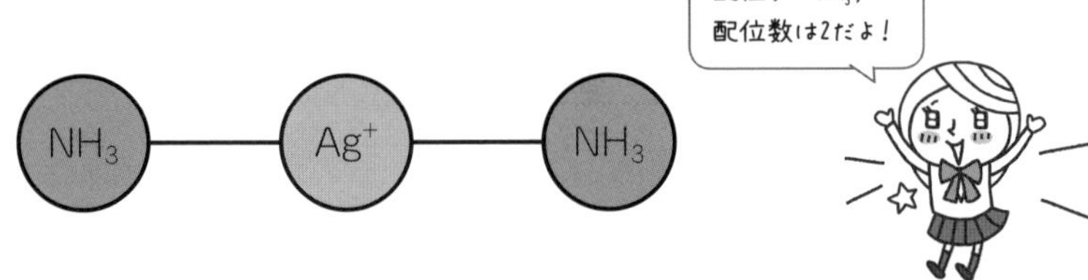

また，名称や化学式は，以下の数詞（ギリシャ語）や配位子の名称を用いて書きます。

配位子	Cl^-	CN^-	OH^-	H_2O	NH_3
名　称	クロリド	シアニド	ヒドロキシド	アクア	アンミン

数	1	2	3	4	5	6
数　詞	モノ	ジ	トリ	テトラ	ペンタ	ヘキサ

（例）　ヘキサシアニド鉄(Ⅲ)酸イオン　$[Fe(CN)_6]^{3-}$の名称と化学式の成り立ち

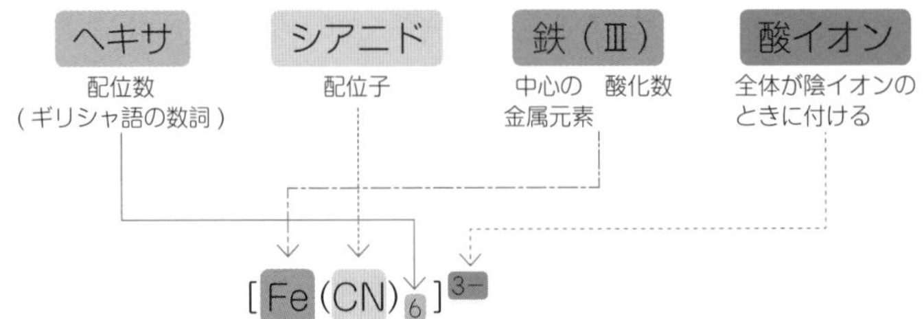

有機化合物

1 有機化合物の特徴

問題 レベル ★☆☆

有機化合物に関する次の記述(ア)～(エ)のうち，誤っているものを1つ選べ。

(ア) 有機化合物でないものは，すべて無機化合物である。

(イ) 構成元素の種類は少ないが，化合物の種類は多い。

(ウ) 分子式が同じでも，性質や構造が異なる化合物がある。

(エ) 有機化合物は，水に溶けやすく有機溶媒に溶けにくい。

解くための材料

有機化合物と無機化合物

構成元素に炭素が含まれている化合物を有機化合物，それ以外の化合物を無機化合物という。

有機化合物の特徴

- 炭素 C，水素 H，酸素 O などの少ない種類の元素で構成されている。
- 有機化合物の種類は，無機化合物と比較すると非常に多い。
- 分子からなる物質で，無機化合物と比較すると融点や沸点は低い。
- 水に溶けにくく有機溶媒に溶けやすい化合物が多い。
- 反応を進行させるには，加熱や触媒が必要なことが多い。

解き方

(ウ) 分子式が同じであっても，原子の結合のしかたが異なる構造異性体や，立体的な構造が異なる幾何異性体などのように，構造や性質が異なるものがあります。 構造異性体は P185 幾何異性体は P190

(エ) 有機化合物は，水には溶けにくいですが，ジエチルエーテルなどの有機溶媒にはよく溶けます。

(エ)……答

2 有機化合物の分離と精製

問題

レベル ★☆☆

次の問いに答えよ。

(1) 抽出に関する次の記述(ア)～(エ)について，正しいものを１つ選べ。

(ア) お茶の葉から，味や香りなどの成分を取り出すことができる。

(イ) 原油から，灯油を取り出すことができる。

(ウ) 溶媒には，目的物質を溶かさないものを用いる。

(エ) 上層と下層の二層に分かれた溶液は，いずれも活栓を開けて下から流出させる。

(2) 右図のように，吸着剤をガラス管に詰め，試料を入れて溶媒を上から入れると，試料の成分が分離される。この操作のことを何というか。

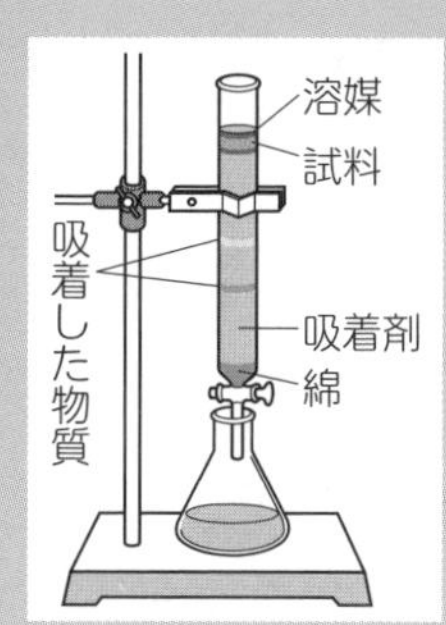

解くための材料

抽出の手順

① 目的物質が含まれている混合物と，目的物質を溶かす溶媒を右図のような分液漏斗に入れる。

② ①の分液漏斗を振り混ぜると，目的物質が溶媒に溶け込む。

③ 分液漏斗内の溶液が二層に分かれるので，下層を流す。

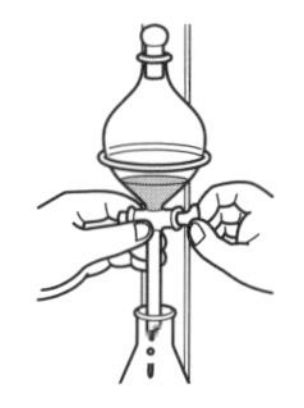

解き方

(1) (イ)は，分留です。(ウ)は，溶媒として「目的物質のみを溶かす」ものを用います。(エ)は，活栓を開けて下から流出させるのは，下層の溶液のみです。上層の溶液は，上の口から取り出します。 **(ア)**……

(2) **カラムクロマトグラフィー**（または**クロマトグラフィー**）……答

3 成分元素の検出①

問題

レベル ★☆☆

ある元素が含まれた化合物を焼いた銅線につけて炎の中に入れたところ，炎の色が青緑色になった。このことから，この化合物に含まれている元素は何であると考えられるか。

解くための材料

成分元素の検出

元素	操作	生成物	検出
C	完全燃焼	二酸化炭素 CO_2	石灰水の白濁
H	完全燃焼	水 H_2O	塩化コバルト紙が淡赤色に変化 白色の硫酸銅(Ⅱ)無水物が青色に変化
N	水酸化ナトリウムNaOHを加えて加熱	アンモニア NH_3	濃塩酸を近づけると白煙が発生 湿らせた赤色リトマス紙が青色に変化
S	ナトリウムNaを加えて加熱	硫化ナトリウム Na_2S	水に溶かして酢酸鉛(Ⅱ)$(CH_3COO)_2Pb$水溶液を加えると，黒色沈殿が生成
Cl	焼いた銅線につけて炎の中に入れる	塩化銅(Ⅱ) $CuCl_2$	青緑色の炎色反応

解き方

炎の色が青緑色に変化したことから，この化合物には塩素が含まれていることがわかります。

塩素……答

4 成分元素の検出②

問題 レベル ★☆☆

グルコースの成分元素を調べるため，グルコースと酸化銅（Ⅱ）の混合物を試験管に入れて完全燃焼した。完全燃焼の後，発生した気体を石灰水に通すと，白く濁った。また，試験管の口にたまった液体を塩化コバルト紙につけると，淡赤色に変化した。このことから，グルコースの成分元素として考えられるものは何か。すべて答えよ。

解くための材料

成分元素の検出

元素	操作	生成物	検出
C	完全燃焼	二酸化炭素 CO_2	石灰水の白濁
H	完全燃焼	水 H_2O	塩化コバルト紙が淡赤色に変化 白色の硫酸銅（Ⅱ）無水物が青色に変化
N	水酸化ナトリウムNaOHを加えて加熱	アンモニア NH_3	濃塩酸を近づけると白煙が発生 湿らせた赤色リトマス紙が青色に変化
S	ナトリウムNaを加えて加熱	硫化ナトリウム Na_2S	水に溶かして酢酸鉛（Ⅱ）$(CH_3COO)_2Pb$水溶液を加えると，黒色沈殿が生成
Cl	焼いた銅線につけて炎の中に入れる	塩化銅（Ⅱ） $CuCl_2$	青緑色の炎色反応

解き方

発生した気体を石灰水に通すと白く濁ったことから，この気体は二酸化炭素であることがわかります。燃焼して二酸化炭素になるのは炭素です。また，塩化コバルト紙を淡赤色に変化させたことから，この試験管の口にたまった液体は水です。燃焼して水になるのは水素ですから，この化合物には水素が含まれていることがわかります。　**炭素，水素**……答

5 元素分析①

問題 レベル ★☆☆

下図は，炭素・水素・酸素のみで構成される有機化合物の，元素分析の装置である。次の問いに答えよ。

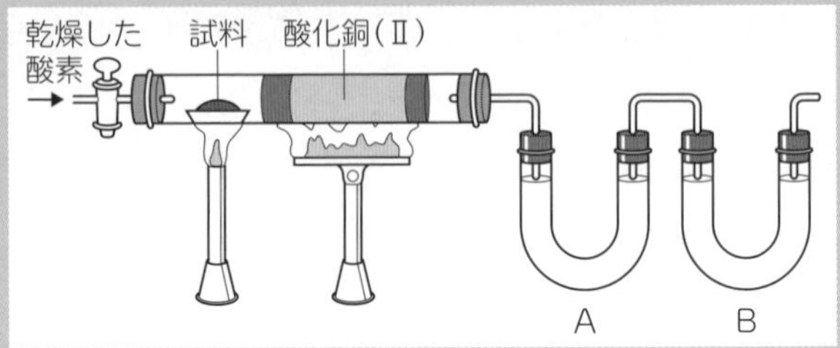

(1) 酸化銅(Ⅱ)は酸化剤・還元剤いずれの働きをしているか。

(2) 管 A，B は，塩化カルシウム管，ソーダ石灰管のいずれかである。管 A はどちらか。

解くための材料

元素分析の装置における実験の手順

① 乾燥した酸素を通しながら，試料を完全燃焼させると，生成した H_2O（成分元素の H）は塩化カルシウム管で，CO_2（成分元素の C）はソーダ石灰管で吸収される。

② 完全燃焼前後の塩化カルシウム管とソーダ石灰管の質量から，増加した質量を求める。

解き方

(1) 酸化銅(Ⅱ)は，不完全燃焼によって生じた一酸化炭素をすべて酸化させ，二酸化炭素にするためのものです。つまり，すべてを完全燃焼させるための**酸化剤**の働きをしている，といえます。……答

(2) 塩化カルシウム管では H_2O を，ソーダ石灰管では CO_2 を吸収します。ソーダ石灰は H_2O と CO_2 の両方を吸収してしまうため，塩化カルシウム管を先に置いて，塩化カルシウム管で H_2O を吸収させます。つまり，管 A は**塩化カルシウム管**です。……答

6 元素分析②

問題 レベル ★☆☆

炭素・水素・酸素だけからなる有機化合物 2.3mg を元素分析したところ，CO_2 が 4.4mg，H_2O が 2.7mg 生成した。この化合物の組成式を求めよ。ただし，原子量は H＝1.0，C＝12，O＝16 とする。

解くための材料

組成式の求め方

① 元素分析して生じた CO_2 と H_2O の質量から，この有機化合物に含まれる C と H，および O の質量を，次のように求める。

$$(\text{Cの質量}) = (CO_2\text{の質量}) \times \frac{12}{44} \begin{array}{l} \leftarrow \text{Cの原子量} \\ \leftarrow CO_2\text{の分子量} \end{array}$$

$$(\text{Hの質量}) = (H_2O\text{の質量}) \times \frac{2.0}{18} \begin{array}{l} \leftarrow \text{Hの原子量}\times 2 \\ \leftarrow H_2O\text{の分子量} \end{array}$$

(O の質量)＝(試料の質量)－(C の質量＋H の質量)

② 物質量の比を求める。← 物質量＝$\dfrac{\text{質量}}{\text{モル質量}}$

③ (原子の数の比)＝(物質量の比) から，原子の数の比を求めて (簡単にし)，それぞれの元素記号の右下に書く。

解き方

この有機化合物に含まれる C，H の質量は，CO_2＝44，H_2O＝18 より，

$$(\text{C の質量}) = 4.4 \times \frac{12}{44} = 1.2\,\text{mg} \qquad (\text{H の質量}) = 2.7 \times \frac{2.0}{18} = 0.30\,\text{mg}$$

です。したがって，O の質量は，

$$2.3 - (1.2 + 0.30) = 0.8\,\text{mg}$$

ですから，物質量の比は，

$$\text{C : H : O} = \frac{1.2}{12} : \frac{0.30}{1.0} : \frac{0.8}{16} = 2 : 6 : 1$$

よって，この有機化合物の組成式は，C_2H_6O……**答**

比だから，mgをgに直したり，g/molをmg/molに直したりしなくていいんだよ！

7 元素分析③

問題　レベル ★★☆

炭素・水素・酸素だけからなる有機化合物 12.0mg を元素分析したところ，CO_2 が 26.4mg，H_2O が 14.4mg 生成した。ただし，原子量は H＝1.0，C＝12，O＝16 とする。

(1)　この化合物の組成式を求めよ。

(2)　分子量が 120 であるとき，この化合物の分子式を求めよ。

解くための材料

分子式の求め方

①　組成式を求める（P181 参照）。

②　(分子量)＝(組成式の式量)×n の関係式から n を求める。

③　n を整数として，(組成式)$_n$ を求め，(分子式)＝(組成式)$_n$ の関係より，各元素の原子の数を n 倍する。

解き方

(1)　この有機化合物に含まれる C，H の質量は，$CO_2=44$，$H_2O=18$ より，

$$(\text{C の質量})=26.4\times\frac{12}{44}=7.20\,\text{mg}$$

$$(\text{H の質量})=14.4\times\frac{2.0}{18}=1.60\,\text{mg}$$

です。したがって，O の質量は，

$$12.0-(7.20+1.60)=3.2\,\text{mg}$$

ですから，物質量の比は，$\text{C}:\text{H}:\text{O}=\frac{7.20}{12}:\frac{1.60}{1.0}:\frac{3.2}{16}=3:8:1$

よって，この有機化合物の組成式は，$\mathbf{C_3H_8O}$……**答**

(2)　(分子量)＝(組成式の式量)×n の関係式より，

$$120=(12\times3+1.0\times8+16)\times n \qquad n=2$$

よって，この有機化合物の分子式は，$(C_3H_8O)_2=\mathbf{C_6H_{16}O_2}$……**答**

8 構造式の決定

問題　レベル ★☆☆

炭素・水素・酸素だけからなる有機化合物を元素分析したところ，この化合物の分子式が $C_2H_4O_2$ で表されることがわかった。この化合物がカルボキシ基をもつとき，考えられる構造式はどのように表されるか。

解くための材料

構造式の決定（分子式を求めた後）

① 分子がもつ官能基の種類と数を特定して，示性式を書く。

② 炭素骨格や官能基の位置が異なる異性体を，融点や沸点の違いなどを考えながら構造式を書く。

解き方

この化合物がカルボキシ基 $-COOH$ をもつことから，示性式は，R を用いて

$R-COOH$

と書くことができます。

（COOH，つまり C 1 個，O 2 個，H 1 個を引く）

また，この化合物の分子式は $C_2H_4O_2$ ですから，R は CH_3 です。したがって，この化合物は酢酸 CH_3COOH であることがわかります。酢酸の構造式は，

$$CH_3-\underset{\underset{\displaystyle O}{\|}}{C}-OH$$

……**答**

官能基の種類

特有の性質を示す原子団を官能基といいます。代表的な官能基として，以下のようなものがあります。

官能基の種類	構造	化合物の一般名 一般式
カルボキシ基	$-\underset{\underset{O}{\|}}{C}-OH$	カルボン酸 $R-COOH$
ヒドロキシ基	$-OH$	アルコール $R-OH$
		フェノール類 $R-OH$
エーテル結合	$-O-$	エーテル R^1-O-R^2
エステル結合	$-\underset{\underset{O}{\|}}{C}-O-$	エステル $R^1-COO-R^2$

官能基の種類	構造	化合物の一般名 一般式
アミノ基	$-NH_2$	アミン $R-NH_2$
スルホ基	$-SO_3H$	スルホン酸 $R-SO_3H$
カルボニル基 （ケトン基）	$-\underset{\underset{O}{\|}}{C}-$	ケトン R^1-CO-R^2
ニトロ基	$-NO_2$	ニトロ化合物 $R-NO_2$
ホルミル基 （アルデヒド基）	$-\underset{\underset{O}{\|}}{C}-H$	アルデヒド $R-CHO$

炭化水素の分類

炭素と水素のみからなる有機化合物を，炭化水素といいます。

有機化合物は，官能基（P183）によって分類することもできますが，炭化水素によって分類することもできます。

分類			一般式	一般名	例
鎖式炭化水素	脂肪族炭化水素	飽和炭化水素	C_nH_{2n+2} $(n \geqq 1)$	アルカン	メタン CH_4
		不飽和炭化水素	C_nH_{2n} $(n \geqq 2)$	アルケン	エチレン $CH_2=CH_2$
			C_nH_{2n-2} $(n \geqq 2)$	アルキン	アセチレン $CH \equiv CH$
環式炭化水素	脂環式炭化水素	飽和炭化水素	C_nH_{2n} $(n \geqq 3)$	シクロアルカン	シクロヘキサン
		不飽和炭化水素	C_nH_{2n-2} $(n \geqq 3)$	シクロアルケン	シクロヘキセン
	芳香族炭化水素	不飽和炭化水素	ベンゼン		トルエン

炭化水素の一般式（分子式）は，分子中の炭素原子の数nを用いて表すんだよ！

1 アルカン①

問題　レベル ★☆☆

分子式 C_5H_{12} で表される炭化水素の構造異性体の構造式とその名称をすべて書け。

解くための材料

構造式の書き方と名称

5 つの C の並べ方を，重複のないように書き出す。まずは，5 つの C が一直線に並ぶ場合，次に 4 つの場合，…としていくとよい。なお，たとえば 4 つの C を一直線に並べた場合は C が 1 個余るが，この 1 個の C は両端以外の位置に取りつける。一直線に並んだ部分の C の数が，1 個なら「メタン」，2 個なら「エタン」，3 個なら「プロパン」，4 個なら「ブタン」，5 個なら「ペンタン」。

解き方

C の並べ方を考えてみると，右の 3 通りがあります。空いている所に，12 個の H を取りつけたものが構造式です。

```
(i) -C-C-C-C-C-

         -C-
(ii) -C-C-C-C-

        -C-
(iii) -C-C-C-
        -C-
```

```
(i)
   H  H  H  H  H
   |  |  |  |  |
H- C- C- C- C- C -H
   |  |  |  |  |
   H  H  H  H  H

(ii)
             H
             |
          H- C -H
             |
   H  H      |  H
   |  |      |  |
H- C- C ---- C- C -H
   |  |      |  |
   H  H      H  H

(iii)
          H
          |
       H- C -H
   H      |      H
   |      |      |
H- C ---- C ---- C -H
   |      |      |
   H      |      H
       H- C -H
          |
          H
```

……**答**

また，(ⅰ)の名称は「**ペンタン**」，(ⅱ)の名称は「**2-メチルブタン**」，(ⅲ)の名称は「**2,2-ジメチルプロパン**」です。……**答**

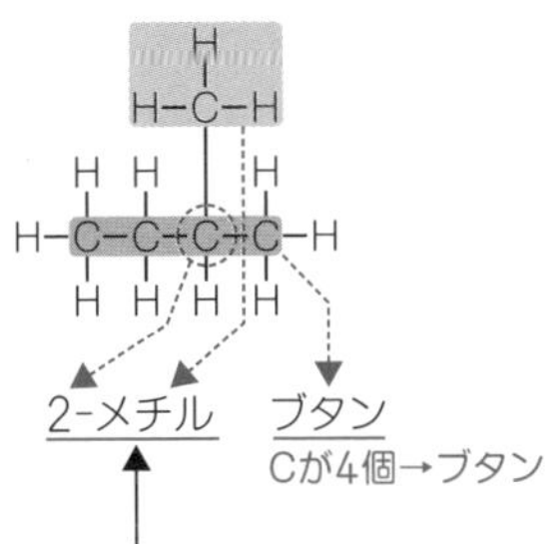

2-メチル
ブタン
Cが4個→ブタン
右から2番目のCにメチル基がついている（「左から3番目」とはしない。「●番目」の●が小さい方を書く）

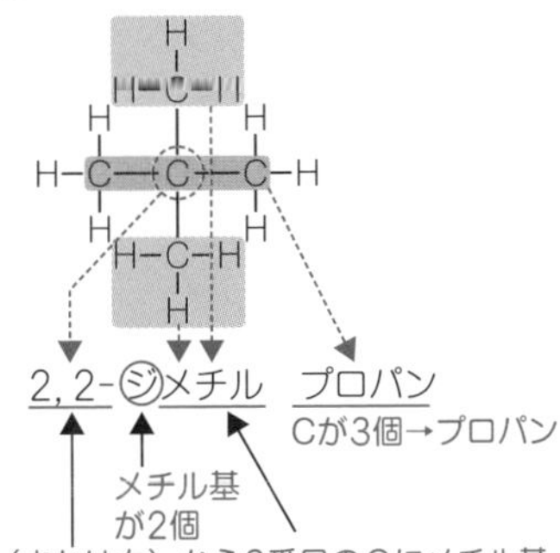

2, 2-ジメチル
プロパン
Cが3個→プロパン
メチル基が2個
左（または右）から2番目のCにメチル基がついている（上のメチル基も下のメチル基も2番目のCについているので「2,2」）

2 アルカン②

問題

レベル ★☆☆

次の空欄を埋めよ。

メタン CH_4 は（ ① ）構造であり，C 原子を（①）構造の中心に置くと，H 原子は（ ② ）にある。また，炭素数が大きくなると，この（①）構造が次々と連結し，C 原子が（ ③ ）状に結合した立体構造となる。なお，炭素原子間の C − C 結合は，これを軸として自由に回転することが（ ④ ）。

解くための材料

アルカン C_nH_{2n+2} のうち，最も簡単な構造のメタンは正四面体構造をとり，その中心に C 原子，各頂点に H 原子が位置している。

解き方

メタン CH_4 は正四面体構造をとり，中心（重心）に炭素原子，頂点に水素原子が位置するような構造です。

炭素数が大きくなると，エタン C_2H_6 やプロパン C_3H_8 などのように，正四面体が次々と連結した構造になります。

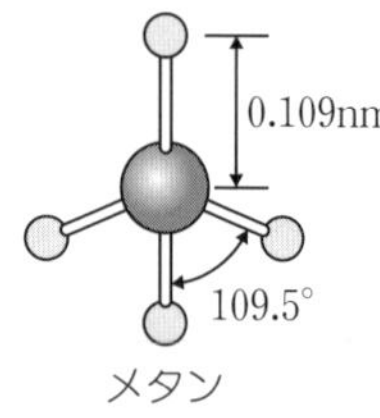

メタン

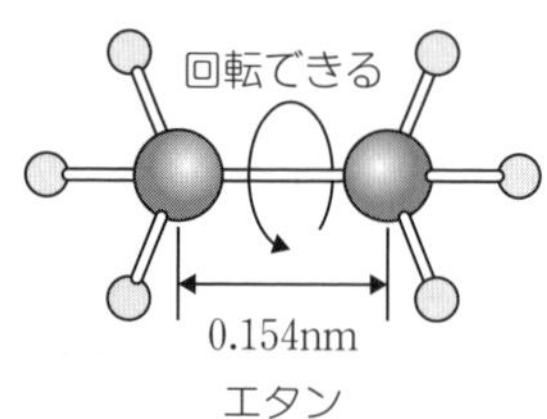

エタン

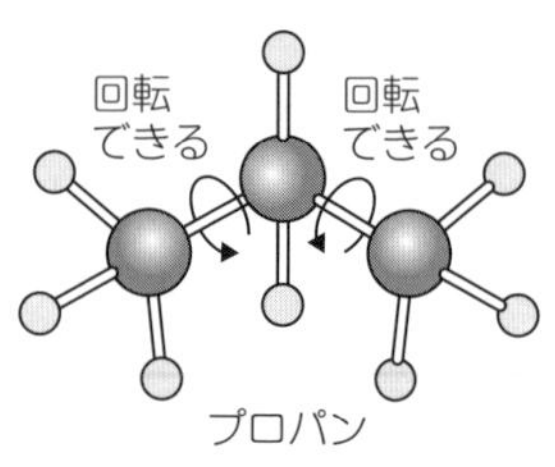

プロパン

① **正四面体**　② **頂点**　③ **折れ線**　④ **できる**……**答**

3 アルカン③

問題

レベル ★☆☆

次の記述(ア)～(エ)のうち，誤っているものを1つ選べ。

(ア)　アルカンを完全燃焼すると，多量の熱が発生し，二酸化炭素と水を生じる。

(イ)　プロパン C_3H_8 の1個のH原子をCl原子に置換した化合物の構造異性体は，2種類ある。

(ウ)　メタンと塩素を混合すると速やかに反応し，塩素が十分存在すれば，最終的には四塩化炭素になる。

(エ)　アルカンと臭素を混合して光を当てると，置換反応が起こって臭化水素が生成する。

解くための材料

アルカンの性質

- 燃えやすく，燃焼の際に多量の熱を発生するため燃料として用いられる。
- 完全燃焼により二酸化炭素 CO_2 と水 H_2O を生じる。
- 常温では安定で反応しないが，光を当てるとハロゲン元素の単体と反応し，分子中の原子（原子団）が他の原子（原子団）と置き換わる（置換反応）。置換反応で置き換わった原子（原子団）を置換基，生成した物質を置換体という。

解き方

(イ)　構造異性体は，右の2種類です。名称はそれぞれ，左の構造異性体が 1-クロロプロパン，右の構造異性体が 2-クロロプロパンです。

```
   H  H  Cl           H  Cl  H
   |  |  |            |  |   |
H－C－C－C－H      H－C－C－C－H
   |  |  |            |  |   |
   H  H  H            H  H   H
```

(ウ)　メタンと塩素は，混合しただけでは反応せず，光を当てると反応します。

(ウ)……答

4 シクロアルカン

問題

レベル ★☆☆

シクロアルカンに関する次の記述(ア)～(エ)のうち，正しいものを1つ選べ。

(ア)　炭素原子が鎖状に結合している。

(イ)　ペンタンとシクロペンタンの性質は，全く異なる。

(ウ)　シクロプロパンは，容易に環が切れて反応が進行する。

(エ)　シクロヘキサンの炭素原子の構造は，ほとんどが舟形である。

解くための材料

シクロアルカン C_nH_{2n}（$n \geqq 3$）

- 炭素原子が環状に結合している飽和炭化水素。
- シクロペンタン C_5H_{10}，シクロヘキサン C_6H_{12} の性質は，炭素数の等しいアルカンと似ている（安定である）。
- シクロプロパン C_3H_6 やシクロブタン C_4H_8 は不安定で，容易に環が切れて反応が起こる。
- シクロヘキサンの炭素原子は，実際には平面構造ではなく，いす形または舟形などの立体構造をとっている。常温では，ほとんどがいす形として存在している。

解き方

(ア)　炭素原子は，環状に結合しています。

(イ)　シクロアルカンは，炭素数の等しいアルカンと性質が似ています。

(エ)　ほとんどは，安定な「いす形」です。

(ウ)……答

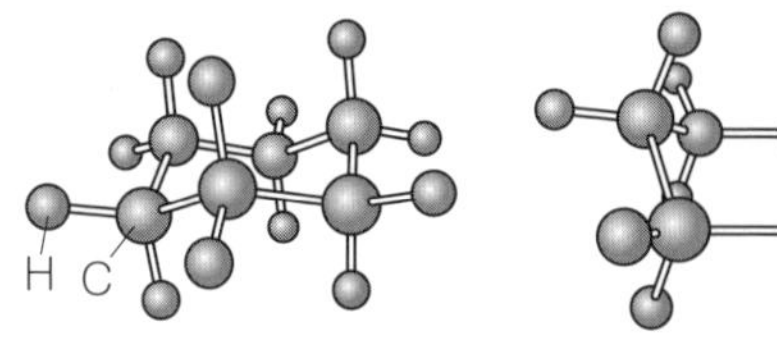

いす形構造　　舟形構造

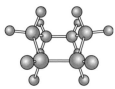

5 石油と天然ガス

問題

レベル ★☆☆

次の空欄を埋めよ。
石油には，さまざまな炭化水素が含まれており，（　①　）することで，ナフサ，（　②　），軽油，重油などが得られる。
ナフサはガソリンの原料，（②）は家庭用の燃料，軽油はディーゼルエンジンの燃料，重油は船舶のエンジンの燃料として用いられている。
天然ガスは，（　③　）を主成分としており，圧縮して液体にしたものを（　④　）という。（④）は蒸発熱が大きく，冷却の媒体として用いられている。

解くための材料

石油
　さまざまな炭化水素，硫黄化合物，窒素化合物などの混合物。石油中の炭化水素には，アルカンが最も多く含まれている。石油を分留すると，石油ガス，ナフサ，灯油，軽油などが得られる。石油ガスを冷却・圧縮して液体にしたものを液化石油ガス（LPG）といい，プロパンやブタンなどが主成分である。
天然ガス
　主成分はメタン。冷却・圧縮し，液体にして（液化天然ガス；LNG という）貯蔵・運搬される。液化天然ガスは，冷却の媒体などに用いられている。

解き方

沸点の差を利用して，液体の混合物を蒸留し分離する操作を分留といいます。温度の範囲を区切って気体を集めることで，ナフサや灯油などの成分に分離することができます。

①　**分留**　　②　**灯油**
③　**メタン**　④　**液化天然ガス（LNG）**……**答**

6 アルケン①

問題

レベル ★☆☆

アルケンに関する次の記述(ア)～(ウ)のうち，誤っているものを 1 つ選べ。

(ア)　C=C 結合の炭素原子とこれらの炭素原子に結合している 4 個の原子は同一平面上にある。

(イ)　エチレンの炭素原子間の二重結合を中心とした回転はできないが，プロペンの炭素原子間の二重結合は回転できる。

(ウ)　2-ブテンにおいて，メチル基-CH_3 が，二重結合をはさんで同じ側にあるものをシス-2-ブテンという。

解くための材料

アルケン C_nH_{2n}（$n \geqq 2$）
炭素原子間に二重結合 C=C を 1 つもつ鎖式不飽和炭化水素。

• 立体構造
　C=C 結合を構成する 2 個の炭素原子と，これらの炭素原子に結合する 4 個の原子は同一平面上にある。C=C を中心とした回転はできない。

• シス－トランス異性体（幾何異性体）
　C=C 結合が回転できないことに基づいた異性体。C=C の 2 つの C を結んだ直線に対して同一の 2 つの官能基が同じ側に結合したものはシス形，反対側に結合したものはトランス形という。

シス形
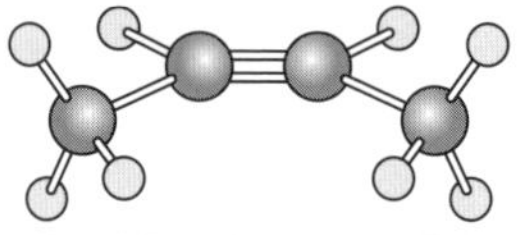
トランス形
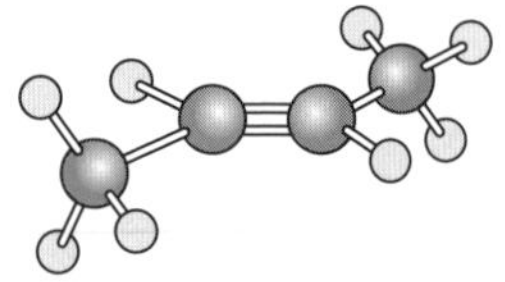

解き方

(イ)　アルケンは，二重結合を中心とした回転はできません。

(イ)……**答**

7 アルケン②

問題　レベル ★☆☆

次の空欄を埋めよ。
白金またはニッケルを触媒として，エチレンと水素を反応させると，二重結合が開いて水素原子が結合し，エタンが生成する。このような反応を（　①　）という。また，エチレンは（　②　）とも（①）をして，1,2−ジブロモエタンが生成する。この反応では，（②）の（　③　）色が消失して（　④　）色となることから，二重結合の検出に用いられている。

解くための材料

二重結合に，他の原子または原子団が結合する反応を付加反応という。アルケンは付加反応を起こしやすく，付加反応することにより，二重結合は単結合となる。
エチレンは，白金やニッケルの触媒の存在下で，水素と付加反応してエタンを生じる。

$$CH_2=CH_2 + H_2 \xrightarrow{\text{Pt または Ni}} CH_3-CH_3$$

エタン

また，エチレンは臭素（赤褐色）と付加反応して，1,2−ジブロモエタン（無色）を生じる。この反応は，二重結合の検出に用いられている。

$$CH_2=CH_2 + Br_2 \longrightarrow CH_2Br-CH_2Br$$

1,2−ジブロモエタン

解き方

アルケンは，触媒の存在下で水素と反応すると，アルカンになります。

① **付加反応**　② **臭素**　③ **赤褐**　④ **無**……答

8 アルケン③

問題　レベル★☆☆

プロペン C_3H_6 が付加重合すると，ポリプロピレンが生成する。このときの化学反応式を書け。

解くための材料

エチレンは，適切な条件の下で次々と付加反応を起こし，多くの分子が鎖状に結合してポリエチレンとなる。このような反応を付加重合という。

$$\cdots + \begin{matrix} H & & H \\ | & & | \\ C & = & C \\ | & & | \\ H & & H \end{matrix} + \begin{matrix} H & & H \\ | & & | \\ C & = & C \\ | & & | \\ H & & H \end{matrix} + \begin{matrix} H & & H \\ | & & | \\ C & = & C \\ | & & | \\ H & & H \end{matrix} + \cdots \xrightarrow[\text{付加重合}]{} \cdots - \begin{matrix} H & & H & & H & & H & & H & & H \\ | & & | & & | & & | & & | & & | \\ C & - & C & - & C & - & C & - & C & - & C \\ | & & | & & | & & | & & | & & | \\ H & & H & & H & & H & & H & & H \end{matrix} - \cdots$$

他にも，以下のような表し方がある。

$$n\,\begin{matrix} H \\ H \end{matrix}\!\!>C=C<\!\!\begin{matrix} H \\ H \end{matrix} \xrightarrow[\text{付加重合}]{} \left[CH_2-CH_2 \right]_n$$

$$n\,CH_2=CH_2 \xrightarrow[\text{付加重合}]{} \left[CH_2-CH_2 \right]_n$$

解き方

化学反応式は，以下のようになります。

$$\cdots + \begin{matrix} H & & H \\ | & & | \\ C & = & C \\ | & & | \\ H & & CH_3 \end{matrix} + \begin{matrix} H & & H \\ | & & | \\ C & = & C \\ | & & | \\ H & & CH_3 \end{matrix} + \begin{matrix} H & & H \\ | & & | \\ C & = & C \\ | & & | \\ H & & CH_3 \end{matrix} + \cdots \xrightarrow[\text{付加重合}]{} \cdots - \begin{matrix} H & & H & & H & & H & & H & & H \\ | & & | & & | & & | & & | & & | \\ C & - & C & - & C & - & C & - & C & - & C \\ | & & | & & | & & | & & | & & | \\ H & & CH_3 & & H & & CH_3 & & H & & CH_3 \end{matrix} - \cdots$$

……

または，

$$n\,\begin{matrix} H \\ H \end{matrix}\!\!>C=C<\!\!\begin{matrix} H \\ CH_3 \end{matrix} \xrightarrow[\text{付加重合}]{} \left[\begin{matrix} CH_2 & - & CH \\ & & | \\ & & CH_3 \end{matrix} \right]_n$$ ……答

$$n\,CH_2=CH-CH_3 \xrightarrow[\text{付加重合}]{} \left[\begin{matrix} CH_2 & - & CH \\ & & | \\ & & CH_3 \end{matrix} \right]_n$$ ……答

9 シクロアルケン

問題　　レベル ★☆☆

次の条件に当てはまる有機化合物の名称を答えよ。

<条件>

① 環状構造で，臭素と付加反応する。

② 立体異性体はいす形と船形をもち，分子量は 82 である。

解くための材料

シクロアルケン $C_nH_{2n-2}(n \geqq 3)$

炭素原子間に二重結合を 1 つもつ環状の炭化水素。シクロオレフィンともいう。性質はアルケンと似ていて，付加反応（P191 参照）を起こす。シクロブテン C_4H_6，シクロペンテン C_5H_8，シクロヘキセン C_6H_{10}，シクロヘプテン C_7H_{12} などがある。

解き方

条件①において，この有機化合物は臭素と付加反応するので，炭素原子間に二重結合（もしくは三重結合）をもつことがわかります。

条件②において，いす形と船形の立体異性体をもつのはシクロヘキセン C_6H_{10}（分子量 82）です。

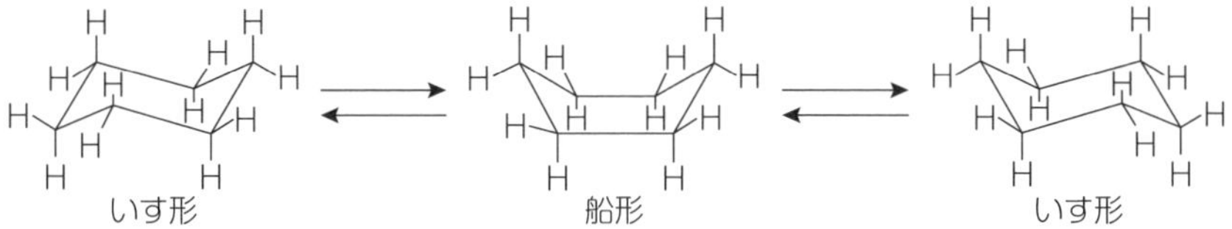

いす形　⇄　船形　⇄　いす形

シクロヘキセン……答

10 アルキン①

問題 レベル★☆☆

次の図中の空欄に入る化合物名を書け。

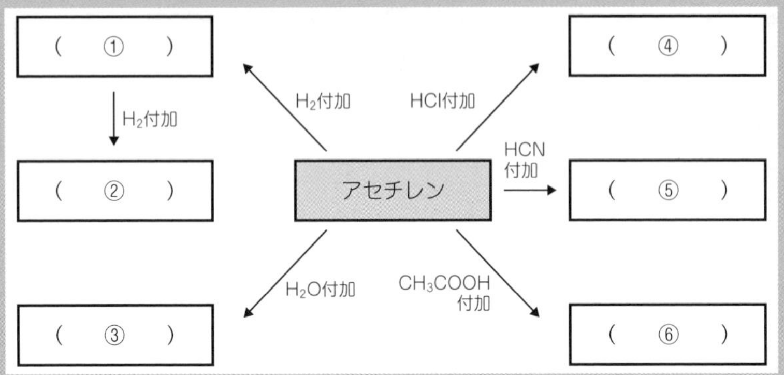

解くための材料

アルキン C_nH_{2n-2} $(n \geqq 2)$

炭素原子間に三重結合を 1 つもつ鎖式不飽和炭化水素。三重結合している炭素原子およびこれに結合している 2 個の原子は，常に同一直線上にある。アセチレン C_2H_2 が直線状の分子となっているのは，このことによる。また，アセチレンは付加反応を起こしやすく，3 分子のアセチレンを赤熱した鉄に触れさせることでベンゼンが生成する。

解き方

アセチレンに，白金またはニッケルを触媒として水素を付加すると，エチレンを経てエタンとなります。また，硫酸水銀(Ⅱ)を触媒として水を付加すると，ビニルアルコールを経てすぐにアセトアルデヒドとなります。

① **エチレン**　② **エタン**　③ **アセトアルデヒド**
④ **塩化ビニル**　⑤ **アクリロニトリル**　⑥ **酢酸ビニル**　……

11 アルキン②

問題　　レベル ★★☆

アセチレンについて，次の問いに答えよ。なお，原子量は H＝1.00，C＝12.0，Ca＝40.0，Br＝80.0 とする。

(1) 純度が 80.0%である炭化カルシウム 0.800g に，多量の水を加えてアセチレンを発生させた。このときのアセチレンの体積は，0℃，1.013×10^5Pa で何 L となるか。

(2) (1)で発生したアセチレンに臭素を十分に付加させると，反応する臭素は何 g であるか。

(3) アセチレンをアンモニア性硝酸銀水溶液に通じると，白色沈殿が生じた。この沈殿の物質名を答えよ。

解くための材料

実験室でのアセチレンは炭化カルシウム（カーバイド）に水を加えてつくる。

$$CaC_2+2H_2O \longrightarrow CH\equiv CH + Ca(OH)_2$$

(1) 純度 80.0%の炭化カルシウムの物質量は，

$$\frac{\frac{80.0}{100}\times0.800\text{g}}{64.0\text{g/mol}}=1.00\times10^{-2}\text{mol}$$

また，化学反応式は，$CaC_2+2H_2O \longrightarrow CH\equiv CH+Ca(OH)_2$ なので，アセチレンの物質量は炭化カルシウムの物質量と等しくなります。よって，発生したアセチレンの体積は，$22.4\text{L/mol}\times1.00\times10^{-2}\text{mol}=0.224\text{L}$ となります。

(2) アセチレンに十分な臭素を付加させたときの化学反応式は，$CH\equiv CH+2Br_2 \longrightarrow CBr_2CBr_2$ となります。よって，1.00mol のアセチレンに対し，臭素は 2.00mol 反応します。よって，臭素の質量は，$160\text{g/mol}\times2.00\times10^{-2}\text{mol}=3.20\text{g}$ となります。

(3) アセチレンをアンモニア性硝酸銀水溶液に通じると，銀アセチリド $AgC\equiv CAg$ の白色沈殿が生じます。

(1) **0.224L**　(2) **3.20g**　(3) **銀アセチリド**……答

12 炭化水素の分子式

問題

レベル ★★☆

1 mol のアルケン A を完全燃焼するのに，酸素は 6 mol 必要であった。A の分子式を答えよ。

解くための材料

アルケンの分子式は，一般式 C_nH_{2n}（$n \geqq 2$）と表される。

解き方

A の完全燃焼の化学反応式は，a，b を自然数（n は 2 以上の整数）として，

$$C_nH_{2n}+6O_2 \longrightarrow aCO_2+bH_2O$$

と表すことができます。

上式で，左辺と右辺の原子の数を比較して，

C について，$n=a$ ……①

H について，$2n=2b$ ……②

O について，$12=2a+b$ ……③

が成り立ちます。

①，②より，$a=b=n$ ですから，③より，

$$12=2n+n$$

$$n=4$$

となります。

したがって，A の分子式は，C_4H_8 とわかります。

C_4H_8……答

13 炭化水素の構造と誘導体

問題　　レベル ★★☆

次の問いに答えよ。

(1)　エチレン C_2H_4 の水素原子 2 個を塩素原子 2 個で置換した化合物には，何種類の立体異性体があるか。シス－トランス異性体も含めて答えよ。

(2)　分子式 C_4H_{10} で表される炭化水素の水素原子 1 個を塩素原子 1 個と置換したとき，その化合物の構造式をすべて答えよ。

解くための材料

化合物の一部が，他の原子や官能基で置換された化合物を，もとの化合物の誘導体という。

解き方

(1)　求める立体異性体は，以下の 3 種類があります。

エチレン　1,1-ジクロロエチレン

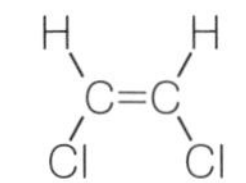

シス-1,2-ジクロロエチレン

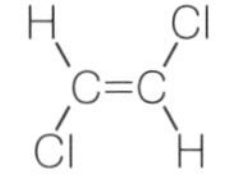

トランス-1,2-ジクロロエチレン

3 種類……答

(2)　分子式 C_4H_{10} で表される炭化水素として，ブタン $CH_3-CH_2-CH_2-CH_3$ とメチルプロパン $CH_3-CH(CH_3)-CH_3$ があります。これら 2 つの炭化水素について，それぞれ考える必要があります。

よって，

$CH_3-CH_2-CH_2-CH_3$

→ **$CH_2Cl-CH_2-CH_2-CH_3$　$CH_3-CHCl-CH_2-CH_3$** ……

$CH_3-CH(CH_3)-CH_3$

→ **$CH_2Cl-CH(CH_3)-CH_3$　$CH_3-CCl(CH_3)-CH_3$** ……

マルコフニコフの法則

分子の構造が二重結合に対し対称ではないアルケン（プロペンなど）に，HX型の分子（HClなど）が付加するとき，次の2つの化合物が生成すると考えられます。

（例）プロペンと塩化水素の反応

$$CH_3-CH=CH_2 + HCl \longrightarrow \begin{cases} CH_3-\underset{\displaystyle Cl}{\underset{|}{CH}}-\underset{\displaystyle H}{\underset{|}{CH_2}} & \text{2-クロロプロパン} \\[2em] CH_3-\underset{\displaystyle H}{\underset{|}{CH}}-\underset{\displaystyle Cl}{\underset{|}{CH_2}} & \text{1-クロロプロパン} \end{cases}$$

Hが二重結合のどちらのCに結合するかで，2つの生成物が考えられる

これについて，ロシアのマルコフニコフは，経験則から，

アルケンの二重結合の炭素原子のうち，

水素原子の多い方にH

水素原子の少ない方にX

が結合しやすく，2つの生成物のうち，水素原子の多い方にHが結合した生成物が主生成物（もう一方が副生成物）となることを発表しました。

$$CH_3-\underset{\text{Xが結合しやすい}}{\underset{\uparrow}{\overset{\text{水素原子1個(少)}}{CH}}}=\underset{\text{Hが結合しやすい}}{\underset{\uparrow}{\overset{\text{水素原子2個(多)}}{CH_2}}}$$

上の例でいえば，
2-クロロプロパンが
主生成物ね！

これは，多くのアルケンへの付加反応に当てはまることが確かめられています。

1 エタノールの関連化合物

問題　　レベル ★☆☆

下図は，エタノールを中心とした反応経路図である。空欄に当てはまる物質名を書け。

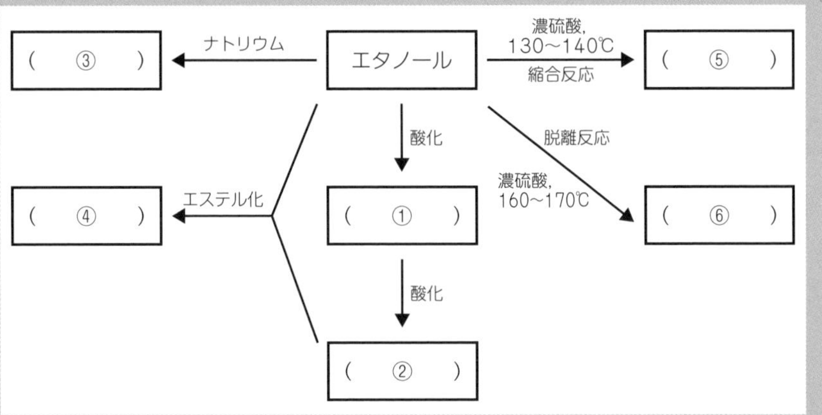

解くための材料

1つの分子から，水分子などが取れて不飽和結合ができる反応（分子内での脱水反応）を脱離反応（水分子が取れた場合は脱水反応ともいう），2つの分子から，水分子などが取れて新たな分子ができる反応（分子間での脱水反応）を縮合反応という（水分子が取れた場合は脱水縮合反応ともいう）。

解き方

エタノールと濃硫酸の混合物を，160～170℃で加熱すると(ⅰ)式のような脱離反応が，130～140℃で加熱すると(ⅱ)式のような縮合反応が起こります。

(ⅰ)

$$\mathrm{H{-}\overset{H}{\underset{H}{C}}{-}\overset{H}{\underset{H}{C}}{-}OH} \xrightarrow[\text{脱離反応}]{\text{濃硫酸, 160～170℃}} \mathrm{H_2C{=}CH_2} + H_2O$$

(ⅱ)

$$\mathrm{H{-}\overset{H}{\underset{H}{C}}{-}\overset{H}{\underset{H}{C}}{-}OH} + \mathrm{HO{-}\overset{H}{\underset{H}{C}}{-}\overset{H}{\underset{H}{C}}{-}H} \xrightarrow[\text{縮合反応}]{\text{濃硫酸, 130～140℃}} \mathrm{H{-}\overset{H}{\underset{H}{C}}{-}\overset{H}{\underset{H}{C}}{-}O{-}\overset{H}{\underset{H}{C}}{-}\overset{H}{\underset{H}{C}}{-}H} + H_2O$$

①　アセトアルデヒド　　②　酢酸　　③　ナトリウムエトキシド
④　酢酸エチル　　⑤　ジエチルエーテル　　⑥　エチレン　……

2 アルコールとエーテル

問題　レベル ★★☆

分子式 $C_4H_{10}O$ で表される化合物のうち，金属ナトリウムと反応しないものはいくつあるか。

解くための材料

エーテルは，2 個の炭化水素基が酸素原子に結合した化合物で，R−O−R′で表される。

解き方

アルコールはナトリウムと反応しますが，エーテルは反応しません。つまり，分子式 $C_4H_{10}O$ で表される化合物のうち，エーテルであるものがいくつあるかを考えればよいことになります。

$C_4H_{10}O$ で表される化合物の構造式として，以下のものが考えられます。

```
(i)   C−C−C−C−OH          (ii)  C−C−C−OH
                                    |
                                    C

                                    C
                                    |
(iii) C−C−C−C             (iv)  C−C−C
          |                         |
          OH                        OH

(v)   C−O−C−C−C           (vi)  C−O−C−C
                                      |
                                      C
(vii) C−C−O−C−C
```

(ⅰ)〜(ⅳ)はアルコール，(ⅴ)〜(ⅶ)はエーテルです。

よって，金属ナトリウムと反応しないものは 3 つあります。

3 つ……答

3 アルコールの性質

問題 レベル ★☆☆

次の問いに答えよ。

(1) エタノールと 1-ドデカノールをそれぞれ水に溶かしたとき，よく溶けるのはどちらか。

(2) エタノールの入った試験管の中にナトリウムを入れ，発生した気体を他の試験管に集めて点火すると，どのような変化が見られるか。

解くための材料

アルコールの性質

- 水への溶解性
  低級アルコール（炭素数が少ないアルコール）は溶解するが，高級アルコール（炭素数が多いアルコール）は溶解しにくい。
- ナトリウムとの反応
  反応すると水素が発生し，ナトリウムアルコキシドが生じる。

$$2ROH + 2Na \longrightarrow 2RONa + H_2$$

解き方

(1) 炭素数が少ないアルコールほど，水によく溶けます。

エタノールの化学式は CH_3CH_2OH なので炭素数は 2，1-ドデカノールの化学式は $CH_3(CH_2)_{11}OH$ なので炭素数は 12 です。

よって，エタノールの方が水によく溶けます。

エタノール……答

(2) エタノールとナトリウムの反応では，ナトリウムエトキシドが生じ，水素が発生します。

$$2C_2H_5OH + 2Na \longrightarrow 2C_2H_5ONa + H_2$$

水素に点火すると，ポンと音を立てて燃え，水になります。

ポンと音を立てて燃え，水になる……答

アルコキシドとは，アルコールの－OHのHが金属原子に変わって塩になった化合物のことだよ！

4 アルコールの脱水反応

問題　　レベル ★☆☆

次の問いに答えよ。

(1) 2-プロパノールを濃硫酸とともに高温（160～170℃）で加熱すると得られるアルケンは何か。

(2) (1)で得られたアルケンに，臭素を付加して得られる化合物は何か。

解くための材料

アルコールを濃硫酸とともに加熱すると，脱水反応が起こる。

解き方

(1) 2-プロパノールを濃硫酸とともに加熱すると，以下のような脱離反応（脱水反応）が起こってプロペン（プロピレン）が得られます。

$$CH_3-\underset{\underset{OH}{|}}{CH}-CH_3 \longrightarrow CH_2=CH-CH_3 + H_2O$$

プロペン（プロピレン）……答

なお，2-プロパノールを濃硫酸とともに低温（130～140℃）で加熱すると，縮合反応が起こってエーテルが生成します。

(2) アルケンは付加反応を起こしやすく，プロペンに臭素を付加すると，以下のような付加反応が起こって 1,2-ジブロモプロパンが得られます。

アルケンの付加反応は P191

$$CH_2=CH-CH_3+Br_2 \longrightarrow CH_2Br-CHBr-CH_3$$

1,2-ジブロモプロパン……答

5 アルコールの沸点・融点

問題 レベル ★★☆

次の記述(ア)〜(エ)のうち，誤っているものを１つ選べ。

(ア)　炭素数が多いアルコールほど，沸点は高くなる。

(イ)　第一級アルコールと第三級アルコールの沸点を比較すると，第一級アルコールの方が高い。

(ウ)　枝分かれが多くなるほど，沸点は高くなる。

(エ)　アルコールの沸点・融点は，同程度の分子量の炭化水素よりも高い。

解くための材料

アルコールの級数による分類

ヒドロキシ基-OH が結合している炭素 C 原子に，他の C 原子（炭化水素基）がいくつ結合しているかによって分類される。

1 個（または 0 個）…第一級アルコール
2 個…第二級アルコール
3 個…第三級アルコール

アルコールの沸点

（第一級アルコール）＞（第二級アルコール）＞（第三級アルコール）
（枝分かれの少ないアルコール）＞（枝分かれの多いアルコール）

解き方

(ウ)　枝分かれの多い第三級アルコールでは，ヒドロキシ基の周囲が混み合っており，この混み合いが，水素結合を形成する際の妨げになります。

したがって，枝分かれが多いと水素結合は形成されにくいため，沸点は低くなります。

(ウ)……答

沸点が(第一級)＞(第二級)＞(第三級)となる理由として，水素結合の形成のほかに，分子間の引力がこの順に小さくなることも影響しているよ。

6 ザイツェフ則

問題 レベル ★★★

2-ブタノールを分子内脱水した。次の問いに答えよ。

(1) この分子内脱水による生成物は，2 種類が考えられる。この 2 種類の生成物を答えよ。

(2) (1)で答えた 2 種類の生成物のうち，主生成物となるものはどちらか。

解くための材料

ザイツェフ則

第二級アルコールまたは第三級アルコールの分子内脱水で，−OH の結合している C 原子の両隣の C 原子のうち，結合した H 原子が少ない方から H 原子がとれた生成物が主生成物となる。

解き方

2-ブタノールの分子内脱水では，−OH の結合した C 原子（②）の両隣の C 原子（①，③）のうち，どちらに結合した H 原子が取れるかにより，生成物が 2 種類考えられます。

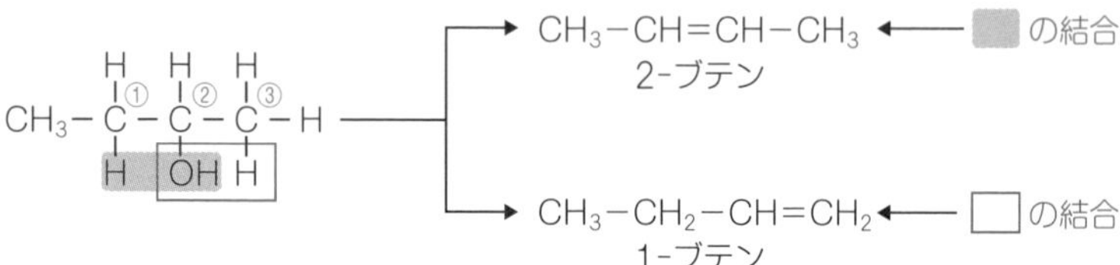

(1) **1-ブテン**と **2-ブテン**です。……答

(2) ①と③の C のうち，結合している H 原子が少ないのは①です。

したがって，①の C から H 原子が取れた化合物は「2-ブテン」ですから，主生成物は **2-ブテン**となります。

……答

①のC原子にはH原子が2個，
③のC原子にはH原子が3個
結合しているね。

7 アルデヒド①

問題　　レベル ★☆☆

酸化されてアルデヒドになる物質を，次の(ア)～(エ)からすべて選べ。

(ア)　1-ブタノール　　(イ)　2-ブタノール
(ウ)　エタノール　　(エ)　酢酸

解くための材料

カルボニル基 $>C=O$ の炭素原子に水素原子 1 個または 2 個が結合した，R－CHO で表される化合物をアルデヒドという。アルデヒドは第一級アルコールを酸化することで得られ，アルデヒドをさらに酸化するとカルボン酸になる。このときに，他の物質を還元する性質（還元性）を示す（P206 参照）。

$$R-CH_2-OH \xrightarrow{\text{酸化}} R-C(=O)-H \xrightarrow{\text{酸化}} R-C(=O)-OH$$

- ホルムアルデヒド
  メタノールの酸化により得られる。ホルムアルデヒドをさらに酸化すると，ギ酸になる。ホルムアルデヒドの 37%水溶液をホルマリンという。
- アセトアルデヒド
  エタノールの酸化により得られる。アセトアルデヒドをさらに酸化すると，酢酸になる。

解き方

酸化されてアルデヒドになる物質は，第一級アルコールです。

第一級アルコールは P203

(ア)

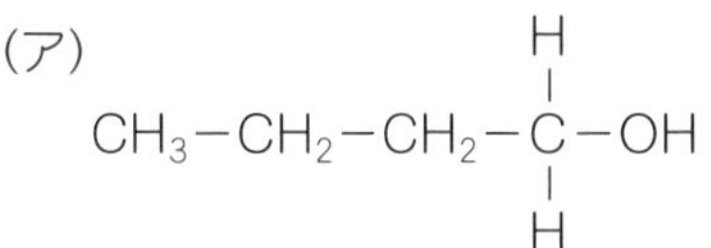

(イ)

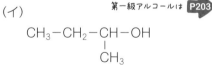

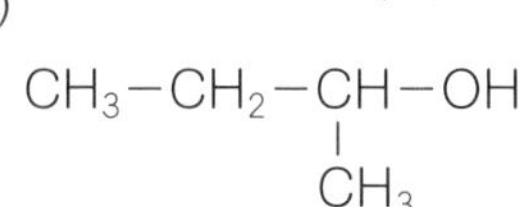

(ウ)

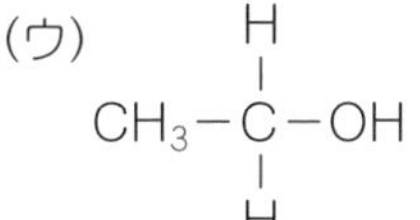

(エ)

$$CH_3-C(=O)-OH$$

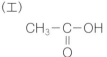

(ア)と(ウ)は第一級アルコール，(イ)は第二級アルコール，(エ)はアルコールではありません。　　**(ア)，(ウ)**……答

8 アルデヒド②

問題　　レベル ★☆☆

次の空欄を埋めよ。
アルデヒドをアンモニア性硝酸銀水溶液に加えて加熱すると，（　①　）が還元されて（　②　）が生じる。この反応を（　③　）という。また，アルデヒドをフェーリング液に加えて加熱すると，（　④　）が還元されて（　⑤　）が沈殿する。これらの反応により，アルデヒドの還元性を確認することができる。

解くための材料

アルデヒドをアンモニア性硝酸銀水溶液（硝酸銀水溶液にアンモニア水を過剰に加えた水溶液）に加えて加熱すると，銀イオンが還元され，銀が容器の内壁に生じて鏡のようになる。この反応を銀鏡反応という。
また，アルデヒドをフェーリング液に加えて加熱すると，銅(Ⅱ)イオンが還元され，赤色の酸化銅(Ⅰ)が沈殿する。

解き方

アルデヒドは，酸化されてカルボン酸になるとき，他の物質を還元します。
アルデヒドの還元性は，銀鏡反応やフェーリング液の還元により，確認することができます。

① **銀イオン**　　② **銀**　　③ **銀鏡反応**
④ **銅(Ⅱ)イオン**　　⑤ **酸化銅(Ⅰ)**　　……

フェーリング液は，硫酸銅(Ⅱ)，酒石酸ナトリウムカリウム，水酸化ナトリウムの混合水溶液なんだよ。

9 ケトン

問題

レベル ★☆☆

酸化されてケトンになる物質を，次の(ア)～(エ)から1つ選べ。

(ア) 1-ブタノール　　(イ) 2-ブタノール

(ウ) 2-メチル-2-プロパノール　　(エ) アセトン

解くための材料

ケトンは，第二級アルコールを酸化することで得られる。酸化されにくく，還元性を示さない。

- アセトン
  酢酸カルシウムの乾留（実験室的製法）や，プロペンの直接酸化もしくは2-プロパノールの酸化（工業的製法）によって得られる。水やエタノールと任意の割合で混ざり合う。有機化合物をよく溶かす。

解き方

酸化されてケトンになる物質は，第二級アルコールです。

(ア)

$CH_3-CH_2-CH_2-CH_2-OH$

(イ)

$CH_3-CH_2-CH(CH_3)-OH$

(ウ)

$CH_3-C(CH_3)_2-OH$

(エ)

$CH_3-C(=O)-CH_3$

(ア)は第一級アルコール，(イ)は第二級アルコール，(ウ)は第三級アルコール，(エ)はアルコールではありません。

(イ)……答

10 アルデヒドとケトン

問題 レベル ★★☆

分子式が $C_5H_{10}O$ で表される化合物には，アルデヒドとケトンがある。異性体はそれぞれ何種類あるか答えよ。

解くための材料

アルデヒドの一般式は R−CHO，ケトンの一般式は R−CO−R′で表される。

解き方

異性体の構造式をそれぞれ書くと，次のようになります。

<アルデヒド>

（i）
$$\begin{array}{ccccccccccc} \mathrm{CH_3} & - & \mathrm{CH_2} & - & \mathrm{CH_2} & - & \mathrm{CH_2} & - & \mathrm{C} & - & \mathrm{H} \\ & & & & & & & & \| & & \\ & & & & & & & & \mathrm{O} & & \end{array}$$

（ii）
$$\begin{array}{ccccccccc} \mathrm{CH_3} & - & \mathrm{CH_2} & - & \mathrm{CH} & - & \mathrm{C} & - & \mathrm{H} \\ & & & & | & & \| & & \\ & & & & \mathrm{CH_3} & & \mathrm{O} & & \end{array}$$

（iii）
$$\begin{array}{ccccccccc} \mathrm{CH_3} & - & \mathrm{CH} & - & \mathrm{CH_2} & - & \mathrm{C} & - & \mathrm{H} \\ & & | & & & & \| & & \\ & & \mathrm{CH_3} & & & & \mathrm{O} & & \end{array}$$

（iv）
$$\begin{array}{ccccccc} & & \mathrm{CH_3} & & & & \\ & & | & & & & \\ \mathrm{CH_3} & - & \mathrm{C} & - & \mathrm{C} & - & \mathrm{H} \\ & & | & & \| & & \\ & & \mathrm{CH_3} & & \mathrm{O} & & \end{array}$$

<ケトン>

（i）
$$\begin{array}{ccccccccc} \mathrm{CH_3} & - & \mathrm{CH_2} & - & \mathrm{CH_2} & - & \mathrm{C} & - & \mathrm{CH_3} \\ & & & & & & \| & & \\ & & & & & & \mathrm{O} & & \end{array}$$

（ii）
$$\begin{array}{ccccccccc} \mathrm{CH_3} & - & \mathrm{CH_2} & - & \mathrm{C} & - & \mathrm{CH_2} & - & \mathrm{CH_3} \\ & & & & \| & & & & \\ & & & & \mathrm{O} & & & & \end{array}$$

（iii）
$$\begin{array}{ccccccc} \mathrm{CH_3} & - & \mathrm{CH} & - & \mathrm{C} & - & \mathrm{CH_3} \\ & & | & & \| & & \\ & & \mathrm{CH_3} & & \mathrm{O} & & \end{array}$$

よって，アルデヒドは **4 種類**，ケトンは **3 種類**です。

……

アルデヒドとケトンは，
銀鏡反応をするかどうか，
またはフェーリング液が
還元されるかどうか
で判別できるね！

11 ヨードホルム反応

問題　　レベル ★☆☆

次の(ア)～(エ)の化合物のうち，ヨードホルム反応を<u>示さないもの</u>を１つ選べ。

(ア)　アセトン　　　(イ)　アセトアルデヒド

(ウ)　エタノール　　(エ)　酢酸

解くための材料

ヨードホルム反応

CH_3-CO-R または $CH_3CH(OH)-R$（R は H または炭化水素基）の構造をもつ化合物に，ヨウ素と水酸化ナトリウム水溶液を加えて反応させると，ヨードホルム CHI_3 の黄色沈殿が生じる反応。

ヨードホルム反応は，

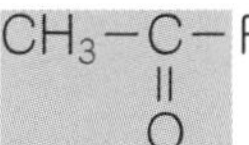

または

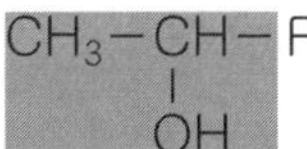

の構造をもつ化合物が示す反応です（R は H または炭化水素基）。

それぞれの化合物の構造式は，以下のようになります。

(ア)　$CH_3-\underset{\underset{\displaystyle O}{\|}}{C}-CH_3$　　(イ)　$CH_3-\underset{\underset{\displaystyle O}{\|}}{C}-H$

(ウ)　$CH_3-\underset{\underset{\displaystyle OH}{|}}{CH}-H$　　(エ)　$CH_3-\underset{\underset{\displaystyle O}{\|}}{C}-OH$

上の構造式から，(ア)～(ウ)はヨードホルム反応を示すことがわかります。

(エ)も，赤の点線で囲まれた部分は(ア)・(イ)と同じですが，『R』の部分が「OH」であり，「H または炭化水素基」ではないので，ヨードホルム反応は示しません。

(エ)……**答**

12 カルボン酸①

問題

レベル ★☆☆

次の問いに答えよ。

(1) 下の文の空欄を埋めよ。

脂肪族のモノカルボン酸を（ ① ）という。炭化水素基がすべて単結合の（①）は（ ② ）とよばれ，また炭素数の多い（①）は（ ③ ）とよばれる。

(2) 酢酸と水酸化ナトリウムを反応させたときに生じる塩を答えよ。

解くための材料

- カルボン酸…カルボキシ基－COOH をもつ化合物。水に溶けると，わずかに電離して弱い酸性を示す。水に溶けやすいカルボン酸の塩と強酸を反応させると，カルボン酸が遊離する。また，水に溶けにくいカルボン酸であっても，塩基の水溶液には溶け，カルボン酸の塩が生じる。
  分子中のカルボキシ基が 1 つのものをモノカルボン酸（1 価カルボン酸），2 つのものをジカルボン酸（2 価カルボン酸）という。
- 脂肪酸…脂肪族のモノカルボン酸。炭化水素基がすべて単結合のものを飽和脂肪酸，二重結合や三重結合を含むものを不飽和脂肪酸という。
- 炭素数の多い脂肪酸を高級脂肪酸，少ない脂肪酸を低級脂肪酸という。高級脂肪酸は水に溶けにくく，無臭・白色の固体。低級脂肪酸は水に溶けやすく，刺激臭・無色の液体。

解き方

(1) ① **脂肪酸** ② **飽和脂肪酸** ③ **高級脂肪酸**……答

(2) 酢酸と水酸化ナトリウムを反応させると，次の反応式のように塩（と水）が生成します。この反応は，中和反応です。

$$CH_3COOH + NaOH \longrightarrow CH_3COONa + H_2O$$

よって，生じる塩は**酢酸ナトリウム**です。……答

13 カルボン酸②

問題 レベル ★☆☆

次の記述(ア)〜(エ)のうち，誤っているものを1つ選べ。

(ア) ギ酸と酢酸は，ともに水によく溶ける。

(イ) ギ酸は，カルボキシ基とホルミル基をもつ。

(ウ) 酢酸を脱水剤とともに加熱して生じた化合物は，水と反応させると酢酸に戻る。

(エ) 氷酢酸と無水酢酸は，ともに弱い酸性を示す。

解くための材料

- ギ酸 HCOOH
  無色の液体で刺激臭をもつ。水によく溶ける。ホルミル基をもつため，還元性を示す。
- 酢酸 CH_3COOH
  無色の液体で刺激臭をもつ。水によく溶ける。純粋な酢酸は，温度が下がると凝固することから氷酢酸とよばれる。
- 無水酢酸 $(CH_3CO)_2O$
  無色の液体で，中性を示す。酢酸を脱水剤と加熱することで，2つの酢酸分子から水分子1つが取れて縮合する。
  水に溶けにくいが，水と反応すると酢酸に戻る。なお，2つのカルボキシ基から水分子1つが取れて縮合した化合物は，酸無水物とよばれる。

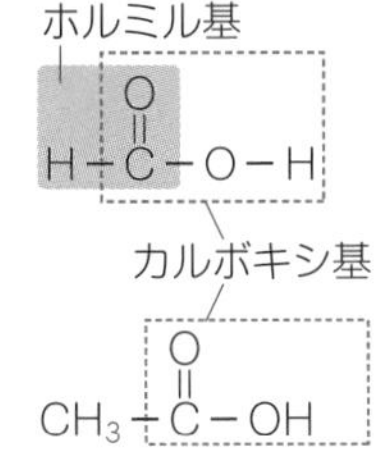

解き方

(ウ) 酢酸を脱水剤とともに加熱して生じた化合物は，無水酢酸です。無水酢酸は，水と反応すると酢酸に戻ります。

$$CH_3-\underset{\underset{O}{\|}}{C}-OH + H-O-\underset{\underset{O}{\|}}{C}-CH_3 \rightleftarrows CH_3-\underset{\underset{O}{\|}}{C}-O-\underset{\underset{O}{\|}}{C}-CH_3 + H_2O$$

無水酢酸

(エ) 氷酢酸は純粋な酢酸ですから，(弱い)酸性を示しますが，無水酢酸はカルボキシ基がないので，酸性を示さず中性を示します。

(エ)……答

14 カルボン酸③

問題

レベル ★☆☆

次の記述を読み，ジカルボン酸A～Dに当てはまるものを下の①～④から選べ。

- ジカルボン酸AとDは飽和ジカルボン酸であり，ジカルボン酸BとCは不飽和ジカルボン酸である。
- ジカルボン酸Aはナイロン66の原料であり，ジカルボン酸Dはジカルボン酸の中で最も簡単な構造をもち，酸化還元滴定などの試薬として用いられる。
- ジカルボン酸Bは加熱すると酸無水物を生じるが，ジカルボン酸Cは生じない。

① フマル酸　② マレイン酸　③ シュウ酸
④ アジピン酸

解くための材料

炭化水素基が単結合のみのものを飽和カルボン酸，不飽和結合（C=CやC≡C）を含むものを不飽和カルボン酸という。

解き方

ジカルボン酸A　飽和ジカルボン酸であり，ナイロン66の原料であることから，アジピン酸であることがわかります。　④……**答**

ジカルボン酸B　不飽和ジカルボン酸であり，加熱すると酸無水物を生じることから，シス形のマレイン酸であることがわかります。マレイン酸は加熱すると，無水マレイン酸となります。　②……**答**

ジカルボン酸C　不飽和ジカルボン酸であり，加熱しても酸無水物を生じないことから，トランス形のフマル酸であることがわかります。　①……**答**

ジカルボン酸D　飽和ジカルボン酸であり，最も簡単な構造 $(COOH)_2$ をもち，酸化還元滴定などの試薬に用いられることから，シュウ酸であることがわかります。　③……**答**

15 カルボン酸④

問題

レベル ★☆☆

次の記述(ア)～(オ)のうち，誤っているものを2つ選べ。

(ア)　不斉炭素原子に結合している原子または原子団は，必ず4種類である。

(イ)　鏡像異性体の融点や沸点は，ほとんど同じである。

(ウ)　鏡像異性体の反応性は，ほとんど同じである。

(エ)　鏡像異性体の光に対する性質は，ほとんど同じである。

(オ)　鏡像異性体の味やにおいは，ほとんど同じである。

解くための材料

異なる4種類の原子や原子団が結合している炭素原子を不斉炭素原子といい，C^*と表す。不斉炭素原子をもつ化合物には，実物と鏡像（右手と左手）のような関係にある異性体が存在する。これらを，互いに鏡像異性体という。鏡像異性体は，物理的性質・化学的性質はほとんど同じであるが，光学的性質や生理作用（味・においなど）が異なる。

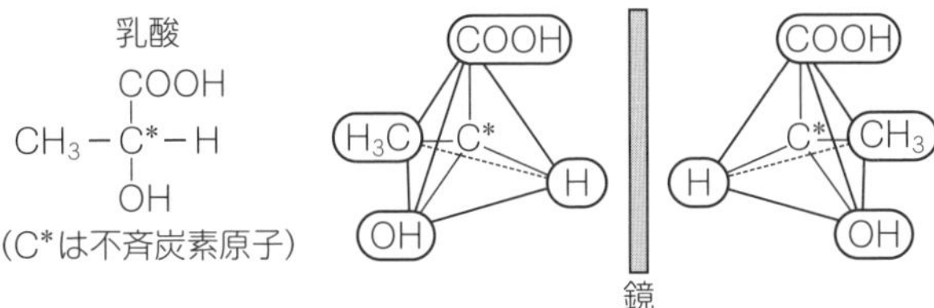

解き方

鏡像異性体は，融点や沸点，密度などの物理的性質や，反応性などの化学的性質はほとんど同じです。しかし，光に対する性質（光学的性質）や味・においなど（生理作用）は異なります。

(エ)，(オ)……**答**

16 エステル①

問題 レベル ★★☆

分子式 $C_4H_8O_2$ で表されるエステル A がある。A を加水分解すると，カルボン酸 B とアルコール C が生じた。B は銀鏡反応を示し，C を酸化するとケトンが生成した。このとき，A の構造式を書け。

解くための材料

カルボン酸とアルコールが縮合すると，エステル結合をもつ化合物（エステル）が生成する。この反応は，エステル化とよばれる。エステルに希硫酸または希塩酸を加えて加熱すると，エステル化と逆の反応（加水分解）が起こる。

解き方

$C_4H_8O_2$ のエステル A の構造は，以下の（ⅰ）～（ⅳ）が考えられます。

（ⅰ） $CH_3-CH_2-COO-CH_3$

（ⅱ） $CH_3-COO-CH_2-CH_3$

（ⅲ） $H-COO-CH_2-CH_2-CH_3$

（ⅳ） $H-COO-CH(CH_3)-CH_3$

名称は，（ⅰ）がプロピオン酸メチル，（ⅱ）が酢酸エチル，（ⅲ）がギ酸プロピル，（ⅳ）がギ酸イソプロピルだよ。

カルボン酸 B は銀鏡反応を示したので，アルデヒドが還元されたことがわかります。ホルミル基（アルデヒド基）をもつカルボン酸はギ酸ですから，カルボン酸 B はギ酸です。つまり，このエステル A の化学式は，$HCOOC_3H_7$ です。

また，アルコール C を酸化してケトンが生じたので，C は第二級アルコールであることがわかります。つまり，2-プロパノール $CH_3CH(OH)CH_3$ です。

よって，エステル A の構造式は（ⅳ）であることがわかります。

$H-COO-CH(CH_3)-CH_3$ ……**答**

17 エステル②

問題　レベル★☆☆

次の空欄を埋めよ。
カルボン酸とアルコールの縮合により，エステルと水が生成する。このような反応を，（　①　）という。
このとき，水がどちらのOHとHから生成するかを，酸素の同位体 ^{18}O を含むアルコールを用いて実験したところ，以下の反応式のような反応となった。

$$\mathrm{R{-}\underset{\underset{\displaystyle O}{\|}}{C}{-}OH + H{-}^{18}O{-}R' \longrightarrow R{-}\underset{\underset{\displaystyle O}{\|}}{C}{-}^{18}O{-}R' + H_2O}$$

このことから，H_2O は，カルボン酸の（　②　）とアルコールの（　③　）から生成されることがわかる。

解くための材料

カルボン酸とアルコールが縮合すると，エステルと水 H_2O が生成する（エステル化）。その際，H_2O はカルボン酸のOHとアルコールのHから生成する。

解き方

$$\mathrm{\underset{カルボン酸}{R{-}\underset{\underset{\displaystyle O}{\|}}{C}{-}OH} + \underset{アルコール}{H{-}^{18}O{-}R'} \longrightarrow \underset{エステル}{R{-}\underset{\underset{\displaystyle O}{\|}}{C}{-}^{18}O{-}R'} + \underset{水}{H_2O}}$$

上の反応式から，^{18}O がエステルに含まれていることがわかります。したがって，H_2O はカルボン酸のOHとアルコールのHから生成していることがわかります。

①　**エステル化**　②　**OH**　③　**H**……**答**

18 エステル③

問題　レベル ★★☆

酢酸 2mL とエタノール 2mL に濃硫酸 0.5mL を加えて加熱したところ，果実のようなにおいがした。

(1)　この実験で生成したエステルは何か。

(2)　(1)で生成したエステルに蒸留水を加えると，二層に分離した。このエステルは，上層・下層のいずれか。

(3)　(1)で生成したエステル 1mL を試験管にとり，6mol/L の水酸化ナトリウム水溶液 5mL を加えると，二層に分離した。その後，沸騰石を入れて加熱した。このときに起こる反応を何というか。

(4)　(3)の反応により，果実のようなにおいはどうなるか。また，分離した二層はどうなるか。

解くための材料

酢酸とエタノールの混合物に濃硫酸を加えると，酢酸エチルが生成する。

解き方

(1)　右式の反応により，**酢酸エチル**が生成します。……**答**

$$CH_3-\underset{\underset{O}{\|}}{C}-OH + H-O-C_2H_5 \xrightarrow{\text{濃硫酸}} CH_3-\underset{\underset{O}{\|}}{C}-O-C_2H_5 + H_2O$$

(2)　酢酸エチルは水より軽いので，**上層**になります。……**答**

(3)　水酸化ナトリウム水溶液を入れただけでは，反応が進まず，二層に分離します。エステルに強塩基の水溶液を加えて加熱すると加水分解し，カルボン酸の塩とアルコールが生成する反応を，**けん化**といいます。……**答**

$$CH_3-\underset{\underset{O}{\|}}{C}-O-C_2H_5 + NaOH \xrightarrow{\text{けん化}} CH_3-COONa + C_2H_5-OH$$

(4)　酢酸エチルは，けん化により酢酸ナトリウムとエタノールになります。したがって，酢酸エチルの果実のようなにおいは**なくなり**，層は **1 つ**になります。……**答**

19 油脂

問題

レベル ★☆☆

次の空欄を埋めよ。
パルミチン酸のように，C=C 結合をもたない脂肪酸を（ ① ），オレイン酸のように，C=C 結合をもつ脂肪酸を（ ② ）という。常温で液体の油脂は（ ③ ）とよばれ，(②) を多く含む。空気中で固化しない脂肪油は（ ④ ）とよばれる。また，ニッケルを触媒として，脂肪油に（ ⑤ ）を付加してできた油脂を（ ⑥ ）といい，マーガリンやセッケンの原料として用いられている。

解くための材料

- 油脂…高級脂肪酸 RCOOH とグリセリン $C_3H_5(OH)_3$ のエステル。油脂を構成する脂肪酸には，飽和脂肪酸と不飽和脂肪酸がある。
- 飽和脂肪酸…C=C 結合をもたない脂肪酸。パルミチン酸 $C_{15}H_{31}COOH$，ステアリン酸 $C_{17}H_{35}COOH$ などがある。
- 不飽和脂肪酸…C=C 結合をもつ脂肪酸。オレイン酸 $C_{17}H_{33}COOH$（C=C 結合は 1 つ），リノール酸 $C_{17}H_{31}COOH$（C=C 結合は 2 つ），リノレン酸 $C_{17}H_{29}COOH$（C=C 結合は 3 つ）などがある。
- 脂肪…常温で固体の油脂。高級飽和脂肪酸を多く含む。
- 脂肪油…常温で液体の油脂。不飽和脂肪酸を多く含む。空気中で固化する脂肪油は乾性油，空気中で固化しない脂肪油は不乾性油という。
- 硬化油…ニッケルを触媒として，脂肪油に水素を付加してできた油脂。

解き方

飽和脂肪酸は単結合のみの脂肪酸，不飽和脂肪酸は二重結合や三重結合を含む脂肪酸です。

脂肪酸は P210

① **飽和脂肪酸**　② **不飽和脂肪酸**
③ **脂肪油**　④ **不乾性油**
⑤ **水素**　⑥ **硬化油**

バターは動物性の油を集めてつくられているけど，マーガリンは植物性の油を原料とした硬化油をもとにしてつくられているんだよ！

20 けん化価

問題

レベル ★★☆

ある油脂 1g をけん化するのに，水酸化カリウムが 200mg 必要であった。次の問いに答えよ。式量は，KOH＝56 とする。

(1)　1mol の油脂をけん化するのに必要な水酸化カリウムは何 mol か。

(2)　この油脂の平均分子量はいくらか。

解くための材料

けん化価…油脂 1g をけん化するのに必要な水酸化カリウム KOH の質量（mg）の数値。けん化価 s は，油脂の平均分子量を M とすると，KOH＝56 より，

$$s=\frac{1}{M}\times 3\times 56\times 10^3$$ ← けん化価が大きい（小さい）ほど，分子量が小さい（大きい）

解き方

(1)　KOH による油脂のけん化は，次の反応式で表されます。

$$(RCOO)_3C_3H_5+3KOH \longrightarrow C_3H_5(OH)_3+3RCOOK$$

したがって，1 mol の油脂をけん化するのに必要な水酸化カリウム KOH は，3 mol です。

3 mol……答

(2)　この油脂の平均分子量を M とすると，けん化価は 200 なので，

$$200=\frac{1}{M}\times 3\times 56\times 10^3$$

$$M=840$$

840……答

けん化価は，油脂の平均分子量の大小の目安として利用することができるよ！
あーしてー
こーしてー

21 ヨウ素価

問題 レベル ★★☆

次の問いに答えよ。

(1) ある油脂 1 分子に C=C 結合が n 個あったとすると，油脂 1 mol に付加できるヨウ素 I_2 は何 mol か。

(2) ある油脂の分子量は 860，ヨウ素価は 88 であった。この油脂 1 分子に含まれる C=C 結合の数はいくらか。ただし，分子量は I_2=254 とする。

解くための材料

ヨウ素価…油脂 100 g に付加するヨウ素の質量（g）の数値。ヨウ素価 i は，油脂の平均分子量を M，C=C 結合の数を n とすると，I_2=254 より，

$$i=\frac{100}{M}\times n\times 254$$ ⟵ ヨウ素価が大きい(小さい)ほど，C=C結合の数が多い(少ない)

解き方

(1) C=C 結合 1 個に対し，I_2 が 1 個付加します。したがって，ある油脂 1 mol に，C=C 結合が n mol 含まれている場合には，I_2 は n mol 付加します。

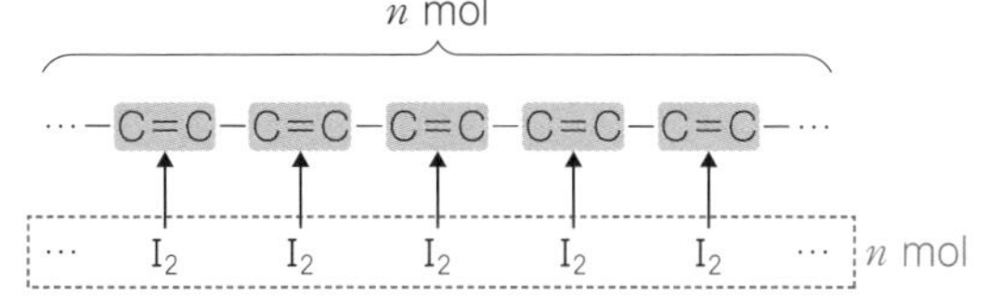

C=C結合の数のことを，「不飽和度」ともいうよ。
チェック

n mol……答

(2) この油脂 1 分子に含まれる C=C 結合の数 n は，

$$88=\frac{100}{860}\times n\times 254$$

$$n\fallingdotseq 3$$

3 個……答

そうか！
油脂に含まれるC=C結合の数が多ければ多いほど，乾性油の性質が強い（酸化されて固体になりやすい）ということなんだね！

22 セッケン①

問題

レベル ★☆☆

セッケンの製法と性質に関する次の記述(ア)～(オ)のうち，誤っているものをすべて選べ。

(ア)　油脂を水酸化ナトリウム水溶液でけん化すると得られる。

(イ)　油脂の加水分解で得られた脂肪酸を中和すると得られる。

(ウ)　弱酸と強塩基からなる塩で，水溶液は弱塩基性を示す。

(エ)　動物性繊維の洗濯にも使用できる。

(オ)　硬水の中では使用できない。

解くための材料

油脂を水酸化ナトリウム水溶液でけん化すると，脂肪酸のナトリウム塩（セッケン）が得られる。

$$\begin{matrix} R^1COOCH_2 \\ | \\ R^2COOCH \\ | \\ R^3COOCH_2 \\ \text{油脂} \end{matrix} + 3NaOH \longrightarrow \begin{matrix} R^1COONa \\ \\ R^2COONa \\ \\ R^3COONa \\ \text{脂肪酸ナトリウム（セッケン）} \end{matrix} + \begin{matrix} CH_2OH \\ | \\ CHOH \\ | \\ CH_2OH \\ \text{グリセリン} \end{matrix}$$

解き方

(ア)・(イ)　現在では，(イ)の方法でつくられています。

(ウ)　次式のような反応が起こります。

$$RCOO^- + H_2O \longrightarrow RCOOH + OH^-$$

(エ)　動物性繊維（絹や羊毛など）の洗濯には適していません。

(オ)　硬水（Ca^{2+}やMg^{2+}を多く含む水）の中では，水に不溶な塩をつくるため，洗浄力が落ちてしまいます。

$$2RCOONa + Ca^{2+} \longrightarrow (RCOO)_2Ca + 2Na^+$$

(エ)……答

23 セッケン②

問題

レベル ★☆☆

次の空欄を埋めよ。
セッケンは，（　①　）基とよばれる水になじみやすい部分と，（　②　）基とよばれる水になじみにくい部分とで構成されている。水中では，（①）基を（　③　）側に，（②）基を（　④　）側にして集まり，コロイド粒子として存在している。これを（　⑤　）という。水面では，（①）基を水中に，（②）基を外部に向ける形で並んでおり，そのため水の表面張力が（　⑥　）なる。
セッケンが油と接触すると，セッケンが油を取り囲んで水中に分散し，乳濁液となる。この作用を（　⑦　）といい，これがセッケンによる洗浄のしくみである。

解くための材料

セッケンは，親水基－COO^-と疎水基（炭化水素基）R－からなる界面活性剤である。界面活性剤は，空気と水との境（界面）に並ぶため，界面には水分子が存在できない。その結果，水の表面張力は小さくなるため，繊維に浸透しやすい。

解き方

セッケンは，右図のように親水基と疎水基で構成されています。水中では，右下の図のように，ミセルを形成しています。

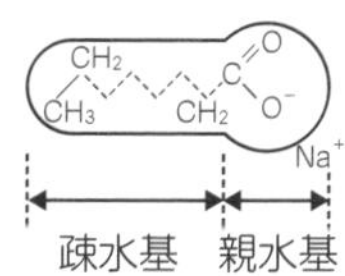

セッケンが油と接触すると，セッケンが油を取り囲んで布などの繊維から油を引き離し，水中に分散します。

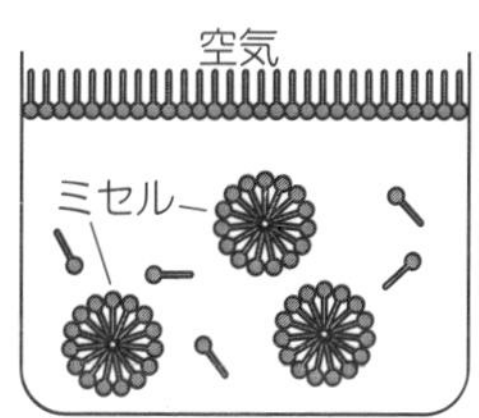

① **親水**　② **疎水（親油）**　③ **外**　④ **内**
⑤ **ミセル**　⑥ **小さく**　⑦ **乳化作用**……**答**

セッケンと合成洗剤

セッケンには，P220 で学習したように，

- 絹や羊毛などの動物性繊維には使用できない
- 硬水中では洗浄力が落ちる

といった短所があります。

そこで，これらの短所を解消するために開発されたものが，合成洗剤です。代表的な合成洗剤には，以下のものがあります。

① 1-ドデカノールと濃硫酸を反応させて生じる硫酸水素ドデシルを，水酸化ナトリウムで中和する。

$$C_{12}H_{25}-OH \xrightarrow{H_2SO_4} C_{12}H_{25}-OSO_3H \xrightarrow{NaOH} C_{12}H_{25}-OSO_3Na$$

1-ドデカノール　　硫酸水素ドデシル　　硫酸ドデシルナトリウム

② アルキルベンゼンと濃硫酸を反応させて生じたアルキルベンゼンスルホン酸を，水酸化ナトリウムで中和する。

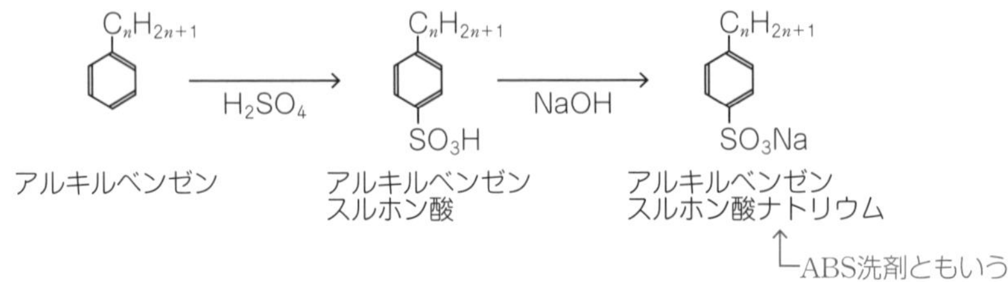

アルキルベンゼン　　アルキルベンゼンスルホン酸　　アルキルベンゼンスルホン酸ナトリウム

↑ABS洗剤ともいう

①でつくられる合成洗剤は台所用として，②でつくられる合成洗剤は洗濯用として用いられています。

また，①，②ともに強酸と強塩基からなる塩で，その水溶液は中性です。このことから，中性洗剤とよばれることもあります。

1 芳香族炭化水素①

問題　　レベル ★☆☆

次の問いに答えよ。

(1) ベンゼンに関する次の記述(ア)～(エ)のうち，<u>誤っているもの</u>を１つ選べ。

(ア) 水に溶けにくく，水より軽い。

(イ) 特有のにおいをもつ，無色で可燃性の液体。

(ウ) 空気中では，ほとんど燃えない。

(エ) 各炭素原子の間に，二重結合が均等に分布している。

(2) 次の（ⅰ），（ⅱ）に示す化合物に含まれる水素の質量の割合は何%か。ただし，原子量はH＝1.0，C＝12とする。

（ⅰ） CH_4　　（ⅱ） C_nH_n（n は自然数とする）

解くための材料

(2)は，1mol あたりの質量を考えるとよい。

解き方

(1) 空気中では，多量のすすを出して燃えます。

(ウ)……答

多量のすすを出して燃えるということは，炭素が多く含まれているということだね！

(2)（ⅰ） 1 mol あたりの質量，つまりモル質量を考えます。

CH_4 のモル質量は，$12+1.0\times4=16$ g/mol，このうちの水素のモル質量は，$1.0\times4=4.0$ g/mol ですから，

CH_4 に含まれる水素の質量の割合は， $\frac{4.0}{16}\times100=25$ %

（ⅱ） （ⅰ）と同様に考えます。C_nH_n のモル質量は，$12\times n+1.0\times n=13n$ g/mol，このうちの水素のモル質量は，$1.0\times n=n$ g/mol ですから，C_nH_n に含まれる水素の質量の割合は，$\frac{n}{13n}\times100=7.69\cdots\fallingdotseq7.7$ %

（ⅰ） **25 %**　　（ⅱ） **7.7 %**……答

2 芳香族炭化水素②

問題 レベル ★☆☆

次の問いに答えよ。

(1) キシレンの異性体は，メチル基の結合位置により，*o*-キシレン，*m*-キシレン，*p*-キシレンの 3 種類がある。(ア)～(ウ)の構造式のうち，*p*-キシレンはどれか。

(ア) CH_3 / CH_3　(イ) CH_3 / CH_3　(ウ) CH_3 / CH_3

(2) *o*-キシレン，*m*-キシレン，*p*-キシレンのベンゼン環の水素原子 1 個を臭素原子に置換した化合物は，それぞれ何種類あるか。

解くための材料

芳香族炭化水素…ベンゼン環をもつ炭化水素。置換基がベンゼン環に結合したもの（トルエン，キシレンなど）や，2 個以上のベンゼン環からなるもの（ナフタレンやアントラセンなど）がある。*o*-(オルト)，*m*-(メタ)，*p*-(パラ)異性体の置換基の位置関係は，右のようになる。

X Y　X Y　X Y

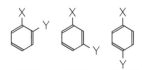

o-異性体　*m*-異性体　*p*-異性体

解き方

(1) 右上の図より，*p*-キシレンは **(ア)** です。……**答**

(2) それぞれのベンゼン環の水素原子 1 個を臭素原子に置換した化合物は，下のようになります。よって，順に，**2 種類**，**3 種類**，**1 種類**です。……**答**

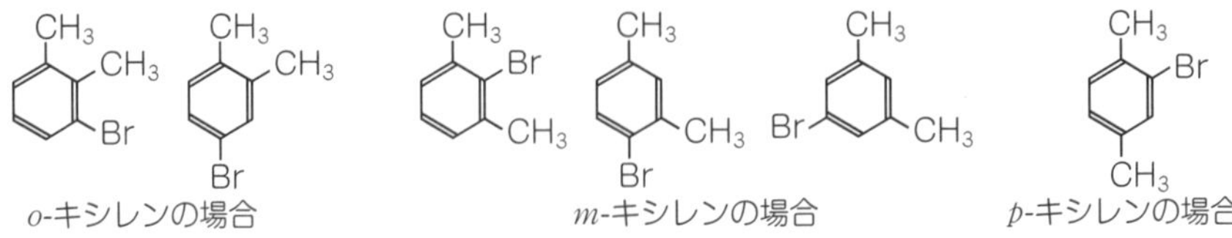

3 芳香族炭化水素③

問題　レベル ★★★

分子式 $C_6H_3Cl_3$ で表される芳香族化合物の構造異性体は何種類あるか。

解くための材料

分子式 $C_6H_3Cl_3$ で表される芳香族化合物は，ベンゼン C_6H_6 中の 3 つの H が Cl に置換された化合物である。

解き方

分子式 $C_6H_3Cl_3$ で表される芳香族化合物は，ベンゼンの水素 H 原子 3 つがすべて塩素 Cl 原子に置換されたものです。

まず，2 つの Cl を右の図 1 のように固定して考えてみましょう。すると，残りの 1 つの Cl は，下の図 2 のように 4 か所につけることができます。

図 1

(a)

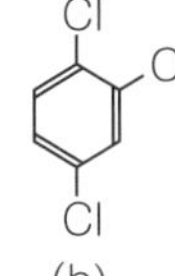

(b)

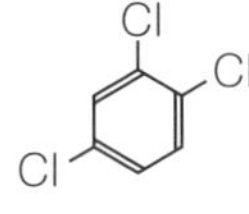

(c)

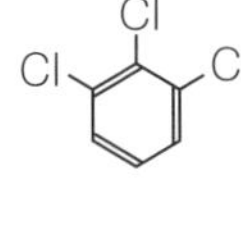

(d)

図 2

ただし，図 2 の(a)と(d)は，いずれか一方を回転させると一致するので，同じ構造式と考えます。(b)と(c)も同様です。

次に，2 つの Cl を右の図 3 のように固定して考えてみましょう。すると，残りの 1 つの Cl は，下の図 4 のように 3 か所につけることができますが，図 2 の場合と同様に，(a)と(c)は同じであり，かつ図 2 の(b)，(c)とも同じです。

図 3

(a)　(b)　(c)

図 4

したがって，構造異性体は，

図 2 の(a) ← 図 2 の(d)と同じ
図 2 の(b) ← 図 2 の(c)，図 4 の(a)，(c)と同じ
図 4 の(b)

の **3 種類**です。……**答**

4 ベンゼンの置換反応①

問題 レベル ★☆☆

次の反応の化学反応式を書け。

(1) 鉄粉を触媒として，ベンゼンと臭素を反応させたところ，ブロモベンゼンが生じた。

(2) ベンゼンを濃硫酸とともに加熱すると，ベンゼンスルホン酸が生じた。

解くための材料

- ハロゲン化…ハロゲンで置換される反応。特に，塩素原子で置換される反応を塩素化という。
- スルホン化…スルホ基 $-SO_3H$ で置換される反応。スルホ基が結合した化合物をスルホン酸という。

解き方

(1) ハロゲンの臭素 Br_2 とベンゼンを反応させると，以下の化学反応式のように反応してブロモベンゼンが生じます（ハロゲン化）。

$$C_6H_6 + Br_2 \longrightarrow C_6H_5Br + HBr$$ ……答

! *p*-ジクロロベンゼン

鉄粉を触媒として，ベンゼンと塩素を反応させると，クロロベンゼンが生じます（塩素化）。このクロロベンゼンをさらに塩素化すると，*p*-ジクロロベンゼンが生じます。これは，衣類の防虫剤などに用いられています。

$$C_6H_5Cl + Cl_2 \longrightarrow Cl-C_6H_4-Cl + HCl$$

(2) 反応は，以下の化学反応式のようになります（スルホン化）。

$$C_6H_6 + HO-SO_3H \longrightarrow C_6H_5SO_3H + H_2O$$ ……答

硫酸（H_2SO_4）

5 ベンゼンの置換反応②

問題 レベル ★☆☆

次の反応の化学反応式を書け。

(1) ベンゼンに混酸（濃硝酸と濃硫酸の混合物）を加えると，ニトロベンゼンが生成した。

(2) トルエンを高温でニトロ化すると，2,4,6-トリニトロトルエンが生成した。

解くための材料

ニトロ化…ニトロ基－NO_2で置換される反応。炭素原子に直接結合したニトロ基をもつ化合物を，ニトロ化合物という。トルエンを常温でニトロ化すると，*o*-ニトロトルエンと*p*-ニトロトルエンが得られ，高温でニトロ化すると，2,4,6-トリニトロトルエン（TNT）が得られる。

解き方

(1) ベンゼンに濃硝酸と濃硫酸の混合物を加えると，以下の化学反応式のように反応してニトロベンゼンが生じます（ニトロ化）。

$$C_6H_6 + HO-NO_2 \xrightarrow{\text{濃硫酸}} C_6H_5NO_2 + H_2O$$

（$HO-NO_2$：硝酸(HNO_3)）……**答**

(2) トルエンを高温でニトロ化すると，以下の化学反応式のように反応して2,4,6-トリニトロトルエンが生じます。

$$C_6H_5CH_3 + 3HNO_3 \longrightarrow C_6H_2(CH_3)(NO_2)_3 + 3H_2O$$

……**答**

! ベンゼンの付加反応

ベンゼン環は安定ですが，特別な条件下では，付加反応を起こすことがあります。

① 白金（またはニッケル）を触媒として，高圧下でベンゼンと水素を反応させると，付加反応が起こってシクロヘキサンC_6H_{12}が生じます。

② ベンゼンに紫外線を当てながら塩素と反応させると，付加反応が起こってヘキサクロロシクロヘキサン（ベンゼンヘキサクロリド）$C_6H_6Cl_6$が生じます。

6 フェノール類①

問題

レベル ★☆☆

次の表の空欄を埋めよ。ただし，⑦～⑫については，「変化する」「変化しない」のいずれかを答えよ。

名　称	構造式	塩化鉄(Ⅲ)水溶液を加えたときの色
フェノール	①	⑦
1-ナフトール	②	⑧
o-クレゾール	③	⑨
サリチル酸	④	⑩
ベンジルアルコール	⑤	⑪
アセチルサリチル酸	⑥	⑫

解くための材料

- フェノール類…ベンゼン環の炭素原子にヒドロキシ基－OH が直接結合した化合物。水に溶けにくい。塩化鉄(Ⅲ)水溶液を加えると青～赤紫色に変化する。
- ナフトール…ナフタレンの水素 H 原子 1 個を－OH で置換した化合物。1-ナフトール，2-ナフトールの 2 種類の構造異性体がある。
- クレゾール…*o*-クレゾール，*m*-クレゾール，*p*-クレゾールの 3 種類の構造異性体がある。消毒液の原料として用いられている。

解き方

フェノール類の水溶液に塩化鉄(Ⅲ)の黄褐色水溶液を加えると，青～赤紫色に変化します。ベンジルアルコールとアセチルサリチル酸は，ベンゼン環の炭素原子に直接結合したヒドロキシ基がないので，フェノール類ではありません。つまり，塩化鉄(Ⅲ)水溶液を加えても，色は黄褐色のままで変化しません。

① 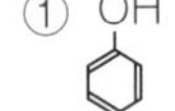

② 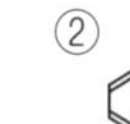

③ 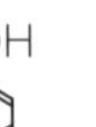

④ 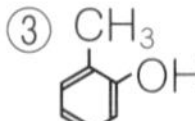

⑤ 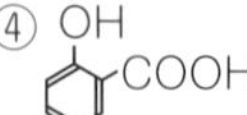

⑥ 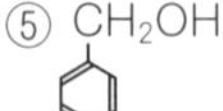
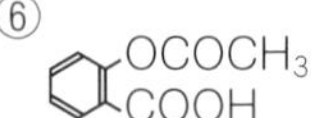

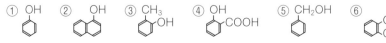

⑦ **変化する**　⑧ **変化する**　⑨ **変化する**　⑩ **変化する**
⑪ **変化しない**　⑫ **変化しない**……答

7 フェノール類②

問題

レベル ★☆☆

次の記述(ア)～(エ)のうち，エタノールとフェノールの両方にあてはまる性質を１つ選べ。

(ア)　水に非常によく溶ける。

(イ)　無水酢酸と反応し，エステルを生じる。

(ウ)　水酸化ナトリウム水溶液と反応する。

(エ)　塩化鉄(Ⅲ)水溶液と反応して水溶液の色が変化する。

解くための材料

フェノール類の性質

① 無水酢酸と反応し，エステルを生成するが，酢酸とは反応しにくい。

② ナトリウムと反応して水素を発生する（P230 参照）。

③ 水溶液中でわずかに電離し，フェノキシドイオンを生じて弱酸性を示す。

$$C_6H_5OH \rightleftarrows C_6H_5O^- + H^+$$

酸の強さは，
硫酸･塩酸･スルホン酸＞カルボン酸＞炭酸＞フェノール類

④ 水とは反応しにくいが，水酸化ナトリウム水溶液と中和反応し，塩であるナトリウムフェノキシドを生成して水に溶ける。

$$C_6H_5OH + NaOH \rightarrow C_6H_5ONa + H_2O$$

これに，二酸化炭素を通じる，または強酸やカルボン酸を加えると，フェノールが遊離する。

$$C_6H_5ONa + CO_2 + H_2O \rightarrow C_6H_5OH + NaHCO_3$$

※①，②はアルコールと似ているが，③，④はアルコールとは異なる。

解き方

(ア)　フェノールは，水に溶けにくい物質です。

(ウ)　エタノールは，水酸化ナトリウム水溶液とは反応しません。

(エ)　塩化鉄(Ⅲ)水溶液と反応し，水溶液の色が変化するのはフェノールです。

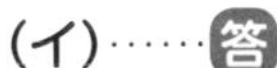

(イ)……答

8 フェノールの反応

問題　レベル★☆☆

フェノールと物質Aの水溶液を反応させると，有機化合物Bが沈殿する。これは，フェノールの検出に利用されている。Aの名称，およびBの色と名称を答えよ。

解くための材料

フェノールの反応

① ナトリウムと反応させると，ナトリウムフェノキシドと水素が生成。

$$2\,C_6H_5OH + 2Na \rightarrow 2\,C_6H_5ONa + H_2$$

ナトリウムフェノキシド

② 混酸と反応させると，ベンゼン環の *o*-，*p*- にニトロ基が結合している化合物が生成し，最終的にピクリン酸（2,4,6−トリニトロフェノール）が生成。

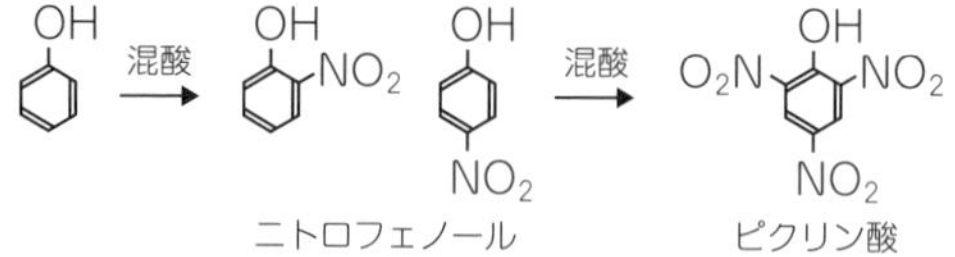

③ 臭素水と反応させると，2,4,6−トリブロモフェノールの白色沈殿が生成。

$$C_6H_5OH + 3Br_2 \rightarrow C_6H_2Br_3OH + 3HBr$$

2,4,6−トリブロモフェノール

解き方

フェノールの検出では，フェノールと臭素水の反応で2,4,6−トリブロモフェノールの白色沈殿が生成することが利用されています。

Aの名称…**臭素**　Bの色…**白色**　Bの名称…**2,4,6−トリブロモフェノール**

……**答**

フェノールはベンゼンよりも置換反応を受けやすいんだよ。
ピクリン酸はフェノール類だけど，塩化鉄(Ⅲ)水溶液を加えても色は変化しないんだよ。

9 フェノールの製法

問題　レベル ★★☆

次の空欄を埋めよ。

フェノールは現在，（　①　）により製造されている。その手順は，以下の(ⅰ)～(ⅲ)の通りである。

(ⅰ)　ベンゼンとプロペンを反応させることで，（　②　）が生成する。

(ⅱ)　(②) を酸化して，（　③　）とする。

(ⅲ)　(③) を硫酸で分解すると，フェノールと（　④　）が生成する。

解くための材料

フェノールの製法

現在は，以下に示すクメン法により製造されている。

ベンゼン $\xrightarrow{CH_2=CHCH_3}$ クメン（$CH_3-C(H)(C_6H_5)-CH_3$） $\xrightarrow{O_2}$ クメンヒドロペルオキシド（$CH_3-C(O-OH)(C_6H_5)-CH_3$） $\xrightarrow{分解}$ フェノール（C_6H_5OH） ＋ アセトン（$CH_3-C(=O)-CH_3$）

なお，以前は以下のような方法により製造されていた。

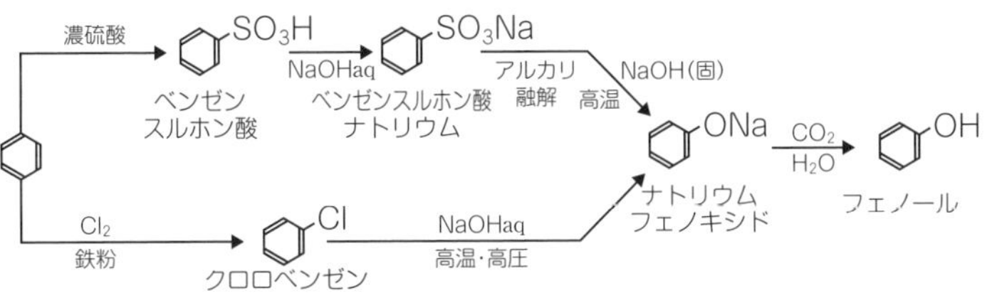

解き方

フェノールは，現在はクメン法で製造されています。

① **クメン法**　② **クメン**

③ **クメンヒドロペルオキシド**　④ **アセトン**……答

10 芳香族カルボン酸①

問題

レベル ★☆☆

次の記述(ア)～(ウ)のうち，誤っているものを１つ選べ。

(ア) 安息香酸の酸としての強さは，炭酸よりも弱いため，炭酸水素ナトリウムとは反応しない。

(イ) フタル酸を加熱すると，無水フタル酸になる。

(ウ) テレフタル酸は，ポリエチレンテレフタラート（PET）の原料である。

解くための材料

芳香族カルボン酸…ベンゼン環の炭素原子に，カルボキシ基が直接結合した化合物。水にはわずかに溶け，弱い酸性を示す。

- 安息香酸…トルエンを過マンガン酸カリウム水溶液と反応させて得られる。

$$C_6H_5\text{-}CH_3 \xrightarrow{KMnO_4} C_6H_5\text{-}COOK \xrightarrow{H_2SO_4} C_6H_5\text{-}COOH$$

トルエン → 安息香酸カリウム → 安息香酸

ベンゼン環の側鎖は，酸化されると－COOHになる

- フタル酸…*o*-キシレンを酸化すると得られる。加熱することで，無水フタル酸になる。無水フタル酸は，工業的には，触媒を用いて *o*-キシレンやナフタレンを酸化することで得られる。

$$C_6H_4(CH_3)_2 \xrightarrow{酸化} C_6H_4(COOH)_2 \xrightarrow{加熱} C_6H_4(CO)_2O + H_2O$$

o-キシレン酸 → フタル酸 → 無水フタル酸

- テレフタル酸…*p*-キシレンを酸化すると得られる。ポリエチレンテレフタラートの原料。

$$H_3C\text{-}C_6H_4\text{-}CH_3 \xrightarrow{酸化} HOOC\text{-}C_6H_4\text{-}COOH$$

p-キシレン → テレフタル酸

解き方

(ア) 安息香酸は，炭酸より強い酸ですから，炭酸水素ナトリウムと反応して二酸化炭素が発生します。　**(ア)**……答

$$C_6H_5\text{-}COOH + NaHCO_3 \longrightarrow C_6H_5\text{-}COONa + H_2O + CO_2$$

11 芳香族カルボン酸②

問題　レベル ★☆☆

次の問いに答えよ。

(1) 以下の空欄を埋めよ。

サリチル酸は，ベンゼン環の（ ① ）位の炭素原子に，（ ② ）基と（ ③ ）基がそれぞれ結合した化合物である。工業的には，（ ④ ）と二酸化炭素を，高温・高圧のもとで反応させ，生成した（ ⑤ ）を希硫酸と反応させることで得られる。

(2) サリチル酸を水酸化ナトリウム水溶液に溶かしたとき，生成する化合物を構造式で書け。

解くための材料

サリチル酸…ベンゼン環に，ヒドロキシ基−OHとカルボキシ基−COOHが結合した化合物。−OHと−COOHが結合しているため，フェノール類とカルボン酸の両方の性質を示す。
工業的には，ナトリウムフェノキシドと二酸化炭素を高温・高圧のもとで反応させ，生成したサリチル酸ナトリウムと希硫酸を反応させることで得られる。

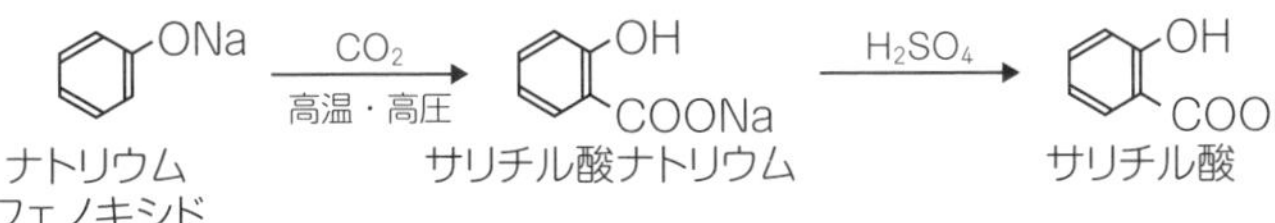

解き方

(2) ヒドロキシ基とカルボキシ基は酸性なので，強塩基の水酸化ナトリウムと反応（中和反応）して塩と水をつくります。

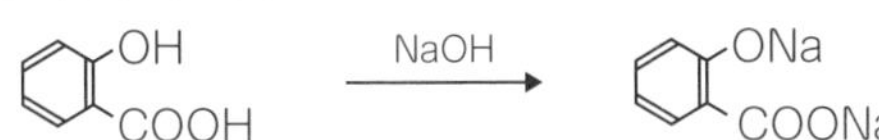

(1) ① **オルト（*o*-）** ② **ヒドロキシ** ③ **カルボキシ**
④ **ナトリウムフェノキシド** ⑤ **サリチル酸ナトリウム**……答

※②，③は順不同

(2) 

……答

12 芳香族カルボン酸③

問題

レベル ★☆☆

下図は，サリチル酸に関する反応の経路図である。

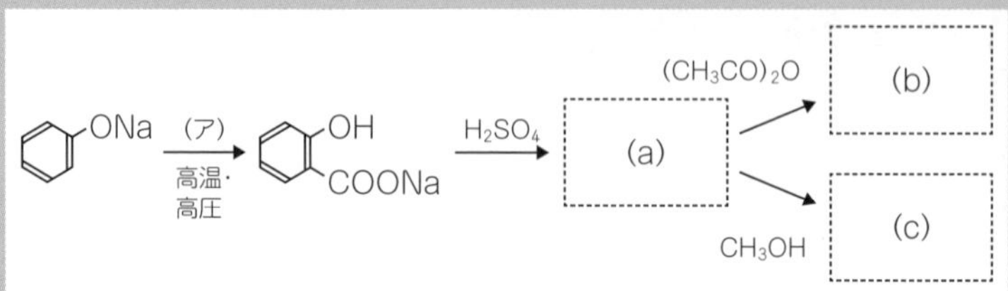

(1) 物質(ア)および(a)～(c)の名称を答えよ。

(2) (a)～(c)のうち，(i)塩化鉄(Ⅲ)水溶液により呈色するものと，(ii)炭酸水素ナトリウム水溶液に溶解するものをそれぞれすべて選べ。

解くための材料

• サリチル酸の「フェノール類」としての反応
サリチル酸と無水酢酸に濃硫酸を加えて反応させると，アセチルサリチル酸が生成する（アセチル化）。

(OH, COOH をもつベンゼン環) ＋ $O(COCH_3)_2$ → (O−$COCH_3$, COOH をもつベンゼン環) ＋ CH_3COOH

エステル結合
アセチル基

• サリチル酸の「カルボン酸」としての反応
サリチル酸とメタノールに濃硫酸を加えて反応させると，サリチル酸メチルが生成する（エステル化）。

(OH, COOH をもつベンゼン環) ＋ HO−CH_3 —濃硫酸→ (OH, $COOCH_3$ をもつベンゼン環) ＋ H_2O

サリチル酸　メタノール　サリチル酸メチル

エステル結合

解き方

(2) 塩化鉄(Ⅲ)水溶液で呈色するのはフェノール性ヒドロキシ基をもつ(a)と(c)，炭酸水素ナトリウム水溶液に溶解するのはカルボキシ基をもつ(a)と(b)です。

(1)(ア) **二酸化炭素**　(a) **サリチル酸**　(b) **アセチルサリチル酸**
(c) **サリチル酸メチル**　(2)(i) **(a)と(c)**　(ii) **(a)と(b)**……答

13 芳香族アミン

問題

レベル ★☆☆

アニリンに関する次の記述(ア)～(エ)のうち，誤っているものを１つ選べ。

(ア)　氷酢酸を加えて加熱すると，アニリン塩酸塩が生じる。
(イ)　さらし粉水溶液で酸化されると赤紫色になる。
(ウ)　アニリンブラックは水に溶けにくい。
(エ)　空気中で酸化されると赤褐色になる。

解くための材料

アミン…アンモニア分子の水素原子を炭化水素基で置換した化合物。
芳香族アミン…ベンゼン環の炭素原子にアミノ基が結合した化合物。
アニリンの性質
① 酸化されやすく，空気中で酸化されると赤褐色になる。
② 有機溶媒によく溶け，水にはほとんど溶けない。
③ 弱塩基性を示し，塩酸と反応して塩（アニリン塩酸塩）を生じて溶ける。
④ さらし粉水溶液で酸化すると，赤紫色になる。
⑤ 硫酸酸性の二クロム酸カリウム水溶液で酸化すると，水に溶けにくいアニリンブラックを生じる。
⑥ 無水酢酸を作用させる，または氷酢酸を加えて加熱すると，アセトアニリドが生じる。

解き方

(ア)　アニリンに氷酢酸を加えて加熱すると，アセトアニリドが生じます。

(ア)……答

アセトアニリドのような，アミド結合
−NH−CO−をもつ化合物をアミドと
いうんだよ！

14 アゾ化合物

問題 レベル ★☆☆

次の空欄を埋めよ。
アニリンを塩酸に溶かし，氷冷しながら亜硝酸ナトリウム水溶液を加えると，（　①　）が生成する。この反応は，（　②　）とよばれる。また，水酸化ナトリウム水溶液にフェノールを溶かし，これを（①）の水溶液に加えると，橙赤色の（　③　）が生成する。このような反応を（　④　）という。

解くための材料

ジアゾ化…芳香族アミンからジアゾニウム塩をつくる反応。

$$C_6H_5\text{-}NH_2 + NaNO_2 + 2HCl \xrightarrow{5℃以下} [C_6H_5\text{-}N\equiv N]^+Cl^- + NaCl + 2H_2O$$

アニリン　亜硝酸ナトリウム　塩化ベンゼンジアゾニウム

ジアゾカップリング…ジアゾニウム塩から，アゾ基－N＝N－をもつ化合物（アゾ化合物）をつくる反応。

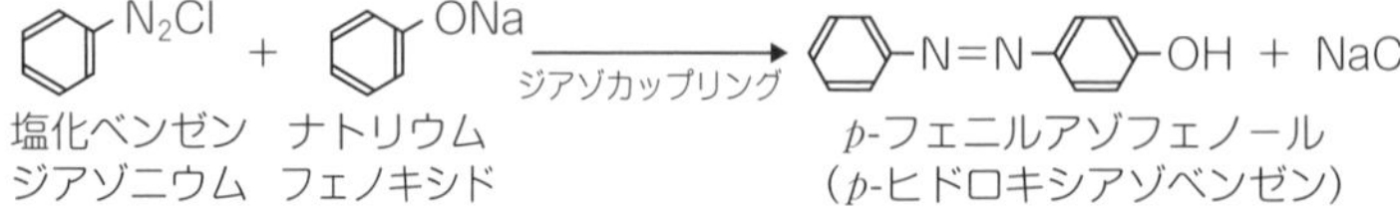

解き方

水酸化ナトリウム水溶液にフェノールを溶かすと，ナトリウムフェノキシドが生成します。ナトリウムフェノキシドを塩化ベンゼンジアゾニウム水溶液に加えると，ジアゾカップリングとよばれる反応が進行します。

①　**塩化ベンゼンジアゾニウム**　②　**ジアゾ化**

③　***p*-フェニルアゾフェノール（*p*-ヒドロキシアゾベンゼン）**

④　**ジアゾカップリング（カップリング）**　……**答**

塩化ベンゼンジアゾニウムの水溶液を温めると，分解して窒素とフェノールが生成するんだよ。

中和滴定の指示薬として登場した「メチルオレンジ」は，アゾ化合物なんだよ！

15 有機化合物の分離①

問題 レベル ★☆☆

次の(1)〜(3)の分離を行う場合の操作として最も適したものを，下の(ア)〜(ウ)のうちからそれぞれ１つずつ選べ。

(1) トルエンとフェノールが含まれたエーテル溶液から，フェノールを分離する。

(2) アニリンとニトロベンゼンが含まれたエーテル溶液から，アニリンを分離する。

(3) フェノールと安息香酸が含まれたエーテル溶液から，安息香酸を分離する。

(ア) 塩酸を加える。

(イ) 水酸化ナトリウム水溶液を加える。

(ウ) 炭酸水素ナトリウム水溶液を加える。

解くための材料

有機化合物の分離法

- 溶解性の違いを利用する。芳香族化合物は，エーテルに溶けやすく水に溶けにくいものが多いが，酸性の化合物に塩基を加えると，塩をつくって水に溶けやすくなる。
- 酸や塩基の強弱を利用する。弱酸の塩に強酸を加えると弱酸が遊離することを利用して，塩を水に溶かすことができる。

解き方

(1) フェノールは酸性物質ですから，水酸化ナトリウム水溶液を加えることでナトリウム塩となり，水層に分離されます。 **(イ)**……**答**

(2) アニリンは塩基性物質ですから，塩酸を加えることでアニリン塩酸塩となり，水層に分離されます。 **(ア)**……**答**

(3) フェノールと安息香酸はともに酸性物質ですが，酸の強さが安息香酸（カルボン酸）＞炭酸＞フェノールであることから，炭酸水素ナトリウム水溶液を加えると安息香酸がナトリウム塩となり，水層に分離されます。 **(ウ)**……**答**

16 有機化合物の分離②

問題

レベル ★★☆

アニリン，フェノール，ベンゼンが含まれているエーテル溶液から，これらの物質を右図のように分離した。水層 A，水層 B，エーテル層 B に含まれている物質はそれぞれ何か。含まれている状態での物質名を書け。

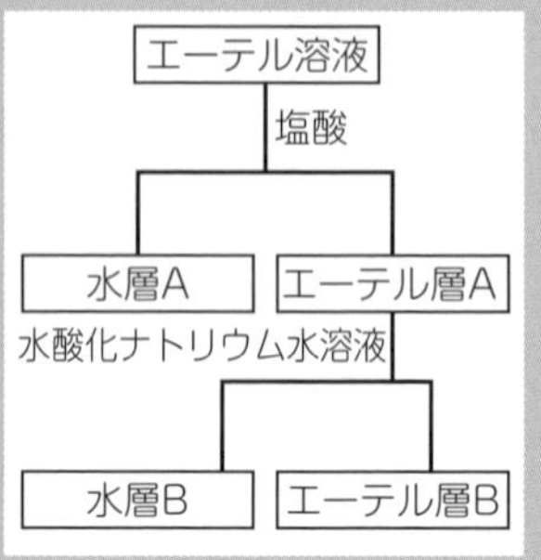

解くための材料

アニリン，フェノール，ベンゼンはいずれも水に溶けにくいが，アニリンのような塩基性物質に塩酸を加える，またはフェノールのような酸性物質に水酸化ナトリウム水溶液を加えると，それぞれ塩を生じて水に溶け，水層に分離される。

解き方

アニリン，フェノール，ベンゼンが含まれているエーテル溶液に塩酸を加えると，アニリンはアニリン塩酸塩として水層に分離されます。

したがって，水層 A にはアニリン塩酸塩が含まれるので，エーテル層 A には残りのフェノールとベンゼンが含まれています。

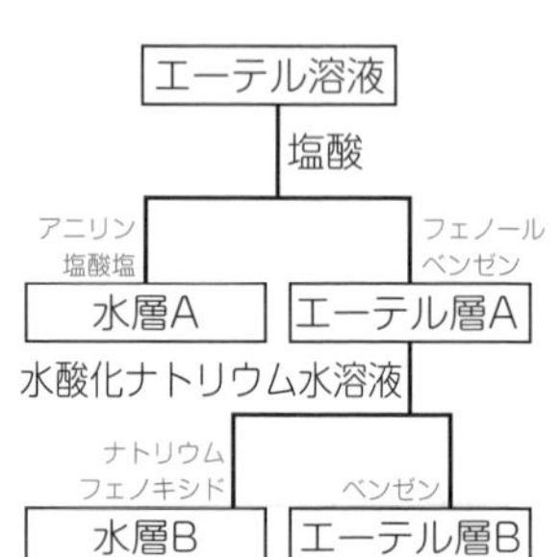

エーテル層 A に含まれているフェノールとベンゼンに水酸化ナトリウム水溶液を加えると，フェノールはナトリウムフェノキシドとして水層に分離されます。

したがって，水層 B にはナトリウムフェノキシドが含まれるので，エーテル層 B には残りのベンゼンが含まれています。

よって，水層 A：**アニリン塩酸塩**，水層 B：**ナトリウムフェノキシド**
エーテル層 B：**ベンゼン**……答

17 有機化合物の分離③

問題

レベル ★★★

アニリン，フェノール，サリチル酸，ニトロベンゼンを含むエーテル溶液に操作①～⑦を行い，これらの物質を下図のように分離した。有機化合物 a～d の名称をそれぞれ答えよ。

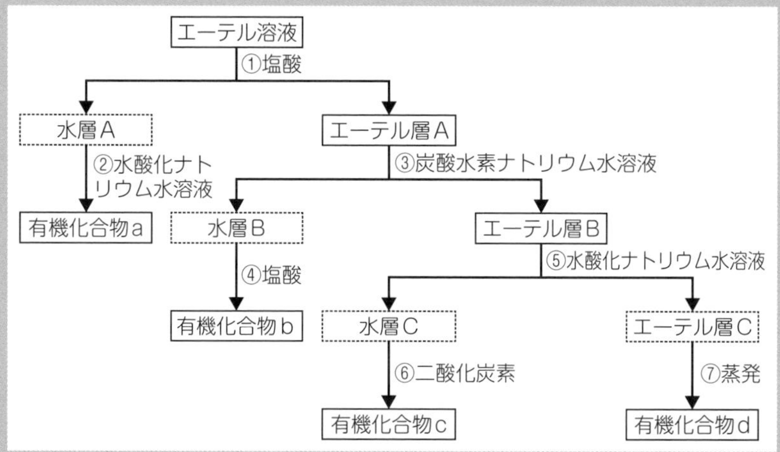

解くための材料

溶解性や酸・塩基の強弱について，順を追って考えていく。

解き方

①では，塩基のアニリンが塩酸と反応し，塩をつくって水層 A に移動します。②により，アニリンが遊離します。③では，酸の強弱を考えて（カルボン酸＞炭酸＞フェノール），カルボキシ基が炭酸水素ナトリウム水溶液と反応し，塩をつくります（水層 B へ移動）。④の操作により，サリチル酸が遊離します。

⑤では，酸のフェノールが水酸化ナトリウム水溶液と反応し，ナトリウムフェノキシドが生成します。⑥では，CO_2 を通じることで，フェノールが遊離します。

酸・塩基の強弱は

a：**アニリン**　b：**サリチル酸**　c：**フェノール**　d：**ニトロベンゼン**

……答

医薬品

病気の予防や治療など，人体の役に立つ化合物を，医薬品といいます。医薬品が生体に与える作用を薬理作用といい，薬理作用のうち治療などの目的に合う作用を主作用，目的に合わない作用を副作用といいます。

現在，解熱鎮痛剤として用いられている「アスピリン」という薬は，アセチルサリチル酸の薬品名です。古代から，ヤナギの樹皮に含まれるサリシンという物質が解熱鎮痛作用をもつことが知られており，研究の結果，これから取り出されたサリチル酸がその作用を示すことがわかりました。しかし，サリチル酸は胃に対して副作用があったため，新たにアセチルサリチル酸が合成されました。

$$C_6H_4(OH)COOH + (CH_3CO)_2O \xrightarrow{\text{アセチル化}} C_6H_4(OCOCH_3)COOH + CH_3COOH$$

サリチル酸　　無水酢酸　　　アセチルサリチル酸　　酢酸

この「アスピリン」のように，病気の原因は取り除かないが症状をやわらげる医薬品を対症療法薬といいます。対症療法薬には，他に消炎外用薬（湿布）として用いられるサリチル酸メチル，解熱作用のあるアセトアミノフェンなどがあります。これに対し，病気の原因そのものを取り除く医薬品を化学療法薬といいます。化学療法薬には，病原菌の発育を阻害するサルファ剤，病原菌の活動を阻害する抗生物質などがあります。ペニシリンやストレプトマイシンは，抗生物質です。

抗生物質は，さまざまな病原菌に対してその効果を発揮していますが，多量に使用していると，突然変異によって抗生物質に耐性をもつ細菌（耐性菌）が出現することがあるので，適切な使用量を守るようにしましょう。

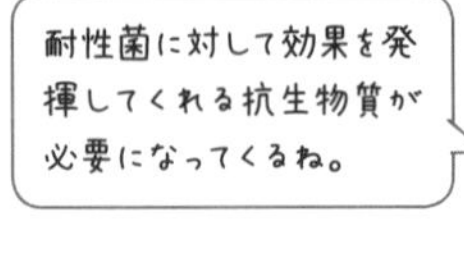

耐性菌に対して効果を発揮してくれる抗生物質が必要になってくるね。

高分子化合物

1 高分子化合物の分類

問題　　レベル ★☆☆

次の(ア)〜(カ)の物質のうち，合成高分子化合物であるものをすべて選べ。

(ア)　タンパク質　　(イ)　ナイロン
(ウ)　ガラス　　(エ)　セルロース
(オ)　石英　　(カ)　ポリエチレンテレフタラート

解くための材料

高分子化合物…分子量が約 1 万以上の化合物。
高分子化合物のうち，炭素原子を主とした化合物を有機高分子化合物，炭素原子以外を主とした化合物を無機高分子化合物という。有機高分子化合物のうち，天然に存在するものを天然高分子化合物，石油などから人工的につくられるものを合成高分子化合物という。

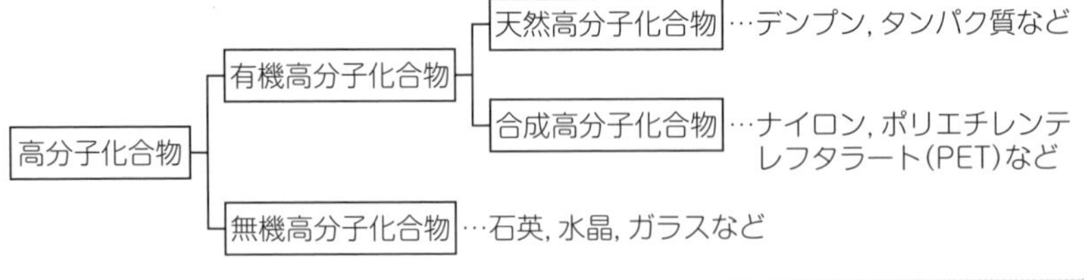

解き方

合成高分子化合物は，人工的につくられた高分子化合物のことで，ナイロンなどのような合成繊維，ポリエチレンテレフタラートのような合成樹脂，ポリクロロプレンのような合成ゴムなどがあります。

なお，(ア)のタンパク質と(エ)のセルロースは天然高分子化合物，(ウ)のガラスと(オ)の石英は無機高分子化合物です。

(イ)，(カ)……**答**

ポリエチレンテレフタラートは，ペットボトルなどに使われているよ！
フム
フム

2 高分子化合物の構造

問題 レベル ★☆☆

次の空欄を埋めよ。

高分子化合物が合成される際，その高分子化合物のもとになっている低分子量の物質を（　①　）という。また，（①）を繰り返し合成して生成された高分子化合物を（　②　）といい，（②）が生成する反応を（　③　）という。デンプンは，$C_6H_{10}O_5$ が繰り返し結合した構造で，$(C_6H_{10}O_5)_n$ と表される。この n は，（①）の繰り返された数を表しており，（　④　）とよばれる。

解くための材料

- 単量体（モノマー）…高分子化合物が合成される際の，もとになる低分子量の物質。
- 重合体（ポリマー）…単量体が繰り返し反応して生成された高分子化合物。
- 重合…重合体が生成する反応。
- 重合度…重合体において，繰り返された単量体の数。

解き方

高分子化合物は，単量体が繰り返し結合することによってできた重合体です。この繰り返しの数を重合度といいます。

① **単量体（モノマー）**　② **重合体（ポリマー）**
③ **重合**　④ **重合度**……答

3 高分子化合物の合成

問題　　レベル ★☆☆

次の記述(ア)～(エ)のうち，誤っているものを 1 つ選べ。

(ア)　付加重合は重合反応であるが，付加縮合は重合反応ではない。

(イ)　共重合は，2 種類以上の単量体が混ざった状態で行われる反応である。

(ウ)　単量体の間にある簡単な分子が取れ，縮合反応を繰り返して結合する反応を，縮合重合という。

(エ)　環状構造をもった単量体が，環を開いて次々と結合する反応は，開環重合である。

解くための材料

単量体の重合
付加重合…二重結合あるいは三重結合をもつ単量体が付加反応を繰り返して結合する重合反応。
縮合重合…単量体（2 個以上の官能基をもつもの）の間の簡単な分子（水分子など）が取れて，縮合反応を繰り返し結合する重合反応。
付加縮合…付加反応と縮合反応を繰り返して結合する重合反応。
開環重合…環状の構造をもつ単量体の環が開いて結合する重合反応。
共重合…2 種類以上の単量体による重合反応。

解き方

(ア)　付加縮合は，付加反応と縮合反応を繰り返して結合する重合反応です。

(ア)……答

縮合反応は，水分子などの簡単な構造が取れて結合していく反応のことだよ。

付加重合，縮合重合，付加縮合をまちがえないようにしよう！

4 高分子化合物の特徴

問題

レベル ★☆☆

高分子化合物に関する次の記述(ア)～(オ)について，下線部が正しいものは○，誤っているものは正しい語句を書け。

(ア) 構造の大部分が<u>結晶構造</u>であるものが多い。

(イ) ゴムには，<u>結晶構造</u>が多く含まれている。

(ウ) 融点が<u>明確でない</u>ものが多い。

(エ) 加熱をし続けて液体になるものは，そのまま加熱を続けると<u>気体になる</u>。

(オ) ある量の化合物中にはさまざまな重合度の分子が存在するため，分子量はそれらの<u>平均値</u>で表す。

解くための材料

高分子化合物の特徴

- 固体のものが多い。
- 非結晶構造の部分が多く，結晶構造の部分が少ないものが多い。結晶構造の部分が多いと硬く，非結晶構造の部分が多いとやわらかい。
- はっきりとした融点をもたず，ある温度（軟化点とよばれる）でやわらかくなり変形するものが多い。
- 分子量として，一定量の化合物に含まれるそれぞれの分子の平均値（平均分子量）を用いることが多い。

解き方

構造の大部分は非結晶構造であるものが多く，そのためにやわらかくて明確な融点をもたないものが多く存在します。軟化点を過ぎて加熱を続けていくと，液体になったり分解したりしますが，液体になったものをさらに加熱しても気体にはならず分解します。

(ア) **非結晶構造**　(イ) **非結晶構造**　(ウ) ○

(エ) **分解する**　(オ) ○　……答

5 高分子化合物の分子量測定

問題　レベル★☆☆

2.00×10^{-5} gの有機化合物Aを，ある有機溶媒に溶かして1.80×10^{-2} Lとし，27℃のもとで浸透圧を測定したところ，2.77×10^{-3} Paであった。Aの分子量はいくらか。気体定数Rは，$R = 8.31 \times 10^{3}$ Pa·L/(mol·K) とする。

解くための材料

ファントホッフの法則

$$\Pi V = \frac{w}{M} RT$$

Π〔Pa〕：浸透圧　V〔L〕：溶液の体積
R〔Pa·L/(mol·K)〕：気体定数　T〔K〕：温度
M〔g/mol〕：溶質のモル質量（またはM：分子量）　w〔g〕：溶質の質量

ファントホッフの法則（P62 参照）

$$\Pi V = \frac{w}{M} RT$$

をMについて解くと，

$$M = \frac{wRT}{\Pi V}$$

この式に各値を代入すると，Aの分子量Mは，

$$M = \frac{2.00 \times 10^{-5} \times 8.31 \times 10^{3} \times (273+27)}{2.77 \times 10^{-3} \times 1.80 \times 10^{-2}} = 1.00 \times 10^{6}$$

1.00×10^{6}……答

「気体の状態方程式から分子量を求める（P36参照）」ことはできないよ。なぜかわかるかな？

高分子化合物は気体にならないからだね。

高分子化合物の分子量

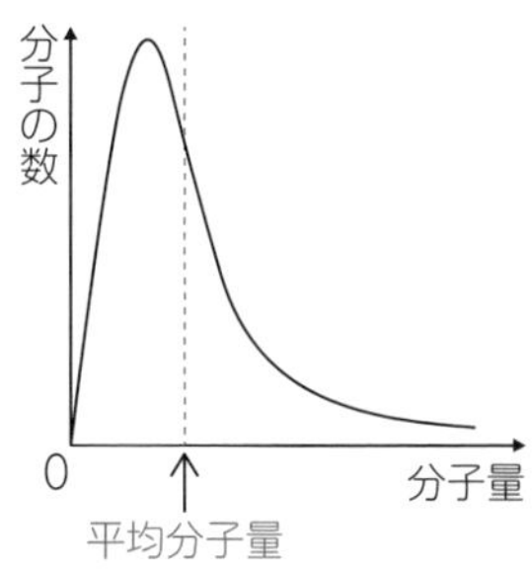

P246で，高分子化合物の分子量について学習しました。ここでは，もう少し深く見ていくことにします。

純粋な低分子化合物の分子量は一定ですが，高分子化合物の分子量は，同じ分子式（一般式）で表される化合物であっても異なります（核酸や酵素は分子量が決まっています）。

右上のグラフは，ある高分子化合物の分子量の分布を表したものです。このグラフからもわかるように，さまざまな分子量をもつものがあることがわかります。この高分子化合物を一定の量だけとると，その中にはさまざまな分子量の分子が含まれています。そこで，一般にはこれらの分子の分子量の平均値，つまり**平均分子量**を，この高分子化合物の分子量とします。

センター試験では，次のようなグラフに関する問題が出されました。

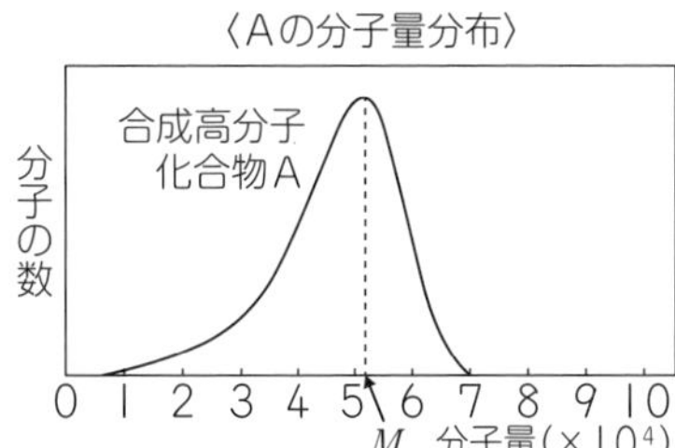

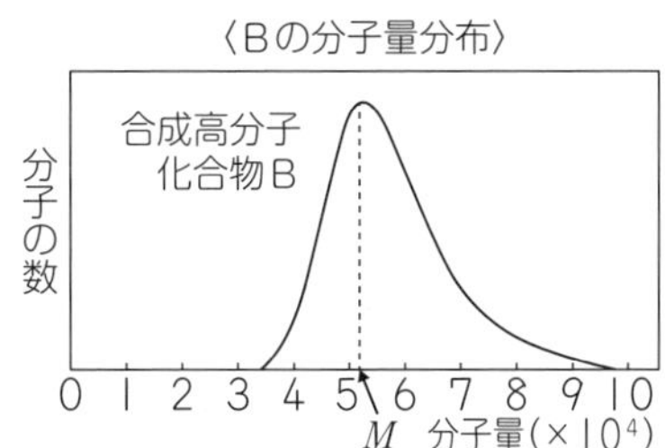

Aの平均分子量をM_A，Bの平均分子量をM_B，分子の数が最も多い分子量をMとして，M_A，M_B，Mの大小関係を考えます。Aは，Mよりも分子量が小さい分子が多く，M_AはMよりも小さくなります。Bは逆に，Mよりも分子量が大きい分子が多く，M_BはMよりも大きくなります。

よって，$M_A < M < M_B$となります。

1 糖の分類

問題　レベル ★☆☆

下の(ア)～(カ)の糖について，次の問いに答えよ。

(1) 加水分解により，それ以上簡単な糖を生じないものを選べ。
(2) らせん状の構造であるものを選べ。
(3) 二糖類のうち，還元作用を示さないものを選べ。

(ア) スクロース　　(イ) ラクトース
(ウ) セルロース　　(エ) マルトース
(オ) リボース　　(カ) アミロペクチン

解くための材料

単糖(類)…加水分解により，それ以上簡単な糖を生じないもの。
二糖(類)…加水分解により，1 分子の糖から 2 分子の単糖が生じるもの。
多糖(類)…多数の単糖が結合したもの。

解き方

(1) 加水分解により，それ以上簡単な糖を生じないものは，単糖類です。(ア)～(カ)のうち，単糖類は(オ)のみです。なお,(ア),(イ),(エ)は二糖類,(ウ),(カ)は多糖類です。

(2) デンプンの構成成分であるアミロースとアミロペクチンは，α-グルコースが脱水縮合した構造で，らせん状の構造です。

(3) スクロースでは，α-グルコースとβ-フルクトースのそれぞれの還元作用を示す部分（ヘミアセタール構造）どうしが結合しているため，水溶液中で還元作用を示す原子団が生じません。

(1) **(オ)**　(2) **(カ)**　(3) **(ア)**……答

2 デンプン

問題 レベル ★☆☆

デンプンについて，以下の問いに答えよ。

(1) 次の(ア)～(ウ)のうち，正しいものをすべて選べ。

(ア) 熱水に溶ける部分がアミロペクチン，溶けにくい部分がアミロースである。

(イ) アミロースは，直鎖状の構造である。

(ウ) デンプンの水溶液にヨウ素ヨウ化カリウム水溶液を加えると，青紫色に変化する。

(2) デンプン $(C_6H_{10}O_5)_n$ の水溶液を，酵素アミラーゼで加水分解すると，マルトース $C_{12}H_{22}O_{11}$ が生じる。

(i) この反応の化学反応式を書け。

(ii) デンプン 16.2 g がすべてマルトースになったとすると，生じたマルトースは何 g か。ただし，原子量は H=1.0，C=12，O=16 とする。

解くための材料

(1)(ウ)の反応は，ヨウ素デンプン反応とよばれる。また，デンプンは，アミラーゼを作用させると加水分解し，デキストリン，マルトースになる。

解き方

(1) (ア) 熱水に溶ける部分はアミロース，溶けにくい部分はアミロペクチンです。

(イ)，(ウ)……答

(2) (i) $\mathbf{2(C_6H_{10}O_5)_n + nH_2O \longrightarrow nC_{12}H_{22}O_{11}}$……答

(ii) $(C_6H_{10}O_5)_n = 162n$ より，マルトースの物質量は

$$\frac{16.2\,\mathrm{g}}{162n\,\mathrm{g/mol}} \times \frac{n}{2} = 0.0500\,\mathrm{mol}$$

よって，$C_{12}H_{22}O_{11} = 342$ より，

$342\,\mathrm{g/mol} \times 0.0500\,\mathrm{mol} = \mathbf{17.1\,g}$……答

3 セルロース

問題 レベル ★☆☆

セルロースについて，以下の問いに答えよ。

(1) 次の記述(ア)～(エ)のうち，誤っているものを１つ選べ。

(ア) 植物の細胞壁の主成分である。

(イ) 多くのβ－グルコース構造が脱水縮合している。

(ウ) 熱水や有機溶媒に溶けにくく還元性を示さない。

(エ) 分子全体の構造は，らせん構造である。

(2) 右図は，セルロースの反応を示している。空欄①～④にあてはまる物質名を書け。

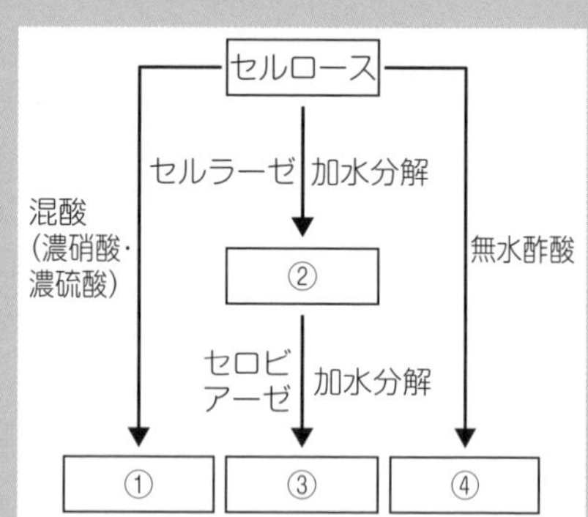

解くための材料

セルロースは熱水や有機溶媒に溶けにくく，またヨウ素デンプン反応は示さず，還元性はない。

解き方

(1) セルロースは，多数のβ－グルコースが結合した鎖状の構造であり，分子全体としては直線状の構造をしています。 **(エ)**……答

(2) セルロースを酵素セルラーゼで加水分解すると，二糖類のセロビオースとなり，さらに酵素セロビアーゼで加水分解すると，グルコースとなります。また，セルロースに，濃硝酸と濃硫酸の混酸を反応させるとエステル化が起こってトリニトロセルロースが生成し，無水酢酸と反応させるとアセチル化が起こってトリアセチルセルロースが生成します。

① **トリニトロセルロース** ② **セロビオース**

③ **グルコース** ④ **トリアセチルセルロース**……

4 アミノ酸①

問題　レベル ★☆☆

アミノ酸に関する次の記述(ア)〜(カ)のうち，誤っているものをすべて選べ。

(ア)　$-NH_2$ を 2 個もつアミノ酸は塩基性アミノ酸とよばれる。
(イ)　必須アミノ酸は，すべてヒトの体内で合成できる。
(ウ)　グリシンには，鏡像異性体は存在しない。
(エ)　酸とも塩基とも反応する。
(オ)　結晶中では，双性イオンとして存在している。
(カ)　融点は同程度の分子量であるカルボン酸より低い。

解くための材料

アミノ酸…カルボキシ基$-COOH$ とアミノ基$-NH_2$ を分子内にもつ化合物。
α-アミノ酸…$-COOH$ と$-NH_2$ が同じ炭素原子に結合したアミノ酸。
酸性アミノ酸…$-COOH$ を 2 個もつアミノ酸。
塩基性アミノ酸…$-NH_2$ を 2 個もつアミノ酸。

解き方

(イ)　必須アミノ酸は，ヒトの体内で合成できない（しにくい）アミノ酸であり，食物から摂取する必要があります。
(ウ)　グリシンは不斉炭素原子をもたないため，鏡像異性体は存在しません。
(エ)　分子内に$-NH_2$(塩基性）と$-COOH$(酸性）があるので，酸とも塩基とも反応します。
(オ)　分子内の$-COOH$ から$-NH_2$ に H^+ が移動し，正・負の電荷をもつ双性イオンとなっています。
(カ)　双性イオンの間に静電気的な引力（静電気力）が作用しているため，融点は一般の有機化合物と比較して高くなります。

(イ)，(カ)……答

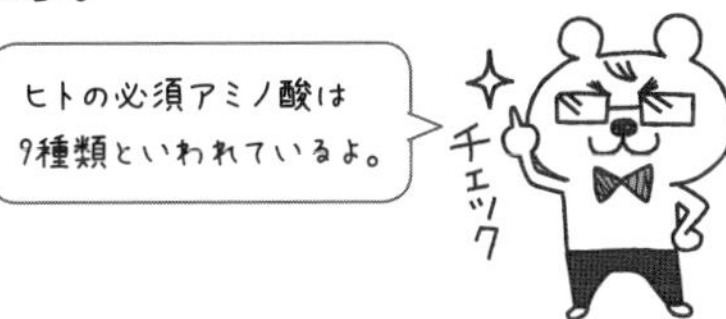

ヒトの必須アミノ酸は
9種類といわれているよ。
チェック

5 アミノ酸②

問題 レベル ★☆☆

アラニンについて，次の問いに答えよ。

(1) アラニンの構造式を，(ア)～(エ)のうちから選べ。

(ア) $H-CH(NH_2)-COOH$　　(イ) $HO-CH_2-CH(NH_2)-COOH$

(ウ) $CH_3-CH(NH_2)-COOH$　　(エ) $HS-CH_2-CH(NH_2)-COOH$

(2) アラニンとメタノール CH_3OH の反応の化学反応式を書け。

(3) 1 分子のアラニンと 1 分子のグリシンからできるジペプチドは何種類あるか。

解くための材料

- アミノ酸がアルコールと反応すると，カルボキシ基－COOH が反応してエステル化が起こる。また，アミノ酸が酸無水物と反応すると，アミノ基$-NH_2$が反応してアセチル化が起こる。
- アミノ酸どうしのアミド結合－CO－NH－をペプチド結合，ペプチド結合をもつ物質をペプチドという。また，2 分子のアミノ酸の，－COOH と$-NH_2$の間で脱水縮合により生じたペプチドをジペプチドという。

解き方

(1) アラニンは一般式 $R-CH(NH_2)-COOH$ の R が CH_3 の α－アミノ酸です。なお，(ア)はグリシン，(イ)はセリン，(エ)はシステインです。 **(ウ)**……答

(2) メタノールと反応すると，－COOH が反応してエステルが生じます。

$$CH_3-CH(NH_2)-COOH+CH_3OH \longrightarrow CH_3-CH(NH_2)-COOCH_3+H_2O$$

……答

(3) アラニンの－COOH とグリシンの$-NH_2$が脱水縮合して生じるものと，アラニンの$-NH_2$とグリシンの－COOH が脱水縮合して生じるものの 2 種類があります。 **2 種類**……答

6 アミノ酸③

問題

レベル ★★☆

等電点 2.8 のアスパラギン酸，等電点 6.0 のアラニン，等電点 9.7 のリシンの混合水溶液Aがある。いま，pH6.0 の緩衝液にひたしたろ紙の中央に，Aにひたした糸を置き，直流電源に接続して電気を通した。その後，ろ紙を，ニンヒドリン水溶液を用いて呈色させると，3本の紫色の線①～③が現れた。①～③の線には，それぞれどのアミノ酸が含まれているか。

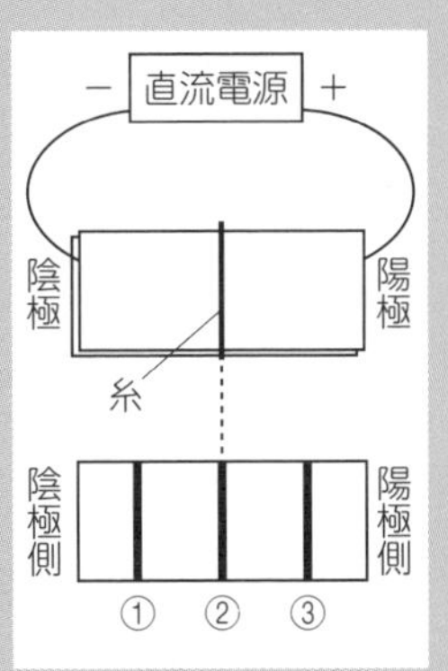

解くための材料

アミノ酸は，pH の小さい（酸性）水溶液中では陽イオンとなっているため陰極側に移動し，pH の大きい（塩基性）水溶液中では陰イオンとなっているため陽極側に移動する。また，アミノ酸がどちらの極へも移動しない pH を等電点という。アミノ酸にニンヒドリン水溶液を加えて温めると，紫色になる。これをニンヒドリン反応という。なお，問題文の実験は，電気泳動である。

解き方

アミノ酸は，等電点では双性イオンの割合が高く，これより pH の小さい水溶液中では陽イオンの割合が，pH の大きい水溶液中では陰イオンの割合が高くなります。

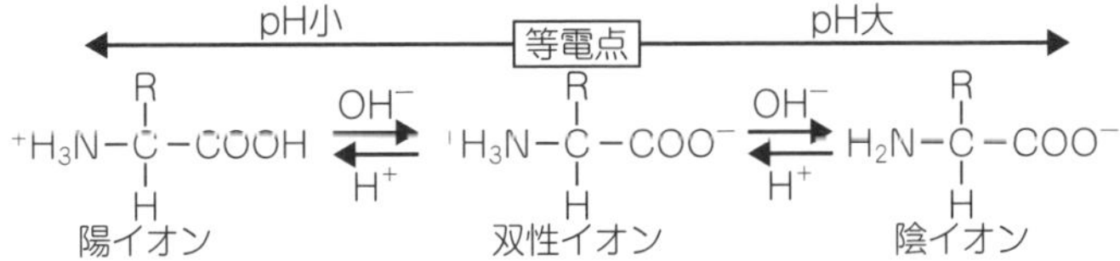

等電点 6.0 のアラニンは，この緩衝液（pH6.0）では双性イオンの割合が高いため，電気を通しても②の位置から移動しません。等電点 2.8 のアスパラギン酸は，この緩衝液中では陰イオンの割合が高いため陽極の方へ移動し，等電点 9.7 のリシンは，この緩衝液中では陽イオンの割合が高いため陰極の方へ移動します。

① **リシン**　② **アラニン**　③ **アスパラギン酸**……答

7 アミノ酸④

問題

レベル ★★☆

アラニンは，水溶液中で次のような 3 種類のイオンの形で存在している。

陽イオン		双性イオン		陰イオン
$^{+}H_3N-C(CH_3)(H)-COOH$	$\underset{H^+}{\overset{OH^-}{\rightleftarrows}}$	$^{+}H_3N-C(CH_3)(H)-COO^-$	$\underset{H^+}{\overset{OH^-}{\rightleftarrows}}$	$H_2N-C(CH_3)(H)-COO^-$
A^+		$A^{\pm}$		A^-

実際には，以下に示す 2 段階の電離平衡が成立している。

第一電離：$A^+ \rightleftarrows A^{\pm} + H^+$

第二電離：$A^{\pm} \rightleftarrows A^- + H^+$

第一電離，第二電離における電離定数 K_1，K_2 は，

$K_1 = 4.0 \times 10^{-3}$ mol/L，$K_2 = 2.5 \times 10^{-10}$ mol/L とする。

このとき，アラニンの等電点を求めよ。

解くための材料

等電点では，双性イオンとして存在するものがほとんどであり，少量の陽イオンと陰イオンの濃度が等しいことで，全体としての電荷は 0 となる。

解き方

A^+，$A^{\pm}$，A^-，H^+ の濃度をそれぞれ $[A^+]$，$[A^{\pm}]$，$[A^-]$，$[H^+]$とすると，

$K_1 = \dfrac{[A^{\pm}][H^+]}{[A^+]}$，$K_2 = \dfrac{[A^-][H^+]}{[A^{\pm}]}$ より，

$$K_1K_2 = \frac{[A^{\pm}][H^+]}{[A^+]} \times \frac{[A^-][H^+]}{[A^{\pm}]} = \frac{[A^-][H^+]^2}{[A^+]} = [H^+]^2 \qquad [H^+] = \sqrt{K_1K_2}$$

よって，$\mathrm{pH} = -\log_{10}[H^+] = -\log_{10}\sqrt{K_1K_2} = -\log_{10}\sqrt{4.0\times10^{-3}\times2.5\times10^{-10}}$

$= -\log_{10}(1.0\times10^{-6}) = \mathbf{6.0}$ …… 答

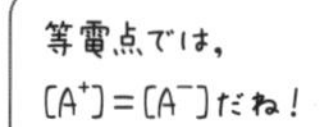

8 タンパク質①

問題

レベル ★☆☆

次の空欄を埋めよ。
タンパク質のポリペプチド鎖は，ペプチド結合の部分で水素結合が形成されることで安定している。このような構造を（　①　）という。（①）には，図1のような（　②　）や，図2のような（　③　）などがある。

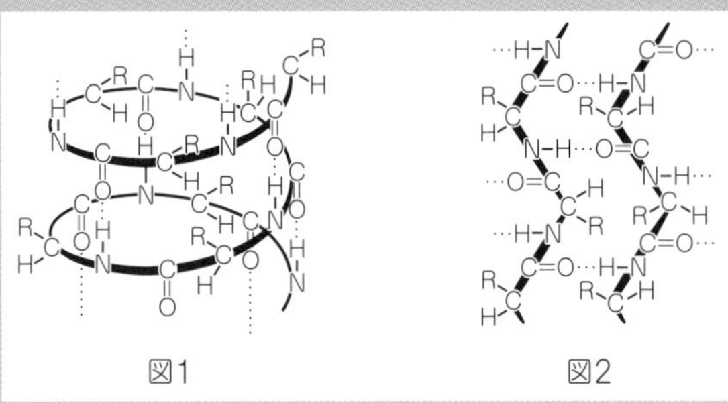

図1　　　図2

解くための材料

タンパク質の構造

- 一次構造…ポリペプチド内の，アミノ酸の配列順序。
- 二次構造…ポリペプチド鎖が水素結合により形成する構造。ポリペプチド鎖がらせん状の構造であるα-ヘリックス構造や，ひだ状の構造であるβ-シート構造などがある。
- 三次構造…二次構造のポリペプチド鎖が折れ重なった構造。
- 四次構造…三次構造の複数のポリペプチド鎖が集まった構造。
- 高次構造…二次構造以上の構造。

解き方

二次構造のうち，らせん状の構造のものをα-ヘリックス構造，ひだ状のものをβ-シート構造といいます。

①　**二次構造**　　②　**α-ヘリックス（構造）**　　③　**β-シート（構造）**

……**答**

9 タンパク質②

問題

レベル ★★☆

8.00g の食品 X を分解すると，アンモニア NH_3 が 0.340g 発生した。X のタンパク質の含有率は何%か。ただし，タンパク質に含まれる窒素 N の含有率を 17.5%，原子量を H=1.00，N=14.0 とする。なお，アンモニアの窒素はタンパク質から生じたものとする。

解くための材料

タンパク質の構成成分による分類

- 単純タンパク質…加水分解して，アミノ酸のみが生じるタンパク質。単純タンパク質の構成元素（H，C，N，O）の質量百分率は，すべてのタンパク質でほぼ同一である。このことから，ある食品に含まれるタンパク質の含有量は，この食品に含まれる窒素の含有量がわかれば求めることができる。
- 複合タンパク質…加水分解して，アミノ酸と，糖やリン酸などの他の物質が生じるタンパク質。

解き方

窒素 N 原子 1 mol からアンモニア NH_3 1 mol が生成します。

生成した NH_3 の物質量は，NH_3＝17.0 より，$\frac{0.340}{17.0}=0.0200\,\text{mol}$ ですから，タンパク質に含まれる窒素 N の物質量は，

$$0.0200\,\text{mol}$$

質量は，N＝14.0 より，

$$0.0200\times14.0=0.280\,\text{g}$$

です。したがって，このタンパク質の質量は，$0.280\div\frac{17.5}{100}=1.60\,\text{g}$ ですから，X のタンパク質の含有率は，$\frac{1.60}{8.00}\times100=20.0\,\%$ です。　**20.0 %**……答

10 タンパク質③

問題　　レベル ★☆☆

次の問いに答えよ。

(1) 卵白の水溶液を加熱すると，凝固してその性質を失う。このような性質を何というか。

(2) タンパク質水溶液に濃硝酸を加えて加熱すると，何色に変化するか。また，さらにアンモニア水を加えると何色に変化するか。

(3) タンパク質水溶液に固体の水酸化ナトリウムを加え，加熱した後に酢酸鉛(Ⅱ)水溶液を加えると，黒い沈殿が生じた。この沈殿の化学式を書け。

解くための材料

タンパク質の性質

- タンパク質の変性…酸や塩基，熱などの作用によって，性質が変わる（沈殿や凝固する）ことを，タンパク質の変性という。タンパク質は，変性することで立体構造が変化するため，もとの性質や機能が失われることが多い。
- ビウレット反応…タンパク質水溶液に，水酸化ナトリウム水溶液と少量の硫酸銅(Ⅱ)水溶液を加えると，赤紫色を呈する。3 分子以上のアミノ酸のポリペプチドで見られる。
- キサントプロテイン反応…タンパク質水溶液に濃硝酸を加えて加熱すると黄色に，これにアンモニア水を加えて塩基性にすると橙黄色になる。ベンゼン環をもつタンパク質で見られる。
- ニンヒドリン反応…タンパク質水溶液にニンヒドリン水溶液を加えて温めることで，赤紫色～青紫色になる。$-NH_2$ をもつアミノ酸，タンパク質で見られる。
- 硫黄の検出反応…S を含むタンパク質水溶液に固体の水酸化ナトリウムを加えて加熱後，酢酸鉛(Ⅱ)水溶液を加えると，硫化鉛(Ⅱ)の黒色沈殿が生じる。
- 窒素の検出反応…タンパク質に水酸化ナトリウム水溶液を加え加熱して生じる気体（アンモニア）に赤色リトマス紙を近づけると青色になる。

(1) **タンパク質の変性**　(2) **黄色，橙黄色**　(3) **PbS**…… 

11 タンパク質④

問題　　レベル ★★☆

ある食品 5.0g にタンパク質が 7.0%（質量百分率）含まれている。これを濃硫酸とともに加熱して分解した後，濃い水酸化ナトリウム水溶液を加えると，気体が発生した。このタンパク質に窒素が 16%含まれるとすると，発生した気体の質量は何 g か。ただし，この食品の窒素はすべてタンパク質の部分に含まれるとし，原子量は，H＝1.0，N＝14 とする。

解くための材料

発生した気体はアンモニアである。

解き方

この食品に含まれるタンパク質の質量は，

$$5.0\times\frac{7.0}{100}=0.35\,\mathrm{g}$$

ですから，このタンパク質に含まれる窒素の質量は，

$$0.35\times\frac{16}{100}=0.056\,\mathrm{g}$$

です。

よって，発生した気体（アンモニア）の質量は，$NH_3=17$ より，

$$0.056\times\frac{NH_3}{N}=0.056\times\frac{17}{14}=0.068\,\mathrm{g}$$

となります。

0.068 g……答

12 酵素①

問題

レベル ★☆☆

次の空欄を埋めよ。
生体内で（　①　）として働くタンパク質を酵素という。
酵素は，特定の物質との反応にのみ作用する。この特定の物質のことを（　②　）といい，この作用を酵素の（　③　）という。なお，(②) と結合する酵素内の特定の部位を（　④　）といい，(②) が酵素の (④) に結合したものを，（　⑤　）という。

解くための材料

酵素…生体内で触媒として働くタンパク質。
基質…酵素が作用する物質。
基質特異性…酵素が特定の基質とのみ結合する性質。
活性部位…基質と結合する酵素内の特定の部位。
酵素－基質複合体…基質が酵素の活性部位に結合したもの。

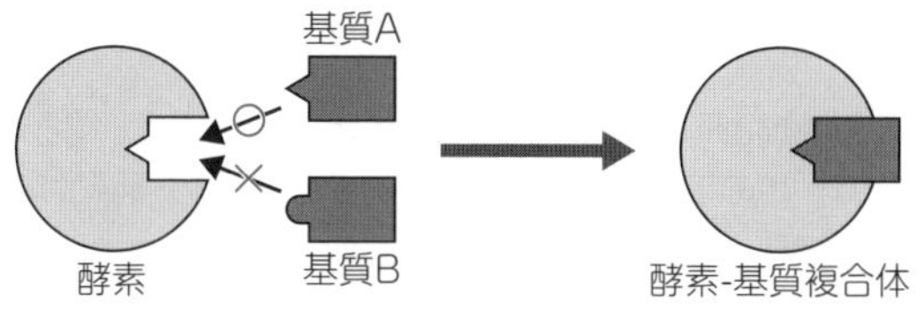

解き方

酵素は，ある決まった基質とのみ結合します。これを，酵素の基質特異性といいます。この酵素の基質特異性によって，生体内での複雑な化学反応は確実に進行されています。

①　**触媒**　②　**基質**　③　**基質特異性**
④　**活性部位**　⑤　**酵素－基質複合体**……答

13 酵素②

問題 レベル★☆☆

次の問いに答えよ。

(1) 図１は，酵素と無機触媒の反応速度と温度の関係を表したグラフである。酵素は，(ア)，(イ)のいずれか。

(2) 図２は，ペプシン，だ液アミラーゼ，トリプシンの反応速度とpHの関係を表したグラフである。ペプシンは，(ウ)～(オ)のいずれか。

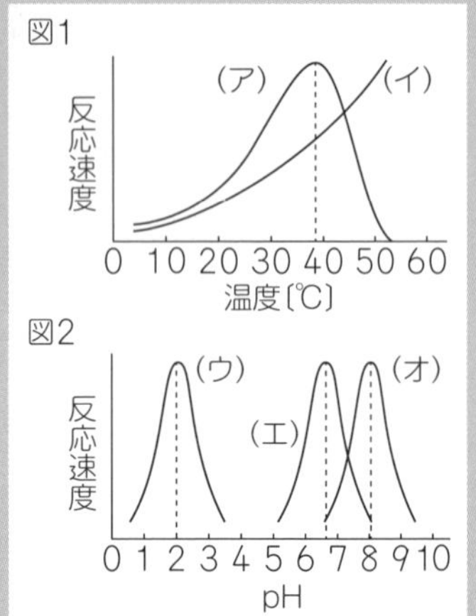

解くための材料

最適温度…酵素の触媒としての反応速度が最大になる温度。35℃～40℃付近である酵素が多い。この温度を超えると，タンパク質の熱変性により，触媒としての働きがなくなる。これを酵素の失活という。

最適pH…酵素の触媒としての反応速度が最大になるpH。pH5～8付近である酵素が多い。例外として，ペプシンの最適pHはpH2付近である。

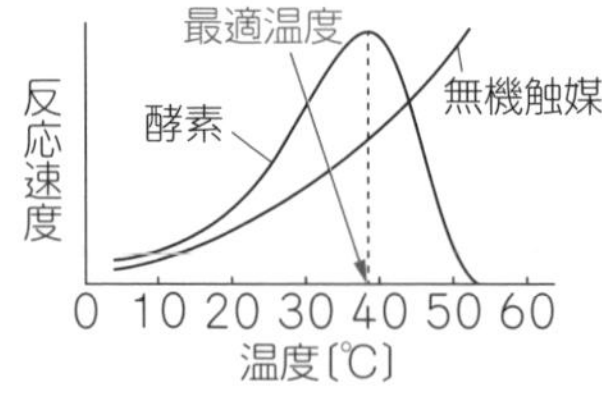

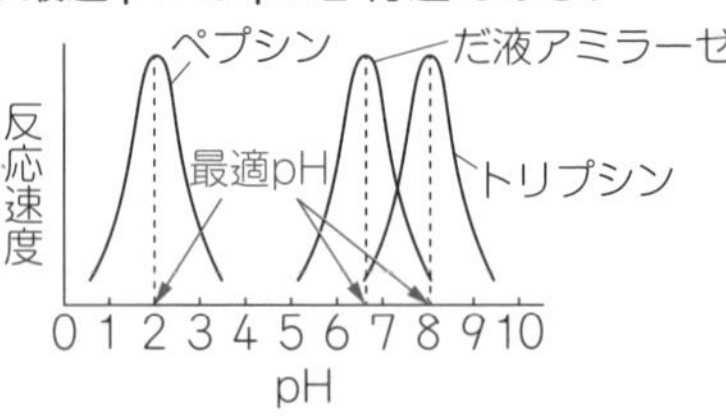

解き方

(1) 無機触媒は，一般に温度の上昇に伴って反応速度が大きくなりますが，酵素は体温（35℃～40℃）付近で反応速度が最大となります。

(2) ペプシンの最適pHは，pH2付近です。 (1) **(ア)** (2) **(ウ)**……

14 核酸①

問題

レベル ★☆☆

右図は，DNAの二重らせん構造の一部を拡大したものである。次の問いに答えよ。

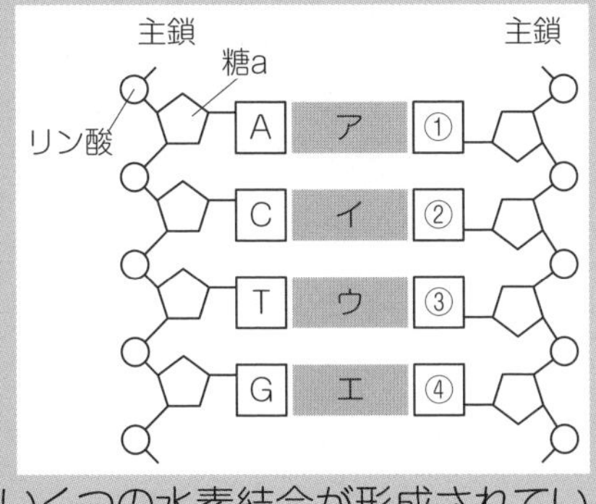

(1) ①～④にあてはまる物質を略記号で書け。

(2) 糖aの名称は何か。

(3) 灰色の部分ア～エは，水素結合を表している。それぞれ，いくつの水素結合が形成されているか。

解くための材料

核酸…DNA（デオキシリボ核酸）とRNA（リボ核酸）を総称した高分子。構成単位は，ヌクレオチド（リン酸，五炭糖，窒素を含む有機塩基が結合したもの）。ヌクレオチドどうしが脱水縮合して結合したポリヌクレオチド。

DNA…遺伝子の本体。糖の部分はデオキシリボース，塩基の部分はアデニン(A)，グアニン(G)，シトシン(C)，チミン(T)。2本のらせん状の分子の間で，AとTは2つの水素結合，GとCは3つの水素結合をし，二重らせん構造となっている。

RNA…タンパク質の合成に関与。糖の部分はリボース，塩基の部分はアデニン(A)，グアニン(G)，シトシン(C)，ウラシル(U)。

解き方

(1)① **T**　② **G**　③ **A**　④ **C**……答

(2) **デオキシリボース**……答

(3)ア **2つ**　イ **3つ**　ウ **2つ**　エ **3つ**……答

デオキシリボース（DNAの糖）の－Hが－OHになったものがリボース（RNAの糖）なんだよ。

15 核酸②

問題

レベル ★☆☆

次の記述(ア)〜(オ)のうち，誤っているものをすべて選べ。

(ア) ヌクレオチドは，リン酸，炭素原子を6つ含む糖，窒素を含む有機塩基で構成されている。

(イ) DNAとRNAは，通常はどちらも2本鎖で存在している。

(ウ) DNAとRNAは，どちらも核と細胞質の両方に存在している。

(エ) DNAのデオキシリボースに結合している塩基の配列が遺伝情報となる。

(オ) 塩基がすべて異なる4つのヌクレオチドで構成されるDNAの塩基の配列は，全部で24通りある。

解くための材料

異なる n 個のものを並びかえるとき，その総数は，$n!$（通り）である。

(ア) 糖に含まれる炭素原子は5つです。

(イ) RNAは通常，1本鎖です。

(ウ) DNAは，核のみに存在します。

(エ) 正しい記述です。

(オ) $4!=4\times3\times2\times1=24$(通り) ですから，正しい記述です。

(ア)，(イ)，(ウ)……答

ビタミン

「ビタミン」は，私たちが健康な生活を維持していくにあたって不可欠です。これに三大栄養素である「炭水化物（糖類）」，「タンパク質」，「脂質」と，さらに「無機塩類」をあわせて，五大栄養素といいます。ビタミンは，現在 20 種類以上が知られており，水に溶けやすい水溶性ビタミンと，油に溶けやすい脂溶性ビタミンがあります。また，体内で合成できないものが多く，食物から摂取する必要があります。

① 水溶性ビタミン

B_1，B_2，B_6，B_{12}，C などがあります。血液などに存在し，過剰に摂取した場合でも，尿として容易に体外に排出することができます。そのため，貧血や口内炎などの欠乏症が表れることがあります。

B_1… 糖質からエネルギー生成，皮膚や粘膜の保護など

B_2… 皮膚や粘膜の保護，代謝促進など

B_6… タンパク質からエネルギー生成，皮膚や粘膜の保護など

B_{12}…葉酸とともに，ヘモグロビン生成に関与など

C… コラーゲン（タンパク質）の生成，抗酸化作用など

水溶性ビタミンは熱で
活性が失われるから，
調理の際の加熱は短時
間にしておこう！

② 脂溶性ビタミン

A，D，E，K などがあります。肝臓に蓄えられるため，過剰に摂取した場合，体外に排出されにくいです。そのため，嘔吐や頭痛などの過剰症が表れることがあります。

A…発育促進，皮膚や粘膜の保護など

D…Ca や P の吸収促進，骨の再石灰化促進など

E…抗酸化作用（脂質の酸化を防止する作用）など

K…血液凝固因子の活性化，骨の形成促進など

脂溶性ビタミンは，
油といっしょに調理
するといいんだよ！

1 繊維の分類

問題

レベル ★☆☆

次の(ア)～(エ)について，誤っているものをすべて選べ。

(ア)　絹は天然繊維で，その主成分はセルロースである。

(イ)　銅アンモニアレーヨンは，水酸化銅(Ⅱ)を濃アンモニア水に入れて溶解させることで得られたシュワイツァー試薬（シュバイツァー試薬）に，セルロースを溶解させて紡糸したものである。

(ウ)　アセテートは半合成繊維である。

(エ)　アクリル繊維は，原料を縮合重合して得られる。

解くための材料

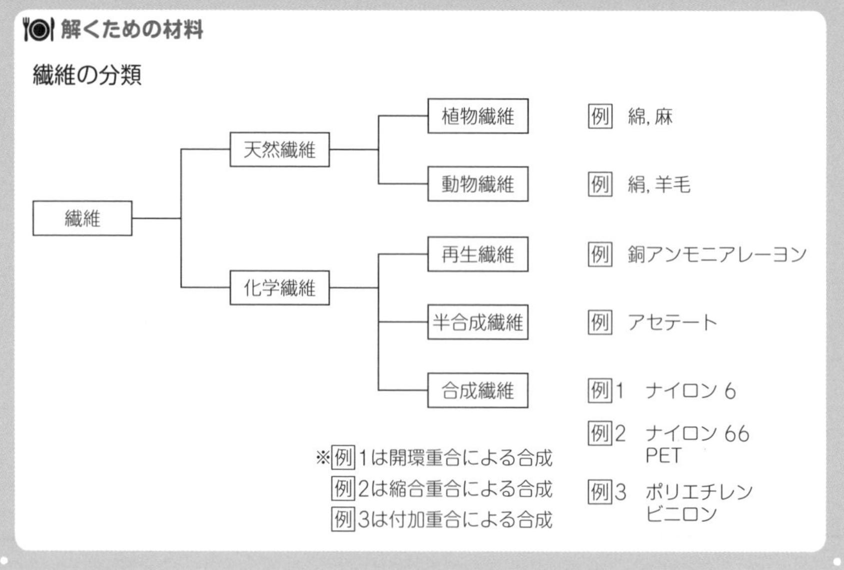

解き方

(ア)　絹は，天然繊維のうち動物繊維であり，主成分はタンパク質です。なお，植物繊維の主成分はセルロースです。

(エ)　アクリル繊維は，原料を付加重合することで得られます。

(ア)，(エ)……答

2 アセテート

問題　レベル ★★☆

アセテートは，セルロース$[C_6H_7O_2(OH)_3]_n$に無水酢酸$(CH_3CO)_2O$を作用させて得られたトリアセチルセルロースを加水分解し，ジアセチルセルロースとした後に繊維状にしたものである。原子量はH＝1.0，C＝12，O＝16とする。

(1) トリアセチルセルロースとジアセチルセルロースの化学式をそれぞれ書け。

(2) 4.05gのセルロースをアセチル化して得られるトリアセチルセルロースは何gか。

(3) 8.20gのアセテートを得るのに必要なセルロースは何gか。

解くための材料

トリアセチルセルロースは，セルロースの－OHがすべてアセチル化されたものである。また，ジアセチルセルロースは，セルロースの2個の－OHがアセチル化されたものである。

解き方

(1) トリアセチルセルロース… $\mathbf{[C_6H_7O_2(OCOCH_3)_3]_n}$

ジアセチルセルロース… $\mathbf{[C_6H_7O_2(OH)(OCOCH_3)_2]_n}$……答

(2) 化学反応式は，

$$[C_6H_7O_2(OH)_3]_n+3n(CH_3CO)_2O \longrightarrow [C_6H_7O_2(OCOCH_3)_3]_n+3nCH_3COOH$$

$[C_6H_7O_2(OH)_3]_n=162n$，$[C_6H_7O_2(OCOCH_3)_3]_n=288n$ より，

$$288n\times\frac{4.05}{162n}=7.20\,\mathrm{g}$$ **7.20 g**……答

(3) アセテート（ジアセチルセルロース）$[C_6H_7O_2(OH)(OCOCH_3)_2]_n=246n$

より，$162n\times\dfrac{8.20}{246n}=5.40\,\mathrm{g}$ **5.40 g**……答

3 ポリエステル

問題 レベル ★★☆

ポリエステルは，多数のエステル結合－COO－をもつ合成高分子化合物であり，これを繊維状にしたものがポリエステル系繊維である。代表的なポリエステル系繊維として，ポリエチレンテレフタラート（PET）がある。原子量は，H＝1.0，C＝12，O＝16とする。

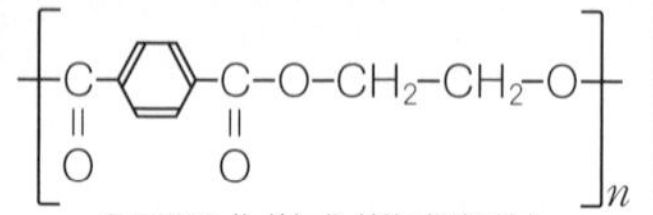

$$\left[-\underset{\underset{O}{\|}}{C}-C_6H_4-\underset{\underset{O}{\|}}{C}-O-CH_2-CH_2-O- \right]_n$$

PETの化学式（構成単位）

(1) 以下の空欄を埋めよ。

PETは，2価カルボン酸の（　①　）と，2価アルコールの（　②　）の（　③　）重合により合成される。

(2) PETの分子量が5.76×10^4であるとき，重合度nはいくらか。

(3) 上の繰り返し単位で考えたとき，(2)のPET1分子に含まれるエステル結合は何個か。

解くための材料

1分子のPETには，エステル結合が2個含まれている。

解き方

(1) PETが生成する化学反応式は，以下のように表されます。

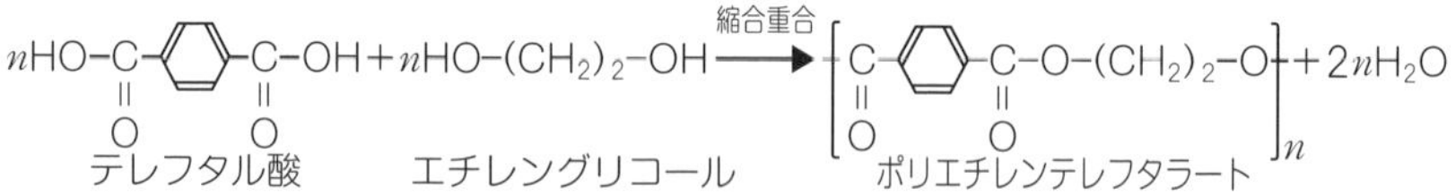

$$n\,HO-\underset{\underset{O}{\|}}{C}-C_6H_4-\underset{\underset{O}{\|}}{C}-OH + n\,HO-(CH_2)_2-OH \xrightarrow{\text{縮合重合}} \left[-\underset{\underset{O}{\|}}{C}-C_6H_4-\underset{\underset{O}{\|}}{C}-O-(CH_2)_2-O- \right]_n + 2n\,H_2O$$

テレフタル酸　　エチレングリコール　　ポリエチレンテレフタラート

① **テレフタル酸**　② **エチレングリコール**　③ **縮合**……答

(2) PETの構成単位の式量は192ですから，分子量は$192n$です。よって，重合度nは，$192n=5.76\times10^4$より，$n=$**300**です。……答

(3) PETの構成単位の中に，エステル結合は2個含まれているので，

$300\times2=600$(個）ですが，$(2n-1)$個のエステル結合ができるので，

$600-1=$**599（個）**……答

4 ビニロン①

問題　　レベル ★☆☆

酢酸ビニルを出発原料として，下のような反応 a～c を経ることでビニロンが生成する。次の問いに答えよ。

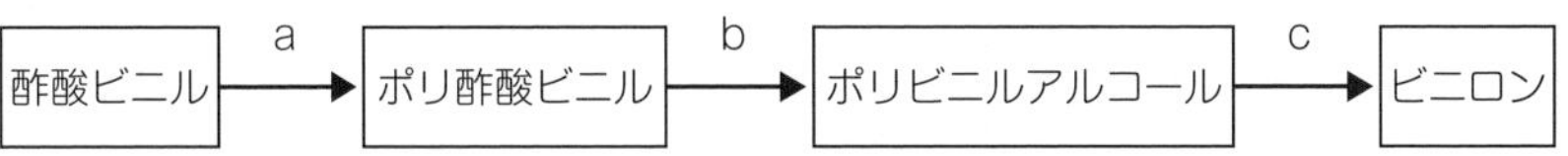

(1)　反応 a，b の名称はそれぞれ何か。

(2)　反応 c では，ポリビニルアルコールの水溶液を硫酸ナトリウム飽和水溶液に押し出して固め，これを水に不溶とするために，「ある物質」で処理する。この「ある物質」とは何か。また，反応 c を何というか。

解くための材料

ポリビニルアルコールは，－OH を多数もつため，水に溶ける。ビニロンは不溶性であるが，－OH が残っているため，吸湿性がある。

解き方

(1)　反応 a…**付加重合**
　　反応 b…**けん化**　……**答**

(2)　ポリビニルアルコールを硫酸ナトリウム飽和水溶液に押し出して固めたものは，水に溶けやすいため，ホルムアルデヒドを用いて処理すると，水に不溶なビニロンが生成する。この反応をアセタール化という。

　　ある物質…**ホルムアルデヒド**
　　反応 c…**アセタール化**……**答**

1つの炭素原子に2つのエーテル結合が結合した構造は，アセタール構造とよばれているよ！

アセタール化をすると，－OH の一部が－O－CH_2－O－の構造になるんだよ！

5 ビニロン②

問題 レベル ★☆☆

ポリ酢酸ビニルを水酸化ナトリウムで加水分解すると，ポリビニルアルコールが生成する。次の問いに答えよ。ただし，原子量は H=1.0，C=12，O=16，Na=23とする。

(1) この反応の化学反応式を書け。

(2) 上の反応により，172 g のポリ酢酸ビニルをすべて加水分解したとき，消費される水酸化ナトリウムは何 g か。

解くための材料

ポリ酢酸ビニルには，エステル結合があるので，水酸化ナトリウムで加水分解すると，ポリビニルアルコールが生成する。

解き方

(1)

$$\left[\mathrm{CH_2-CH(OCOCH_3)}\right]_n + n\mathrm{NaOH} \longrightarrow \left[\mathrm{CH_2-CH(OH)}\right]_n + n\mathrm{CH_3COONa}$$

……

(2) (1)の反応式より，重合度 n で 1 mol のポリ酢酸ビニル（式量 $86n$）と，n mol の水酸化ナトリウム（式量 40）が反応します。したがって，

$$\frac{172}{86n} \times 40 \times n = 80\ \mathrm{g}$$

となります。 **80 g**……答

この加水分解は「けん化」だね！
P267も見てみよう！

6 ビニロン③

問題 レベル ★★☆

分子量 1.54×10^5 のポリビニルアルコールが 770g ある。いま，このポリビニルアルコールをアセタール化すると，ヒドロキシ基 −OH の 40.0%がホルムアルデヒドと反応してビニロンが生成した。原子量を H=1.0，C=12，O=16 として，次の問いに答えよ。

(1) 重合度 n はいくらか。

(2) ヒドロキシ基と反応したホルムアルデヒドは何 mol か。

解くための材料

アセタール化では，2 つのヒドロキシ基−OH がホルムアルデヒドと反応して，−O−CH_2−O−に変化する。

解き方

(1) ポリビニルアルコール $\left[CH_2-CH(OH) \right]_n$ の式量は $44n$ ですから，

$44n=1.54\times10^5$ $n=\mathbf{3.50\times10^3}$……**答**

(2) 1 mol のポリビニルアルコールには，−OH が n mol 含まれているので，ホルムアルデヒドと反応した−OH は，$(n\times0.400)$ mol です。

また，2個の−OH と1分子のホルムアルデヒドが反応するので，$(n\times0.400)$ mol の−OH と反応するホルムアルデヒドは，$(n\times0.200)$ mol です。つまり，1 mol のポリビニルアルコールと $(n\times0.200)$ mol のホルムアルデヒドが反応するので，

$$\frac{770}{1.54\times10^5}\times(n\times0.200)=\frac{770}{1.54\times10^5}\times3.50\times10^3\times0.200=3.50\,\mathrm{mol}$$

となります。 **3.50 mol**……**答**

合成高分子化合物

7 合成樹脂①

問題

レベル ★☆☆

次の問いに答えよ。

(1) 熱可塑性樹脂であるものを，下の(ア)～(カ)のうちからすべて選べ。

(ア) ベークライト　(イ) ナイロン66
(ウ) ポリエチレンテレフタラート　(エ) 尿素樹脂
(オ) フッ素樹脂　(カ) アルキド樹脂

(2) 熱硬化性樹脂についての記述(ア)～(エ)のうち，誤っているものを1つ選べ。

(ア) 一度硬化させた後，強熱すると軟化する。
(イ) 液体のときに硬化剤を加えて加熱すると，分子間に架橋構造が生じて硬化する。
(ウ) 付加縮合でつくられるものが多い。
(エ) シリコーン樹脂は，分子内にケイ素を含んでいる。

解くための材料

プラスチック（合成樹脂）…熱や圧力を加えると変形する合成高分子化合物。
熱可塑性樹脂…加熱するとやわらかくなり，冷やすと再び硬くなる樹脂。
熱硬化性樹脂…加熱すると硬くなる樹脂。一度硬くなると，加熱してもやわらかくなることはない。

解き方

(1) ベークライトは，フェノール樹脂ともよばれます。また，尿素樹脂とメラミン樹脂を総称してアミノ樹脂とよばれます。　**(イ)，(ウ)，(オ)**……**答**

(2) 熱硬化性樹脂は，一度硬化すると軟化することはなく，熱を加え続けると分解します。　**(ア)**……**答**

8 合成樹脂②

問題

レベル ★★☆

右図のように，カラムに十分な量の陽イオン交換樹脂を詰め，カラムの上部から，濃度未知の塩化ナトリウム水溶液 20mL を流し，十分な量の純水をさらに流して，流出した液体を三角フラスコに収集した。この収集した液体を，0.010mol/L の水酸化ナトリウム水溶液で滴定したところ，30mL を要した。はじめに流した塩化ナトリウム水溶液の濃度は何 mol/L か。

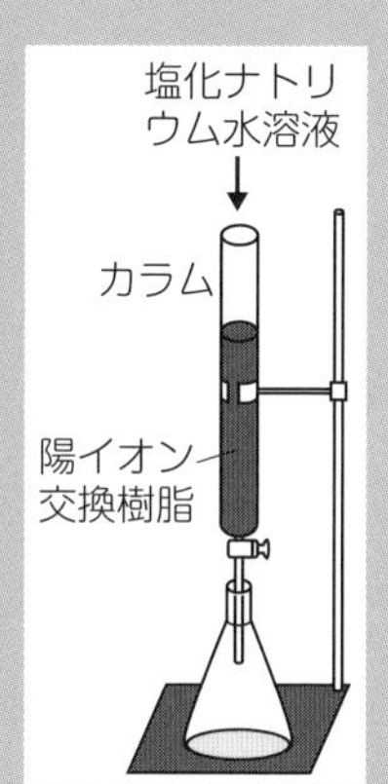

解くための材料

イオン交換樹脂…溶液中のイオンと樹脂のもつイオンが交換される樹脂。起こる反応は可逆反応なので，もとに戻してくり返し使用できる。
陽イオン交換樹脂…スチレンと *p*-ジビニルベンゼンとの共重合体に，酸性の官能基（スルホ基やカルボキシ基など）を導入した樹脂。塩化ナトリウム水溶液を，陽イオン交換樹脂が詰められた容器（カラムという）の上から流すと，Na^+ と H^+ が交換され，下から希塩酸が流れ出る。

解き方

塩化ナトリウム水溶液を，陽イオン交換樹脂が詰められたカラムの上から流すと，以下のように反応し，下から希塩酸が流れ出ます。

陽イオン交換樹脂

主鎖—C₆H₄—$SO_3^-H^+$ + Na^+ + Cl^- ⇄ 主鎖—C₆H₄—$SO_3^-Na^+$ + H^+ + Cl^-

（Na^+ + Cl^-：塩化ナトリウム水溶液，H^+ + Cl^-：塩酸）

求める濃度を x〔mol/L〕とすると，Na^+とH^+が 1：1 で交換され，流れ出た HCl の濃度も x〔mol/L〕となるので，$x\times\frac{20}{1000}=0.010\times\frac{30}{1000}$

よって，$x=\mathbf{1.5\times10^{-2}}$ **mol/L** となります。……答

9 天然ゴムと合成ゴム

問題 レベル ★☆☆

次の問いに答えよ。

(1) 天然ゴムに関する記述(ア)～(ウ)のうち，誤っているものを1つ選べ。

(ア) イソプレンが付加重合したシス形の構造をもつ。

(イ) 天然ゴムに，数%の硫黄を加えて加熱すると，弾性や耐久性が増す。

(ウ) 天然ゴムに，70～80%程度の硫黄を加えて加熱すると，黒色の硬い物質が得られる。

(2) 以下の文の空欄を埋めよ。

イソプレンを（ ① ）させて得られるゴムはイソプレンゴム，1,3-ブタジエンとアクリロニトリルを（ ② ）させて得られるゴムはアクリロニトリル-ブタジエンゴムとよばれる。

解くための材料

天然ゴム（生ゴム）…ラテックスとよばれるゴムノキの樹液に，酢酸などの有機酸を加えて固め，乾燥させたもの。

合成ゴム…天然ゴムの構造を模倣してつくられたもの。1,3-ブタジエンを付加重合させたブタジエンゴム，クロロプレンを付加重合させたクロロプレンゴム，スチレンとブタジエンを付加重合（共重合）させたスチレン - ブタジエンゴムなどがある。

解き方

(1) (イ)の操作を加硫，このときできた結合を架橋構造といいます。また，(ウ)の物質は，エボナイトとよばれています。なお，70～80%ではなく，30～40%です。 **(ウ)**……**答**

(2) ① **付加重合** ② **付加重合（共重合）**……**答**

さぁ，もう1度
復習だ！
おわったー!!

用語さくいん

編集協力	（株）オルタナプロ
	（株）ダブルウイング
	高木直子
校正	出口明憲
	福森美惠子
イラスト	さとうさなえ
DTP	（株）ユニックス
デザイン	山口秀昭（StudioFlavor）

高校化学の解き方をひとつひとつわかりやすく。改訂版